高等数学解题方法探究

王　明　丁慧剑／著

东北林业大学出版社
Northeast Forestry University Press
·哈尔滨·

图书在版编目（CIP）数据

高等数学解题方法探究 / 王明，丁慧剑著 . — 哈尔滨：
东北林业大学出版社，2022.7

ISBN 978-7-5674-2752-5

Ⅰ . ①高… Ⅱ . ①王… ②丁… Ⅲ . ①高等数学—高等
学校—题解 Ⅳ . ① O13-44

中国版本图书馆 CIP 数据核字（2022）第 115110 号

责任编辑：姚大彬
封面设计：马静静
出版发行：东北林业大学出版社
　　　　　（哈尔滨市香坊区哈平六道街 6 号　　邮编：150040）
印　　装：北京亚吉飞数码科技有限公司
规　　格：170 mm × 240 mm　　16 开
印　　张：17.75
字　　数：286 千字
版　　次：2023 年 3 月第 1 版
印　　次：2023 年 3 月第 1 次印刷
定　　价：71.00 元

前言

　　求解一个数学问题,要用到若干有关的数学概念、定理、公式.但是怎样运用这些概念、定理和公式来解题,却有许多方法和技巧.尤其是有些高等数学问题要用很巧妙的方法或很高的技巧才能解决.高等数学是一门重要的基础课,它以函数为主要研究对象,以微积分为核心内容,在长期的发展过程中,形成了其独特而且完整的知识体系,针对各类问题也有着一定的解决技巧.由于高等数学内容的抽象性、严密的逻辑性,在短时间内要把知识完全消化理解确实十分困难,为了更好地掌握高等数学的相关知识、解题思路,深入理解高等数学的知识体系、重要概念、公式与定理等,掌握一定解题方法与技巧,提高解题能力显得极其重要.

　　要学好高等数学就必须掌握一定的解题方法和技巧,为此作者根据自己多年的教学积累,立足于高等数学基本内容、基本理论和基本知识,对高等数学所用的解题方法进行归纳总结,对有关高等数学的分析与求解问题进行研究探讨,力求呈现高等数学精深而严谨的思想魅力与灵活多变而又有章可循的方法技巧.全书共计8章,第1章介绍高等数学的解题方法,为后面的章节就高等数学相关内容的理论及解题方法展开研究做铺垫,第2章为函数、极限、连续,第3章为一元函数的导数与微分,第4章为一元函数的积分,第5章为多元函数的微分,第6章为多元函数的积分,第7章为级数,第8章为微分方程.全书由浅入深、循序渐进、结构严谨、逻辑清晰、抓住关键、突出重点;既尽可能保证理论完整、推理严密,又力求语言表达通俗易懂,以便于读者阅读与参考;注重理论知识,与实际问题相结合的举例较为丰富.

本书是作者在多年高等数学教学与研究经验的基础上,虚心接受同行专家的指导,注意吸纳众家之长,参考了多本同类书籍撰写而成的.在此向提供指导和帮助的专家以及所参考这些书籍的作者表示感谢.限于作者水平,加之时间仓促,虽然经过多次细心检查修改,书中疏漏与不足之处在所难免,敬请读者批评指正.

作　者

2022 年 4 月

目录

第 1 章

高等数学的解题方法

　　数学是一门较为成熟的被高度模型化、公理化了的科学. 数学是严密的科学,数学是由概念、性质、定理、公式等,按照一定的逻辑规则组成的严密的知识体系,有很强的系统性,因此,在高等数学的学习中,一定要循序渐进,打好基础,完整地、系统地掌握基本概念、基本理论和基本运算,其中包括思维方法与解题方法两方面. 掌握了数学的思维方法就拥有了分析问题的能力,这是数学的生命和灵魂,而数学的解题方法是解决问题的技巧和能力,需要动手、动笔去演练、去应用,两方面有机结合起来,就能把知识转化为能力,就能把科学转化为力量. 掌握了高等数学思维与解题方法,学好高等数学就不是一件难事,数学也就不再是枯燥乏味的,为此,本章介绍高等数学常用的解题方法.

1.1　基本概念法

大自然往宏观方向与微观方向分出的层次都是无限的,因此任何一桩事物,任何一套理论都只能建立在一套相对的基础与相对的基本概念上,但凡一桩事物,在人脑里必有一个反映,这个反映出的形象叫作该事物的概念,人们常常用比喻、解释、描述的语言来叙述这个概念.

数学是一门精确的学科,自然所用到的概念都需要准确化,定义就起到这一作用.

高等数学的概念是从大量的实际问题中根据其共同的本质而抽象出来的.

从数学上给出定义,例如,函数、极限、连续的概念都是从大量的实际问题中根据其共同的本质抽象出来定义的。又如,研究函数因变量对自变量的平均变化率和瞬时变化率而引入的导数(导数概念)定义,进而研究函数的导数,又有中值定理及其导数的重要应用,由全体原函数的概念又得到不定积分的概念等,可以说,高等数学的概念是高等数学大厦的支柱,概念的本质包括概念的内涵与外延,所谓概念的内涵是指其所反映的客观事物的特有属性;概念的外延是指其所反映的那一类事物,理解概念,是指对该概念的内涵是什么,外延有哪些都应十分清楚,只有清楚概念,才能理解各种解题方法.

例 1.1.1　如果用极限式 $\lim\limits_{x \to x_0} f(x) = f(x_0)$ 来定义函数 $f(x)$ 在点 x_0 处连续,必然包括以下条件:函数 $f(x)$ 在点 x_0 的邻域内有定义;极限存在;函数 $f(x)$ 在点 x_0 的极限值等于函数值: $\lim\limits_{x \to x_0} f(x) = f(x_0)$.

这里,首先要以函数、极限和邻域概念作为基础,然后用特殊的极限来定义函数 $f(x)$ 在点 x_0 处连续.

同样, 用极限式 $\lim\limits_{\substack{x \to x_0 \\ y \to y_0}} f(x,y) = f(x_0,y_0)$ 来定义函数 $f(x,y)$ 在点 (x_0,y_0) 处连续.

用极限式 $\lim\limits_{P \to P_0} f(P) = f(P_0)$ 来定义函数 $f(P)$ $(P \in D \in R^n)$ 在点 P_0 处连续.

例 1.1.2 如果用极限式 $\lim\limits_{\Delta x \to 0} \dfrac{f(x+\Delta x) - f(x)}{\Delta x}$ 来定义 $f(x)$ 在点 x 处可导, 必然包括以下条件: 函数 $f(x)$ 在点 x 的邻域内有定义; 极限 $\lim\limits_{\Delta x \to 0} \dfrac{f(x+\Delta x) - f(x)}{\Delta x}$ 存在; 记为

$$f'(x) = \lim\limits_{\Delta x \to 0} \frac{f(x+\Delta x) - f(x)}{\Delta x}$$

这里, 同样要以 Δx 为自变量的特定形式的新函数 $\dfrac{f(x+\Delta x) - f(x)}{\Delta x}$ 与极限概念作为基础, 然后用特殊的极限来定义函数 $f(x)$ 在点 x 处可导.

由此归纳, 还可得到二阶导数, 三阶导数, $\cdots$, n 阶导数的定义

$$f''(x), f'''(x), \cdots, f^{(n)}(x)$$

用极限 $\lim\limits_{\Delta x \to 0} \dfrac{f(x+\Delta x, y) - f(x,y)}{\Delta x}$ 来定义函数 $f(x,y)$ 在点 (x,y) 处对 x 的偏导数, 即

$$f_x(x,y) = \lim\limits_{\Delta x \to 0} \frac{f(x+\Delta x, y) - f(x,y)}{\Delta x}$$

用极限 $\lim\limits_{\Delta y \to 0} \dfrac{f(x, y+\Delta y) - f(x,y)}{\Delta y}$ 来定义函数 $f(x,y)$ 在点 (x,y) 处对 y 的偏导数, 即

$$f_y(x,y) = \lim\limits_{\Delta y \to 0} \frac{f(x, y+\Delta y) - f(x,y)}{\Delta y}$$

例 1.1.3 定积分的定义是在讨论曲边梯形面积和变速直线运动的路程等问题时, 抽象得到一个特定乘积和式的极限:

$$\int_a^b f(x)\mathrm{d}x = \lim_{\lambda \to 0}\sum_{i=1}^n f(\xi_i)\Delta x_i$$

来定义函数 $f(x)$ 在闭区间 $f(x)$ 上的定积分,必然包括以下条件:函数 $f(x)$ 在闭区间 $[a,b]$ 上有界, $\xi_i \in [x_{i-1},x_i]$, $\Delta x_i = x_i - x_{i-1}\ (i=1,2,\cdots,n)$, $\lambda = \max(\Delta x_1, \Delta x_2, \cdots, \Delta x_n)$,且极限 $\lim\limits_{\lambda \to 0}\sum\limits_{i=1}^n f(\xi_i)\Delta x_i$ 存在.

同样,可以定义函数 $f(x,y)$ 在闭区域 D 上的二重积分

$$\iint\limits_D f(x,y)\mathrm{d}x\mathrm{d}y = \lim_{\lambda \to 0}\sum_{i=1}^n f(\xi_i,\eta_i)\Delta \sigma_i$$

以及函数 $f(x,y)$ 在曲线 L 上对弧长的曲线积分

$$\int_L f(x,y)\mathrm{d}s = \lim_{\lambda \to 0}\sum_{i=1}^n f(\xi_i,\eta_i)\Delta s_i$$

注意到以上的各种各样定义都是针对事物存在的,不随人们的定义而转移,因此被定义的客观事物就是检验其定义是否确切的唯一标准.

例 1.1.4 证明偶函数的导函数是奇函数,奇函数的导函数是偶函数.

本题含有奇函数、偶函数、导函数三个概念,此外仅以偶函数为例进行证明.

证明: 设 $y=f(x)$ 为偶函数,定义域关于原点对称,且 $f(-x)=f(x)$(偶函数的概念),那么

$$
\begin{aligned}
f'(x) &= \lim_{h \to 0}\frac{f(x+h)-f(x)}{h} \text{(导函数的概念)}\\
&= \lim_{h \to 0}\frac{f(-x-h)-f(-x)}{h} \text{(偶函数的概念)}\\
&= -\lim_{h \to 0}\frac{f(-x-h)-f(-x)}{-h} \text{(代数恒等变换)}\\
&= -f'(-x) \text{(导函数的概念)}
\end{aligned}
$$

即 $f'(-x)=-f'(-x)$,显然新的函数 $f'(x)$ 的定义域关于原点对称,故 $f'(x)$ 为奇函数.

注:如果由复合函数求导法则(满足条件)也可以证明,其实对公式两边求导

$$\left[f(-x)\right]' = \left[f(x)\right]'$$

得到

$$f'(-x)(-x)' = f'(x)$$

$$f'(-x)(-1) = f'(x)$$

这就是

$$f'(-x) = -f'(x)$$

当 $f(x)$ 为奇函数时,同理可证 $f'(x)$ 是偶函数.

例 1.1.5　证明:周期函数的导函数亦为周期函数.

证明:设 $f(x)$ 是以 T($T>0$ 为常数)为周期的周期函数,即 $\forall x, x + T \in D(f)$.

$$f(x+T) = f(x) \text{(周期函数的定义)}$$

$$f'(x) = \lim_{h \to 0} \frac{f(x+h) - f(x)}{h} \text{(导函数的概念)}$$

$$= \lim_{h \to 0} \frac{f(x+h+T) - f(x+T)}{h} \text{(周期函数的概念)}$$

$$= f'(x+T) \text{(导函数的概念)}$$

由于 $f'(x) = f'(x+T)$,故 $f'(x)$ 也是以 T 为周期的函数.

1.2　对称性方法

在数学中的形式上的对称,如公式的对称性、运算符号的对称性与运算法则的对称性等,同样给予人们最完美的享受,譬如:

函数的全微分

$$du(x, y, z) = \frac{\partial u}{\partial x} dx + \frac{\partial u}{\partial y} dy + \frac{\partial u}{\partial z} dz$$

函数乘积的微分

$$d(uv) = vdu + udv$$

两函数乘积的 n 阶导数的莱布尼茨公式与二项式公式具有良好的对称性.

$$(a+b)^n = \sum_{k=0}^n C_n^k a^k b^{n-k} = \sum_{k=0}^n C_n^k a^{n-k} b^k$$

$$[uv]^{(n)} = \sum_{k=0}^n C_n^k u^{(k)} v^{(n-k)} = \sum_{k=0}^n C_n^k u^{(n-k)} v^{(k)}$$

泰勒公式也具有良好的对称性

$$f(x) = f(x_0) + \frac{f'(x_0)}{1!}(x-x_0) + \frac{f''(x_0)}{2!}(x-x_0)^2 + \cdots + \frac{f^{(n)}(x_0)}{n!}(x-x_0)^n + R_n(x)$$

$$R_n(x) = \frac{f^{(n+1)}(\xi)}{(n+1)!}(x-x_0)^{n+1} \text{ (ξ 在 x_0 与 x 之间)}$$

$$f(x) = \sum_{k=0}^n \frac{f^{(k)} x_0}{k!}(x-x_0)^k + \frac{f^{(n+1)}(\xi)}{(n+1)!}(x-x_0)^{n+1}$$

其中, $f^{(0)}(x_0) = f(x_0)$.

集合运算的德·摩根定律

$$(A \cup B)^C = A^C \cap B^C \text{ , } (A \cap B)^C = A^C \cup B^C$$

或

$$\overline{A \cup B} = \overline{A} \cap \overline{B} \text{ , } \overline{A \cap B} = \overline{A} \cup \overline{B}$$

这种形式的对称性,不仅给我们带来了计算的方便,而且给我们的思维以启迪,使我们产生联想,从而可促进创造性思维的萌生.

1.2.1 利用函数奇偶性和对称性求导

例 1.2.1 利用偶函数的导函数是奇函数,奇函数的导函数是偶函数,就会得到关于高阶导数的结果,偶数阶导数不改变函数的奇偶性,而奇数阶导数改变函数的奇偶性.

如果函数 $f(x)$ 为偶函数,即 $f(-x)=f(x)$,则两边求导得到

$$f^{(2n)}(-x)(-1)^{2n} = f^{(2n)}(x)$$

所以有

$$f^{(2n)}(-x) = f^{(2n)}(x)$$

这表明偶函数偶数阶导数仍然是偶函数,奇偶性不改变. 而

$$f^{(2n+1)}(-x)(-1)^{2n+1} = f^{(2n+1)}(x)$$

所以

$$f^{(2n+1)}(-x) = -f^{(2n+1)}(x)$$

这表明偶函数奇数阶导数却是奇函数,奇偶性改变.

如果函数 $f(x)$ 为奇函数,由此结论易知

若设函数 $F(x) = \dfrac{1}{2}\left(\mathrm{e}^{\sin x} + \mathrm{e}^{-\sin x}\right)$,则 $F^{(101)}(0) = 0$.

若设函数 $G(x) = \dfrac{1}{2}\left(\mathrm{e}^{\sin x} - \mathrm{e}^{-\sin x}\right)$,则 $G^{(101)}(0) = 0$.

例 1.2.2　利用多元函数的对称性求偏导数.

若对函数 $f(x,y,z)$,恒有 $f(x,z,y) = f(x,y,z)$,则称 $f(x,y,z)$ 关于变量 y 与 z 是对称的,类似可定义函数关于变量 x 与 y(或与 z)的对称性,一句话,若在函数中将某两个变量位置交换后其函数值不变,则称该函数关于这两个变量是对称的,如

$f(x,y,z) = x\tan\left(y^2 + z^2\right)$ 关于 y 与 z 对称;

$g(x,y,z) = \sqrt{xy}\sin\left(z + x^3 y^3\right)$ 关于 x 与 y 对称;

$r = \sqrt{x^2 + y^2 + z^2}$ 则关于自变量两两对称.

求偏导数时,可以利用函数的对称性简化计算. 例如求

$$r_x = \frac{x}{\sqrt{x^2 + y^2 + z^2}} = \frac{x}{r} , \quad r_{xx} = \frac{r - xr_x}{r^2} = \frac{r - \dfrac{x^2}{r}}{r^2} = \frac{r^2 - x^2}{r^3}$$

于是利用函数的对称性得到

$$r_{yy} = \frac{r^2 - y^2}{r^3} , \quad r_{zz} = \frac{r^2 - z^2}{r^3}$$

从而有

$$r_{xx} + r_{yy} + r_{zz} = \frac{r^2 - x^2}{r^3} + \frac{r^2 - y^2}{r^3} + \frac{r^2 - z^2}{r^3} = \frac{3r^2 - r^2}{r^3} = \frac{2}{r}$$

1.2.2 利用函数奇偶性与区域对称性计算各种积分

1.2.2.1 利用函数的奇偶性计算对称区间上的定积分 $\int_{-a}^{a} f(x)\mathrm{d}x$

设 $f(x)$ 函数在 $[-a,a](a>0)$ 上连续,则有

$$\int_{-a}^{a} f(x)\mathrm{d}x = \begin{cases} 2\int_0^a f(x)\mathrm{d}x & \text{当 } f(x) \text{ 为偶函数时} \\ 0 & \text{当 } f(x) \text{ 为奇函数时} \end{cases}$$

例 1.2.3 设函数 $f(x)$、$g(x)$ 在 $[-a,a]$ 上连续,$g(x)$ 满足 $g(x)+g(-x)=A$（A 为常数）,$f(x)$ 为偶函数,证明 $\int_{-a}^{a} f(x)\mathrm{d}x = A\int_0^a f(x)\mathrm{d}x$,并计算 $\int_{-\frac{\pi}{2}}^{\frac{\pi}{2}} |\sin x| \arctan \mathrm{e}^x \mathrm{d}x$.

证明： 因为 $f(x)$ 为偶函数 $f(-x)=f(x)$,$g(x)+g(-x)=A$,所以有

$$\int_{-a}^{a} f(x)g(x)\mathrm{d}x = \int_0^a \left[f(x)g(x) + f(-x)g(-x) \right]\mathrm{d}x$$

$$= \int_0^a f(x)\left[g(x) + g(-x) \right]\mathrm{d}x$$

$$= A\int_0^a f(x)\mathrm{d}x$$

设 $f(x)=|\sin x|$，$x \in \left[-\dfrac{\pi}{2}, \dfrac{\pi}{2} \right]$ 是偶函数.

$g(x) = \arctan \mathrm{e}^x$，令 $G(x) = \arctan \mathrm{e}^x + \arctan \mathrm{e}^{-x}$，则有

$$G'(x) = \frac{\mathrm{e}^x}{2 + \mathrm{e}^{2x}} - \frac{\mathrm{e}^{-x}}{2 + \mathrm{e}^{-2x}} = \frac{\mathrm{e}^x}{1 + \mathrm{e}^{2x}} - \frac{\mathrm{e}^x}{1 + \mathrm{e}^{2x}} = 0$$

$G(x)=C$ 而 $G(0) = \dfrac{\pi}{2}$,所以

$$\arctan \mathrm{e}^x + \arctan \mathrm{e}^{-x} = \frac{\pi}{2}$$

于是：

$$\int_{\frac{\pi}{2}}^{\frac{\pi}{2}} |\sin x| \arctan e^x dx = A\int_0^{\frac{\pi}{2}} |\sin x| dx = \frac{\pi}{2} \int_0^{\frac{\pi}{2}} |\sin x| dx = \frac{\pi}{2}$$

1.2.2.2 利用函数的奇偶性计算对称区域上的二重积分和曲线积分

（1）设二重积分 $\iint\limits_{D} f(x,y) dxdy$，函数 $f(x,y)$ 在闭区域 D 上连续，当区域 D 关于 x 轴对称时，即 $D = D_1 + D_2$，D_1 与 D_2 关于 x 轴对称，则有

$$\iint\limits_{D} f(x,y) dxdy = \begin{cases} 2\iint\limits_{D} f(x,y) dxdy & \text{当} f(x,y) \text{关于} y \text{为偶函数时} \\ 0 & \text{当} f(x,y) \text{关于} y \text{为奇函数时} \end{cases}$$

当区域 D 关于 y 轴对称时，即 $D = D_1 + D_2$，D_1 与 D_2 关于 y 轴对称，则

$$\iint\limits_{D} f(x,y) dxdy = \begin{cases} 2\iint\limits_{D} f(x,y) dxdy & \text{当} f(x,y) \text{关于} x \text{为偶函数时} \\ 0 & \text{当} f(x,y) \text{关于} x \text{为奇函数时} \end{cases}$$

例 1.2.4 设 D 为闭区域 $x^2 + y^2 \le 1$，计算 $\iint\limits_{D} (x+y)^2 dxdy$.

解：

$$\begin{aligned}
\iint\limits_{D} (x+y)^2 dxdy &= \iint\limits_{D} (x^2 + 2xy + y^2) dxdy \\
&= \iint\limits_{D} (x^2 + y^2) dxdy + 2\iint\limits_{D} xy dxdy \\
&= \iint\limits_{D} (x^2 + y^2) dxdy + 0 \\
&= \int_0^{2\pi} d\theta \int_0^1 r^3 dr \\
&= \frac{\pi}{2}
\end{aligned}$$

（2）设对弧长的（一型）曲线积分 $\int_L f(x,y) ds$，函数 $f(x,y)$ 在积分弧段 L 上连续，当 L 关于 x 轴对称时，即 $D = L_1 + L_2$，L_1 与 L_2 关于 x 轴对称，则有

$$\int_L f(x,y)\mathrm{d}s = \begin{cases} 2\int_L f(x,y)\mathrm{d}s & \text{当} f(x,y) \text{关于} x \text{为偶函数时} \\ 0 & \text{当} f(x,y) \text{关于} y \text{为奇函数时} \end{cases}$$

1.2.2.3 利用函数的奇偶性计算对称区域上的曲面积分

（1）设对面积的（一型）曲面积分 $\iint\limits_{\Sigma} f(x,y,z)\mathrm{d}S$，函数 $f(x,y,z)$ 在积分曲面 Σ 上连续，曲面 Σ 关于平面 xOy 对称，则有

$$\iint\limits_{\Sigma} f(x,y,z)\mathrm{d}S = \begin{cases} 2\iint\limits_{\Sigma_1} f(x,y,z)\mathrm{d}S & \text{当} f(x,y,z) \text{关于} z \text{为偶函数时} \\ 0 & \text{当} f(x,y,z) \text{关于} z \text{为奇函数时} \end{cases}$$

注：当积分曲面 Σ 关于 yOz（zOx）坐标平面对称，也有类似的结果．

（2）设对坐标 (x,y) 的（二型）曲面积分 $\iint\limits_{\sigma} R(x,y,z)\mathrm{d}x\mathrm{d}y$，函数 $R(x,y,z)$ 在有向积分曲面 Σ 上连续，曲面 Σ 关于 xOy 平面对称，且有向曲面的方向也是关于 xOy 平面对称，则对坐标 (x,y) 的曲面积分有

$$\iint\limits_{\Sigma} R(x,y,z)\mathrm{d}x\mathrm{d}y = \begin{cases} 2\iint\limits_{\Sigma_1} R(x,y,z)\mathrm{d}x\mathrm{d}y & \text{当} R(x,y,z) \text{关于} z \text{为奇函数时} \\ 0 & \text{当} R(x,y,z) \text{关于} z \text{为偶函数时} \end{cases}$$

例如，设 Σ 是球面 $x^2+y^2+z^2=1$ 的外侧在 $x \geq 0$，$y \geq 0$ 的部分，则 $\iint\limits_{\sigma} xyz^2\mathrm{d}x\mathrm{d}y = 0$．因为这里 $f(x,y,z)=xyz^2$ 关于 z 为偶函数，若 Σ_1 是球面 $x^2+y^2+z^2=1$ 的 $z \geq 0$ 的部分，则 $\iint\limits_{\sigma} xyz\mathrm{d}x\mathrm{d}y = 2\iint\limits_{1} xyz\mathrm{d}x\mathrm{d}y$．因为这里 $f(x,y,z)=xyz$ 关于 z 为奇函数．

注：当有向曲面 Σ 关于 yOz 坐标平面对称，对坐标 (y,z) 的曲面积分 $\iint\limits_{\sigma} P(x,y,z)\mathrm{d}y\mathrm{d}z$ 有类似的结果．

当有向曲面 Σ 关于 zOx 坐标平面对称，对坐标 (z,x) 的曲面积分 $\iint\limits_{\sigma} Q(x,y,z)\mathrm{d}z\mathrm{d}x$ 也有类似的结果．

例 1.2.5 如果 Σ 为球面 $x^2+y^2+z^2=1$ 外侧，Σ_1 为球面 $x^2+y^2+z^2=1$ 外侧的 $z \geq 0$ 的部分，则

第 1 章
高等数学的解题方法

（1）$\iint\limits_{\Omega} x^2\mathrm{d}y\mathrm{d}z + y^2\mathrm{d}z\mathrm{d}x + z^2\mathrm{d}x\mathrm{d}y = 0$．其中：

$\iint\limits_{\Omega} z^2\mathrm{d}x\mathrm{d}y = 0$，因为有向曲面 Σ 关于 xOy 平面对称，被积函数 $R=z^2$ 关于 z 为偶函数；

$\iint\limits_{\Omega} x^2\mathrm{d}y\mathrm{d}z = 0$，因为有向曲面 Σ 关于 yOz 平面对称，被积函数 $P=x^2$ 关于 x 为偶函数；

$\iint\limits_{\Omega} y^2\mathrm{d}x\mathrm{d}z = 0$，因为有向曲面 Σ 关于 zOx 平面对称，被积函数 $Q=y^2$ 关于 y 为偶函数．

（2）

$$\iint\limits_{\Sigma} x\mathrm{d}y\mathrm{d}z + y\mathrm{d}z\mathrm{d}x + z\mathrm{d}x\mathrm{d}y$$
$$= 3\iint\limits_{\Sigma_1} z\mathrm{d}x\mathrm{d}y$$
$$= 3\iint\limits_{D} \sqrt{1 - x^2 - y^2}\,\mathrm{d}x\mathrm{d}y$$
$$= 3\int_0^{2\pi}\mathrm{d}\theta\int_0^1 r\sqrt{1-r^2}\,\mathrm{d}r = 6\pi\int_0^1 r\sqrt{1-r^2}\,\mathrm{d}r = 4\pi$$

1.2.2.4 利用函数的奇偶数性计算对称区域上的三重积分

设函数 $f(x,y,z)$ 在闭区域 Ω 上连续，$\Omega=\Omega_{上}+\Omega_{下}$，$\Omega_{上}$ 与 $\Omega_{下}$ 关于 xOy 平面对称，则有

$$\iiint\limits_{\Omega} f(x,y,z)\mathrm{d}x\mathrm{d}y\mathrm{d}z = \begin{cases} 2\iint\limits_{\Omega_{上}} f(x,y,z)\mathrm{d}x\mathrm{d}y\mathrm{d}z & \text{当} f(x,y,z) \text{关于} z \text{为偶函数时} \\ 0 & \text{当} f(x,y,z) \text{关于} z \text{为奇函数时} \end{cases}$$

注：当空间区域 Ω 关于 yOz（zOx）坐标平面对称，也有类似的结果．

例 1.2.6 设 Ω 为闭区域 $x^2+y^2+z^2 \leq 1$，计算 $\iiint\limits_{\Omega}(x+y+z)^2\mathrm{d}x\mathrm{d}y\mathrm{d}z$．

解：

$$\iiint\limits_{\Omega}(x+y+z)^2\mathrm{d}x\mathrm{d}y\mathrm{d}z$$

$$=\iiint\limits_{\Omega}(x^2+y^2+z^2+2xy+2xz+2yz)\mathrm{d}x\mathrm{d}y\mathrm{d}z$$

$$=\iiint\limits_{\Omega}(x^2+y^2+z^2)\mathrm{d}x\mathrm{d}y\mathrm{d}z+2\iiint\limits_{\Omega}(xy+xz+yz)\mathrm{d}x\mathrm{d}y\mathrm{d}z$$

$$=\frac{4\pi}{5}$$

1.3 归纳类比法

类比是根据两个（或多个）对象内部属性、关系在某些方面的相似，推出它们在其他方面也可能相似的推理，例如在平面解析几何中，两点的距离是：$d=\sqrt{(x_2-x_1)^2+(y_2-y_1)^2}$，在空间解析几何中，两点的距离

$$d=\sqrt{(x_2-x_1)^2+(y_2-y_1)^2+(z_2-z_1)^2}$$

又如在平面解析几何中圆的方程是：$x^2+y^2=R^2$，在空间解析几何中球面的方程是：$x^2+y^2+z^2=R^2$.

这些都用到了类比思维，在学习多元函数的微分学和积分学时，应注意与已经学习过的一元函数的微积分相应的概念、理论、方法进行类比．实践证明：在学习过程中，将新内容与自己已经熟悉的知识进行类比，不但易于接受、理解掌握新知识，更重要的是培养和锻炼了自己的类比思维，有利于激发自己的创造力．

归纳和类比思维方法是数学方法论中最基本的方法之一，用好了可以获得新发现，取得新成果，甚至可以完成重要的发现与发明．

例 1.3.1 在形式上进行类比，用拉格朗日定理证明不等式是根据拉格朗日定理结论的形式：

$$f(b)-f(a)=f'(\xi)(b-a)\ (\xi\text{ 在 }a\text{ 与 }b\text{ 之间})$$

对于 $f'(\xi)$ 放大缩小证明,如 $m<f'(x)<M$,则有

$$m(b-a)<f(b)-f(a)<M(b-a)$$

$$m(b-a)>f(b)-f(a)>M(b-a)$$

用类比的思想可得到:

$$f'(b)-f'(a)=f''(\eta)(b-a)\ (\eta\text{ 在 }a\text{ 与 }b\text{ 之间})$$

$$f(b,y)-f(a,y)=f_x'(\xi)(b-a)\ (\zeta\text{ 在 }a\text{ 与 }b\text{ 之间})$$

用类比的思想可总结出如下的解题方法.

例 1.3.2 证明 $\dfrac{n^{\frac{1}{p+1}}}{(p+1)^2}\ln n<n^{\frac{1}{p}}-n^{\frac{1}{p+1}}<\dfrac{n^{\frac{1}{p}}}{p^2}\ln n$,$n>1$,$p\geqslant 1$.

由类比结论可知,$n^{\frac{1}{p}}-n^{\frac{1}{p+1}}$ 相当于拉格朗日定理中的 $f(b)-f(a)$;

从而 $f(x)$ 可写为 $f(x)=n^{\frac{1}{x}}$,进而可设 $b=p$,$a=p+1$,显然,$f(x)=n^{\frac{1}{x}}$ 在 $[p,p+1]$ 上满足拉格朗日定理条件,故至少存在一点 $\xi\in(p,p+1)$,使

$$f(p)-f(p+1)=n^{\frac{1}{p}}-n^{\frac{1}{p+1}}=f'(\xi)\left[p-(p+1)\right]=n^{\frac{1}{\xi}}\left(-\frac{1}{\xi^2}\right)(-1)\ln n$$

于是 $n^{\frac{1}{p}}-n^{\frac{1}{p+1}}=\dfrac{1}{\xi^2}n^{\frac{1}{\xi}}\ln n$,$\xi\in(p,p+1)$,而

$$\frac{n^{\frac{1}{p+1}}}{(p+1)^2}\ln n<\frac{1}{\xi^2}n^{\frac{1}{\xi}}\ln n<\frac{n^{\frac{1}{p}}}{p^2}\ln n$$

所以

$$\frac{n^{\frac{1}{p+1}}}{(p+1)^2}\ln n<n^{\frac{1}{p}}-n^{\frac{1}{p+1}}<\frac{n^{\frac{1}{p}}}{p^2}\ln n$$

注:因为 $n>1$,可知 $\ln n>0$.

数学归纳法是一种从个别到一般的证明方法,它可用来证明具有无限个对象,而这无限个对象又与自然数形成一一对应的命题,它的证明过

程有两步：

第一步验证 $n \geq k_0$ 时命题成立,这是一种对个别的验证与归纳的过程,进而产生一种猜想：这个命题是否对一切自然数成立? 于是导致第二步的证明.

第二步是对共性或者一般性成立的证明,它的基本思想是：设 $n=k$ 时命题成立,证明 $n=k+1$ 时命题成立.

为什么第二步证明后,就可以断定命题对无限多个对象都是正确的呢? 这是因为第二步中的自然数具有任意性,从而保证了第二步可作无限次的反复,因此,如果数学归纳法只有第一步,它就属于一种不完全的归纳,就不能保证命题对无限个结论是正确的.

例 1.3.3 设 $c>0$,数列 $x_1 = \sqrt{c}$,$x_2 = \sqrt{c+\sqrt{c}}$,$x_3 = \sqrt{c+\sqrt{c+\sqrt{c}}}$,$\cdots$,求数列极限解 $\lim\limits_{n \to \infty} x_n$ 的值.

解：这里数列是用递推公式 $x_{n+1} = \sqrt{c+x_n}$ 给出的,必须首先证明本数列极限存在.

（1）用数学归纳法证明数列 x_n 单调增加.

第一步,显然 $x_2 = \sqrt{c+\sqrt{c}} > \sqrt{c} = x_1$.

第二步,设 $n=k$ 时命题成立,即设 $x_k > x_{k-1}$ 成立,证明 $n=k+1$ 时命题成立,而

$$x_{k+1} = \sqrt{c+x_k} > \sqrt{c+x_{k-1}} = x_k$$

故数列 x_n 单调增加.

（2）用数学归纳法证明数列有上界.

第一步,$x_2 = \sqrt{c+\sqrt{c}} < \sqrt{c+2\sqrt{c}+1} = \sqrt{c}+1$.

第二步,设 $n=k$ 时命题成立,即设 $x_k = \sqrt{c+x_{k-1}} < \sqrt{c}+1$ 成立,证明 $n=k+1$ 时命题成立,而 $x_{k+1} = \sqrt{c+x_k} < \sqrt{c+\sqrt{c}+1} < \sqrt{c+2\sqrt{c}+1} = \sqrt{c}+1$.

故数列 x_n 有上界,即对于任意的自然数 n,数列 $x_n < \sqrt{c}+1$.

根据单调有界数列必有极限准则,所以 $\lim\limits_{n \to \infty} x_n$ 存在,设其极限为 A. 即 $\lim\limits_{n \to \infty} x_n = A$,则由递推公式 $x_{n+1} = \sqrt{c+x_n}$ 两边取极限得到

$$\lim_{n\to\infty} x_{n+1} = \lim_{n\to\infty} \sqrt{c + x_n}$$

$$A = \sqrt{c + A} \text{，} A^2 - A - c = 0 \text{，} A = \frac{1 \pm \sqrt{1 + 4c}}{2}$$

由于数列 $x_n > 0$，取正舍负，由于 $A = \dfrac{1 - \sqrt{1 + 4c}}{2} < 0$，故取 $A = \dfrac{1 + \sqrt{1 + 4c}}{2}$.

1.4 分析法与综合法

1.4.1 分析法

分析法指的是把事物(研究对象)分解成若干个组成部分,然后通过对各个组成部分的研究获得对事物的特征或本质的认识的一种思维方法 .

用分析法处理问题,可以比喻为"化整为零".

例如,我们要研究一个函数 $y=f(x)$ 的基本性质,可分别从函数的定义域、值域和对应关系几个方面开始,进一步考察函数的连续性、可导性、可积性等方面性质,要描绘一元连续函数的函数图像,可先确定其定义域、奇偶性、单调区间、极值、凹凸区间、拐点等方面特征,如该函数可导,可利用导数的性质来研究极值、凹凸性和拐点等 .

采用分析法,可以结合观察和实验来进行,更重要的是要开展积极的思维活动,特别是应通过必要的抽象思维进行分析,使认识达到更深和更广的境界 . 在科学研究中,人们常采用分析的方法,把事物的各个部分暂时割裂开来,依次把被考察的部分从总体中凸显出来,让它们单独起作用,事实上,只有这样,才能深入事物的内部中去,对它们进行深入细致的研究,找出隐藏在事物深层的矛盾和特征,分析事物的个性与共性的关系,发现内在规律,为下一步进行综合提供必需的材料,以达到对观察对象的深刻而全面的了解 .

在数学教学中,分析法对于探求解题思路、寻找解答都是极为有效的,更重要的是,分析法有利于培养和提高学生的逻辑思维、分析问题和解决问题的能力.

1.4.2 综合法

综合法指从事物的各个部分、侧面因素和层次的特点、属性出发,考察它们之间的内在联系,并进一步进行总结和提高,以达到认识事物整体的本质规律的一种逻辑思维方法.

用综合法来处理问题,可以比喻为"积零为整".应该指出的是,综合不是简单地将研究对象的各个部分、各种因素等进行叠加和聚拢,而是要发现研究对象的各个部分(方面、因素、层次等)之间的内在联系,从整体的高度以动态的观点来总结和阐述事物的本质及其运动规律,因此,综合是建立在分析的基础上,又不只停留在这个基础上,而是达到总体上和理论上的更高层的认识,它在许多方面优于分析,能克服分析给人们带来的局限性、片面性,并且能在新的高度上来指导下一次的分析.

例如,上面曾谈及,用分析法对一元函数 $y=f(x)$ 的定义域、值域和对应关系进行考察,又对它的连续性、可微性和可积性分别进行研究,但至此还不能说,我们对函数已有了深刻的认识,因为到这时,我们的知识还只是片面的、割裂的,只有通过综合,把有关知识融会贯通,找出各部分知识之间的相互关系,并对函数的总体性质及有关问题有了全面了解,才算是有了真正的掌握,这里,所谓全面了解,就这个例子而言,至少需要弄清楚:值域与定义域有什么联系?函数的对应关系是否可逆(即反函数是否存在)?何时可逆?一个函数的性质与其反函数性质之间有什么关系和联系?连续函数是否可导?为什么?可微(导)函数为什么必连续?微分与导数有什么关系?导数和中值定理有什么应用?微分和积分有什么关系(微分学基本定理——牛顿-莱布尼茨公式的内容和意义)?定积分应如何计算和有什么应用?等等.

科学发展史上处处可找到综合法所起的重要作用.

例如,在希腊历史早期,在希腊文化普遍繁荣的情况下,数学得到高度发展,先后出现了毕达哥拉斯学派和柏拉图学派,由于他们的出色工作,几何材料已经相当丰富,对之进行综合整理已经提到日程,在希波克拉底和托伊提乌斯等人整理的基础上,欧几里得借助于亚里士多德提出的公理化方法,采用综合法进行总结提高,完成了他的巨著《几何原本》,建立了完整而系统的一套初等几何理论.

微积分也是在 17 世纪以来欧洲大批杰出的数学家、物理学家在研究曲线、切线和斜率、曲面围成的体积、平面上用曲线围成的面积最大值、最小值、运动速度与加速度等方面取得丰富的局部成果的基础上,由牛顿与莱布尼茨采用了先分析后综合的方法,找出了其中的内在关系和规律,进而创立起来的.

1.4.3　综合法与分析法的协同作用

在数学中,分析与综合既相互对立,又相互依存、相互渗透、相互转化、相辅相成,是一个对立统一体,没有分析,则认识无法深入,因而对总体的认识只能是空洞抽象的表面认识;反之,只有分析而没有综合,则认识只限局部或各个不同的侧面,不能统观全局,获得对整体的深刻认识,因此,综合必须以分析为基础,分析必须以综合为指导,做到两者结合、协同作用.

分析与综合也常相互转化.人们对客观事物的认识是螺旋式上升的,常经历分析—综合—再分析—再综合,不断分析又不断综合的过程,但层次一次比一次高,认识一次比一次更深刻.

例如,前面已谈及牛顿、莱布尼茨应用分析综合法创立微积分一事,但新创立的微积分在新一轮的分析,即局部地应用到具体实践中受检验时,发现了许多不完善之处,特别是"无穷小"的概念等理论基础不可靠,而后一个多世纪,柯西、拉格朗日、戴特金、魏尔斯特拉斯、康托尔等一大批数学家先后作出了巨大努力才建立起实数理论,用算术方法给出无穷小的一个严格描述其间经历过无数次的分析和综合的过程,才使微积分的理论达到相对完善的地位,形成了当今的数学分析,亦称标准分析,但是,认识并未就此停止.事实上,20世纪60年代,鲁滨孙提出非标准分析,采用和发展了莱布尼茨的无穷小方法,用新的思想和方法来统一并总结已有的成果,建立了新的理论,在一定意义上与标准分析抗衡.

一般说来,科学的新概念、新范畴、新理论的提出,都是综合认识的结果.随着科学技术的发展,综合法在科学发现中的作用越来越重要.

下面再以更具体的例子来说明在数学中分析与综合法的协同使用.

例 1.4.1 讨论曲边梯形的面积与定积分概念的形成过程.

讨论:要求 $[a,b]$ 上的函数 $f(x) \geqslant 0$ 的函数曲线 C 的下方图形的面积,即曲线 C,x 轴及直线 $x=a$,$x=b$ 围成的曲边梯形(图 1–1)的面积 S. 人们首先采用分析法,将图形分成 n 个小块曲边梯形来考察.

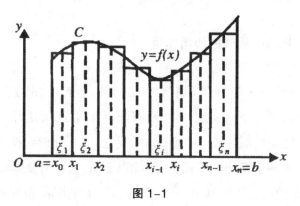

图 1–1

通过给出 $[a,b]$ 的分划,即一组分点 $\{x_0,x_1,x_2,\cdots,x_n\}$ 使得 $x_0=a<x_1<x_2<\cdots<x_{n-1}<x_n=b$. 于是把求 S 的问题归结为求 n 个小曲边梯形 S_i(函数图像在 $[x_{i-1},x_i]$ 的下方图形)的面积问题,通过对每个 S_i 进行深入观察发现,如果 $f(x)$ 在区间 $[x_{i-1},x_i]$ 上的函数值变动不大且区间 $[x_{i-1},x_i]$ 的长度很小时,S_i 的面积与矩形面积 $f(\xi_i)(x_i-x_{i-1})$ 很接近,其中 $\xi_i\in[x_{i-1},x_i]$,这就是人们在分析中发现的内在规律,然后,利用综合法进行整体考虑,第一步想到的是把 n 个小梯形面积相加,得到 $S_n=\sum_{i=1}^{n}f(\xi_i)(x_i-x_{i-1})$,那么 $S_n\approx S$. 至此的工作属于把分析结果进行简单的叠加,但综合并不停止在此水平上.经进一步的抽象和概括,并用极

限与逼近思想来指导,想象当分划的分点越来越密时, S_n 的极限应就是曲边梯形的面积 S. 这时思维已产生了飞跃,积分的思想已基本形成. 这是第一轮的分析与综合的结果.

把这个综合的结论拿去指导求面积的实践,作进一步的分析后发现:①对同样 n 个分点的不同分划(即分点不同) T, S_n 可不同;②同一种分划当 ξ_i 的取法不同时 S_n 也不同;③作为一个可求面积的问题,其面积大小应与分划及 ξ_i 的取法无关;④应该允许 $f(x)$ 在 $[x_{i-1}, x_i]$ 上有有限个间断点,因为对于实际问题,这只是分块求面积的问题而已.

在这基础上再经过综合,并采用较精确的数学语言来描述,就形成如今常见的定积分概念的形式化描述,在形式化定义中,并不要求被积函数 $f(x) \geqslant 0$,也不对它们的连续性提出要求:积分和 S_n[或记作 $\sigma(T, \xi)$] 当各小区间的长度之最大值 $L(T) \to 0$ 时极限存在,记作 I,且极限与分划 T 及各小区间的代表点 ξ_i 的取法无关,那么, I 就是 f 在 $[a, b]$ 上的积分,并记作

$$I = \int_a^b f(x) \mathrm{d}x$$

尽管对一般的 f, I 并不表示面积(当 $f \geqslant 0$ 且分段连续时, I 仍表示下方图形面积),但它的理论意义更深刻、更普遍,这一次综合的结果使得定积分的定义进一步得到完善,它显然比第一次的综合达到更高的层次.

例 1.4.2 设 f 是区间 $[a, b]$ 上的 Lebesgue 可积函数,证明

$$\lim_{n \to \infty} \int_a^b f(x) \sin nx \mathrm{d}x = 0$$

证明: 先考虑 f 是区间 $[a, b]$ 上的常值函数的特殊情形,不妨设 $f(x) \equiv k \neq 0$,那么由下式可知这时结论成立(把要求证的问题记作 M,这步考虑的就是简单、特殊而易解的起步问题 A)

$$\lim_{n \to \infty} \int_a^b f(x) \sin nx \mathrm{d}x = \lim_{n \to \infty} \int_a^b k \sin nx \mathrm{d}x = k \lim_{n \to \infty} \frac{\cos na - \cos nb}{n} = 0$$

再考虑 f 是区间 $[a, b]$ 上的简单函数的情形,不妨设 $f(x) = \sum_{j=1}^m \alpha_j 1_{[a_j, b_j]}(x)$,其中每个 $[a_j, b_j]$ 都是 $[a, b]$ 的子区间, 1_I 表示区间 I 上的

特征函数. 于是,

$$\lim_{n\to\infty}\int_a^b f(x)\sin nx\,\mathrm{d}x$$

$$=\lim_{n\to\infty}\int_a^b\sum_{j=1}^m\alpha_j 1_{[a_j,b_j]}(x)\sin nx\,\mathrm{d}x$$

$$=\sum_{j=1}^m\lim_{n\to\infty}\int_{a_j}^{b_j}\alpha_j\sin nx\,\mathrm{d}x$$

$$=0$$

第二步考虑的问题 B 就是处于问题 A 与问题 M 之间的中间点.

接着考虑 f 是区间 $[a,b]$ 上的非负可积函数的情形,这是 f 可以表示成一列单调增加的简单函数的极限,利用单调性收敛定理可推出这时结论也成立(这一步考虑的问题 C 是处于问题 B 与问题 M 之间的中间点).

最后,设 f 是一般的可积函数,那么它的正部 f^+ 和 f^- 都是非负可积函数且 $f=f^+-f^-$. 把上一步的结果分别用于 f^+ 和 f^-,根据积分可加性可推出结论对一般的可积函数也成立(这一步实现了从问题 C 到问题 M 的过渡).

例 1.4.3 分析牛顿－莱布尼茨公式 $\int_a^b f(x)\mathrm{d}x=F(b)-F(a)$ 的证明过程,这里假设函数 $f(x)$ 在区间 $[a,b]$ 连续,$F(x)$ 是 $f(x)$ 的一个原函数.

分析:根据定积分的定义,$I=\int_a^b f(x)\mathrm{d}x$ 是一个常数,现引入变上限函数

$$\Phi(x)=\int_a^x f(t)\mathrm{d}t,\ a\leqslant x\leqslant b$$

那么 $\int_a^b f(x)\mathrm{d}x=\Phi(b)$,即把常量 I 看成变量 $\Phi(x)$ 的特殊取值. 然后,通过证明 $\Phi(x)$ 是 $f(x)$ 的一个原函数,就可推出结论 [因为 $\varphi(x)$ 与 F(x) 只相差一个常数].

这就是常量转为变量来处理,静态问题转化为动态来处理的一个例子. 这种把个体看成整体的特殊情形,便于在大范围内采用新的工具来解决问题,体现了综合法的优势.

1.5　逆向思维法

遵循已有的思路去考虑问题的思维方式叫习惯性思维或叫惯常思维,这种思维方式保证了思维过程的连续性,它促使人类知识得以稳步增长,各种知识得以日趋完善.逆向思维是指从已有思路的反方向去考虑问题的思维方式,故又称反向思维,它对解放思想、开阔思路、解决某些难题、开创新的方向,往往能起到积极的作用,它反映了思维过程的间断性和突变性.逆向思维常能帮助人们克服惯常思维中出现的困难,开辟新的思路,开拓知识的新领域.作为一种发散性的创造性思维,在高等数学中,逆向思维可帮助我们开辟新的解题途径,避开繁杂的计算,使问题简化而得以顺利求解.

例 1.5.1　求解方程 $y\mathrm{d}x+\left(y^2-3x\right)\mathrm{d}y=0$.

解:若按惯常思维,先判别方程是否为可以求解的可分离变量的微分方程、齐次微分方程、全微分方程,若都不是,则将 x 视为自变量,y 视为未知函数,将方程变形为

$$\frac{\mathrm{d}y}{\mathrm{d}x}=\frac{y}{3x-y^2}$$

求解此方程就困难,无法求解,但是如果利用逆向思维,即反过来将 x 视为未知函数,y 视为自变量,将方程变为

$$\frac{\mathrm{d}x}{\mathrm{d}y}=\frac{3x-y^2}{y}$$

即有

$$\frac{\mathrm{d}x}{\mathrm{d}y}-\frac{3}{y}x=-y$$

这是关于 $x=x(y)$ 的一阶线性方程,容易得到通解:

$$x = \mathrm{e}^{\int \frac{3}{y}\mathrm{d}y}\left(\int -y\mathrm{e}^{\int \frac{3}{y}\mathrm{d}y}\mathrm{d}y + C\right) = \mathrm{e}^{\ln y^3}\left(\int -y\mathrm{e}^{\ln y^3}\mathrm{d}y + C\right) = y^2 + Cy^3$$

例 1.5.2 设函数 $f(x)$ 在 $[0,1]$ 上可导，且 $f'(x) > f(x)$，$f(0) \cdot f(1) < 0$，证明方程 $f(x) = 0$ 在 $(0,1)$ 内有且仅有一实根.

证明： 先证存在性，因为 $f(x)$ 在 $[0,1]$ 上可导，则 $f(x)$ 在 $[0,1]$ 上连续，且 $f(0) \cdot f(1) < 0$，则 $f(\xi) = 0$.

再证唯一性. 若按惯常思维，从已知结论证明未知结论是困难的，用逆向思维，从未知结论出发，即假定要证明未知结论成立，因为 $f'(x) > f(x)$，即 $f'(x) - f(x) > 0$，用逆向思维，如果存在 $G(x) > 0$，则有 $G(x)[f'(x) - f(x)] > 0$. 而式子 $G(x)[f'(x) - f(x)]$ 使函数 $\varphi(x)$ 求导大于零？

令 $\varphi(x) = \mathrm{e}^{-x}f(x)$，$\varphi'(x) = \mathrm{e}^{-x}[f'(x) - f(x)] > 0$. $\varphi(x)$ 在 $[0,1]$ 上单调增加，$\varphi(0) = f(0)$，$\varphi(1) = \mathrm{e}^{-1}f(1)$. $\varphi(0)\varphi(1) = \mathrm{e}^{-1}f(0) \cdot f(1) < 0$.

方程 $\varphi(0) = 0$ 存在唯一实根，即 $\mathrm{e}^{-x}f(x) = 0$ 存在唯一实根，即 $f(x) = 0$ 存在唯一实根.

例 1.5.3 设 $f(x)$ 在 $[0,1]$ 上二阶可导，且 $f(0) = f(1)$，证明在 $(0,1)$ 内至少存在一点 ξ，使：

$$2f'(\xi) + (\xi - 1)f''(\xi) = 0$$

证明： 因为 $f(0) = f(1)$，由罗尔定理得 $f'(\eta) = 0(0 < \eta < 1)$，此题若按惯常思维，从已知结论证明未知结论是困难的，用逆向思维，从未知结论出发，即假定要证明未知结论成立，即 $2f'(\xi) + (\xi - 1)f''(\xi) = 0$，再用逆向思维，在 $x = \xi$ 处为 0，即 $F'(x)\big|_{x=\xi} = 0$. 令：

$$F(x) = (x-1)^2 f'(x)$$

令 $F(x) = (x-1)^2 f'(x)$，$F(1) = F(\eta) = 0$，由罗尔定理在 $(0,1)$ 内至少存在一点 ξ 使 $F'(\xi) = 0$，即

$$2f'(\xi) + (\xi - 1)f''(\xi) = 0$$

注：在证明方程根的存在性唯一性时，常用构造函数的方法，构造函数一般可用逆向思维方法.

例 1.5.4　已知 $f(x)$ 的一个原函数为 $F(x) = \dfrac{\sin x}{1 + x \sin x}$．求解 $\int f(x) f'(x) \mathrm{d}x$．

解：此题若按惯常思维，则是先求出 $f(x) = F'(x)$ 和 $f'(x) = F''(x)$，再将其表达式代入 $\int f(x) = f'(x) \mathrm{d}x$ 中，这样麻烦，几乎无法求积分，用逆向思维，先将 $\int f(x) = f'(x) \mathrm{d}x$ 用 $f(x)$ 来表示，再求出 $f(x)$ 极为简单．

$$\int f(x) \mathrm{d}f(x) = \frac{f^2(x)}{2} + C$$

$$f(x) = F'(x) = \left(\frac{\sin x}{1 + x \sin x} \right)'$$

$$= \frac{\cos x(1 + x \sin x) + \sin x(\sin + x \cos x)}{(1 + x \sin x)^2}$$

$$= \frac{\cos x + \sin^2 x}{(1 + x \sin x)^2}$$

所以

$$\int f(x) f'(x) \mathrm{d}x = \frac{(\cos x + \sin^2 x)^2}{2(1 + x \sin x)^4} + C$$

例 1.5.5　验证 $\int \dfrac{7 \cos x - 3 \sin x}{5 \cos x + 2 \sin x} \mathrm{d}x = x + \ln|5 \cos x + \sin x| + C$．

解：此题若按惯常思维，只验证右边原函数求导后是否可以化为被积函数，但是比较麻烦．

用逆向思维，重新计算也不复杂．

$$\int \frac{7 \cos x - 3 \sin x}{5 \cos x + 2 \sin x} \mathrm{d}x = \int \frac{5 \cos x + 3 \sin x + 2 \cos x - 5 \sin x}{5 \cos x + 2 \sin x} \mathrm{d}x$$

$$= \int \left(1 + \frac{2 \cos x - 5 \sin x}{5 \cos x + 2 \sin x} \right) \mathrm{d}x$$

$$= x + \int \frac{\mathrm{d}(5 \cos x + 2 \sin x)}{5 \cos x + 2 \sin x}$$

$$= x + \ln|5 \cos x + \sin x| + C$$

计算不定积分 $\int \dfrac{a \cos x + b \sin x}{A \cos x + B \sin x} \mathrm{d}x$，一般可用待定系数 C_1、C_2 法，即

$$\int \frac{a\cos x + b\sin x}{A\cos x + B\sin x}\mathrm{d}x = \int \left[C_1 \frac{A\cos x + B\sin x}{A\cos x + B\sin x} + C_2 \frac{\left(A\cos x + B\sin x \right)'}{A\cos x + B\sin x} \right]\mathrm{d}x$$

以上几例说明,用习惯性思维很难或者根本无法求解的问题,当改用逆向思维后却能非常快地解决,因此在高等数学(其他学科亦如此)解题时,若按常规方法难以求解时,不妨试用一下逆向思维方式.

1.6 反证法与反例

反证法是数学论证的基本方法之一,在高等数学中也不例外.

反证法是一种重要的间接证明方法.当有些命题不易直接从原命题的假设证得结论(直接证明时,须考虑的情形太多或证明过程太复杂等),可改证它的逆否命题,而这个命题与原命题等价.

反证法的主要步骤是:

(1)作出与命题结论相反的假设.

(2)在此假设基础上,经过合理推演,得出假设的荒谬性(矛盾结果).

(3)从所作假设的荒谬性中,必然推出命题结论的正确.

反证法早已为古希腊的学者们所运用,欧几里得就曾运用它证明了质(素)数个数无穷多的结论.

例 1.6.1 设函数 $f(x)$ 在 $[a, b]$ 上连续,且不变号 $\int_a^b f(x)\mathrm{d}x = 0.$
证明: $f(x) = 0$, $x \in [a, b]$.

分析: 要证明 $f(x)$ 在 $[a, b]$ 上处处为 0,用反证法.若假定 $f(x)$ 在某点不为 0,便会使 $\int_a^b f(x)\mathrm{d}x \neq 0$.

证明: 不妨设 $f(x) \geq 0$. 假设在 $x_0 \in (a, b)$ 处, $f(x_0) > 0$. 由 $f(x)$ 连续知, $\lim\limits_{x \to x_0} f(x) = f(x_0)$. 取 $\varepsilon = \frac{1}{2}f(x_0)$, 则存在 $\delta > 0$, 当 $x \in (x_0 - \delta,$

$x_0+\delta)\subset(a,b)$ 时, 使 $f(x)>f(x_0)-\varepsilon=\dfrac{1}{2}f(x_0)>0$.

于是有 $\displaystyle\int_a^b f(x)\mathrm{d}x\geqslant\int_{x_0-\delta}^{x_0+\delta}f(x)\mathrm{d}x>\delta f(x_0)>0$.

这与 $\displaystyle\int_a^b f(x)\mathrm{d}x=0$ 的题设矛盾. 于是 $f(x)=0$, $x\in[a,b]$.

此例是一个重要的数学命题, 其逆否命题是: 对于 $[a,b]$ 上连续且不变号的函数 $f(x)$, 若不恒为 0, 则 $\displaystyle\int_a^b f(x)\mathrm{d}x\neq 0$, 故用反证法证之.

反例证明法简称反例法, 指的是对于一个申明"某个命题 P 对某个集 A 中所有元素都成立"的论断, 通过举出特殊例子证明命题 P 至少对 A 中某个元素不成立, 从而推出该论断不成立的演绎推理形式.

反例证明法就是利用矛盾证明, 它的理论根据是形式逻辑的矛盾律.

上述所谓论断, 在数学发展史上通常指的是猜想. 在当今数学教学中, 常指关于概念与概念、性质与性质之间的关系的命题或关于某个数学问题作出的猜测(小猜想或不成熟的猜想). 下面为叙述方便, 我们把它们通称为猜想. 于是, 反例就是否定一个猜想的特例. 它必须具备两个条件: ①反例必须满足猜想的所有条件; ②从反例导出的结论与猜想的结论矛盾.

例如, 通过观察分析知, 一个平面可以将三维空间分为两个部分, 两个平面最多把空间分成四个部分, 三个平面最多将空间分成八个部分. 于是有人给出如下猜想:

对任意自然数 n, n 个平面可以把空间分为 2^n 个部分.

对于这样一个猜想, 若要判断其正确, 需严格证明; 若要指出其错误, 只需举出一个特殊的例子(即反例)来证明其结论不真即可. 事实上, 这个猜想当 $n=4$ 时其结论就不成立了, 因为四个平面至多将空间分成 15 个部分.

在数学史上, 反例对猜想的反驳在数学的发展中起了重大的作用. 特别是, 典型的反例的提出具有划时代的意义.

例如, 古希腊的毕达哥拉斯学派(公元前 5 世纪至公元前 3 世纪)在数学的发展上作出巨大贡献(特别是算术和几何方面), 但他们对数的认识仅限于有理数并用唯心主义的观点加以神化,宣称"万物皆数(指有理数)",且把它当成信条来维护.公元前 5 世纪末该学派一个名叫希帕苏斯的成员在研究正方形的对角线与边长之比时,发现该比值是不可公度比,即不可用"数"表示出来(我们知道这个比是 $\sqrt{2}$).这一反例(现称为"无理数悖论")的提出,动摇并最后推翻了毕达哥拉斯学派的信条,导致史学上第一次数学危机.虽然希帕苏斯不幸遭到毕达哥拉斯学派严厉惩处,但这个反例促使了无理数理论的创立和发展,其功不可没.

又如,在 17 ~ 18 世纪微积分初建阶段,由于人们接触的函数几乎都是初等函数,因此认为函数的连续性和可微性一致,即不仅可微函数必连续,而且相信"连续函数也是可微的".自反例 $y=|x|$ 举出后,人们把猜想修改成"连续函数在定义域上除有限个点外皆可微".1872 年德国数学家魏尔斯特拉斯举出一个反例,证明了存在一个在定义区间上处处连续但处处不可微的函数,这就是 $w(x)=\sum_{n=0}^{\infty}b^n\cos(a^n\pi x)$.其中, a 是一个奇整数,$0<b<1$,且 $ab>1+\dfrac{3}{2}\pi$.

该反例的提出在数学界引起巨大震动和反响,不仅澄清了人们头脑中的错误认识,而且促进了人们对许多类似函数(所谓"病态函数")的重视和研究;而病态函数的深入研究最终导致了积分学的一场革命和勒贝格积分的创立.

提出从正反两方面论证数学猜想是数学研究和数学发展的重要方法,因此研究猜想的证明与否定的一般方法无论在科研或在数学教育中都具有重要意义.在教学中引导学生逐步学会提出猜想,证明猜想或通过举反例来否定猜想,不仅可以加深对数学知识的掌握,澄清对概念、性质的模糊认识,更重要的是培养学生创造性思维能力.

但这两方面的工作不是绝对的、静止不变和孤立的,而是相辅相成的、互相制约的、相互启发且经常互相转化的.特别是面对一个难度较大的猜想时更是如此.在具体的操作过程中,人们常先拿一些较简单的特殊情形来做试验,以考察猜想的可靠性.只要对某个特殊情况所考虑的猜想的结论不成立,就意味着已找到否定猜想的反例;否则,这不仅说明猜想有一定可靠性,而且可从这些特殊情形的试验中获得某些启发和证明思路.当思路较明确时,就可开始证明猜想.

对于比较复杂的问题或一时尚未找准证明思路的问题,演绎证明可能进展不大或前进一段后又停顿下来陷入困境.这时,一方面要努力找出问题的症结,分析主要矛盾,寻找解决办法;另一方面应从反向考虑,力求找出反例.

例 1.6.2 可导必连续,但连续未必可导.

例如,反例 $f(x) = |x|$ 在 $x = 0$ 连续但不可导.

例 1.6.3 如函数在点 x_0 处极限存在但不一定连续.

反例 $f(x) = \dfrac{\sin x}{x}$ 在点 $x = 0$ 处 $\lim\limits_{x \to 0} \dfrac{\sin x}{x} = 1$,但是在点 $x=0$ 处函数没有定义,点 $x=0$ 为间断点.

例 1.6.4 $u_n \to 0$ 是级数 $\sum\limits_{n=1}^{\infty} u_n$ 收敛的必要条件,而非充分条件的反例是调和级数 $\sum\limits_{n=1}^{\infty} \dfrac{1}{n}$.

例 1.6.5 若 $|f(x)|$ 在 $(-\infty, +\infty)$ 连续,但是有 $f(x)$ 在 $(-\infty, +\infty)$ 处处不连续.

反例如函数 $f(x) = \begin{cases} 1; & x \in Q \\ -1; & x \notin Q \end{cases}$,可见 $|f(x)| = 1$ 在 $(-\infty, +\infty)$ 连续,但是 $f(x)$ 在 $(-\infty, +\infty)$ 处处不连续.

同样 $f(x) = \begin{cases} 1; & x \geq 0 \\ -1; & x < 0 \end{cases}$, $|f(x)| = 1$ 在 $x=0$ 处连续,但 $f(x)$ 在 $x=0$ 处间断.

例 1.6.6 初等函数在其定义域内必可导.

反例如函数

$$f(x) = x^{\frac{1}{3}}, x \in (-\infty, +\infty)$$

$$\lim_{x \to 0} \frac{f(x) - f(0)}{x} = \lim_{x \to 0} \frac{x^{\frac{1}{3}} - 0}{x} = \lim_{x \to 0} x^{-\frac{2}{3}}$$

不存在,故 $f(x) = x^{\frac{1}{3}}$ 在点 $x=0$ 处不可导,故本命题错误.

例 1.6.7 若函数 $f(x)$ 在 $(-\infty, +\infty)$ 上处处可导,则 $f'(x)$ 在 $(-\infty, +\infty)$ 上连续.

反例如函数

$$f(x) = \begin{cases} x^{\frac{3}{2}} \sin \dfrac{1}{x}, x \neq 0 \\ 0, x = 0 \end{cases}$$

当 $x \neq 0$ 时, $f'(x) = \dfrac{3}{2} x^{\frac{1}{2}} \sin \dfrac{1}{x} - x^{-\frac{1}{2}} \cos \dfrac{1}{x}$;

当 $x=0$ 时, $f'(0) = \lim\limits_{x \to 0} \dfrac{x^{\frac{3}{2}} \sin \dfrac{1}{x} - 0}{x} = 0$.

所以

$$f'(x) = \begin{cases} \dfrac{3}{2} x^{\frac{1}{2}} \sin \dfrac{1}{x} - x^{-\frac{1}{2}} \cos \dfrac{1}{x}, x \neq 0 \\ 0, x = 0 \end{cases}$$

在 $(-\infty, +\infty)$ 上处处可导,但 $\lim\limits_{x \to 0} f'(x)$ 不存在,故 $f'(x)$ 在 $x=0$ 处不连续,本命题错误.

例 1.6.8 $f(x)$ 在 $[a, b]$ 上有限个第一类间断点,且 $f(x) \geq 0$,则 $\int_a^b f(x) \mathrm{d}x > 0$.

反例设函数 $f(x)$ 的定义域为 $[0,1]$,且

$$f(x) = \begin{cases} 1, x = 0.1, 0.2, 1 \\ 0, x \in [0,1] \text{且} x \neq 0.1, 0.2, 1 \end{cases}$$

$$\int_0^1 f(x) \mathrm{d}x = \lim_{\lambda \to 0} \sum_{i=1}^{n} f(\xi_1) \Delta x_i$$

在上式中,对区间 $[0,1]$ 作分划时,将 $0.1, 0.2, 1$ 作为小区间的分点. ξ_i 为各小区间的点,则 $f(\xi_1) = 0$,从而上式右边等于 0,故 $\int_a^b f(x) \mathrm{d}x > 0$. 所以,本命题错误.

例 1.6.9 若函数 $f(x)$ 在点 x_0 处连续,$g(x)$ 在点 x_0 处不连续,问

$f(x)+g(x)$ 在点 x_0 处是否连续？试证明你的结论．

解：$f(x)+g(x)$ 在 x_0 处不连续．（用反证法证明）

假设 $\varphi(x)=f(x)+g(x)$ 在 x_0 处连续，则由"连续函数的代数和的连续性"知，$g(x)=\varphi(x)-f(x)$ 在 x_0 处连续，这与已知 $g(x)$ 在 x_0 处不连续的条件相矛盾．

故 $\varphi(x)=f(x)+g(x)$ 在点 x_0 处不连续．

如果不用反证法证明，不妨试用其他方法来证明此题，恐怕很难说得清楚．

在用反证法时，应特别注意作为论据的命题必须是真命题，在本例中真命题"连续函数的代数和连续"对论证的成立起了保证作用．

证明所给命题为假叫反驳，其证明方法有两种：一种是证明该命题的否命题为真；另一种是构造或举出反例．

反例的作用可用来解释所给命题会导出明显错误，从而达到了否定所给命题真实性的目的，细心的读者会发现，证明命题 B 是命题 A 成立的必要而非充分条件时，几乎全是用举出反例的方法证明的．

1.7 一般与特殊等方法

1.7.1 特殊与一般的关系

数学的特点之一是高度抽象性，而这种抽象性往往源于个例．从特殊到一般，从一般到特殊，是培养抽象思维的重要途径．

例 1.7.1 设 $f(x)$ 在 $[-\delta,\delta]$（$\delta>0$）上具有三阶连续导数，且 $f(-\delta)=-\delta$，$f(\delta)=\delta$，$f'(0)=0$．证明：存在 $\zeta\in(-\delta,\delta)$，使 $f'''(\xi)=6$．

分析：如果 $f(x)$ 是 3 次多项式 $P(x)=\sum_{k=0}^{3}a_k x^k$，满足题设条件，则应有 $\delta^2 P'''(\xi)=6$，此 $P'''(x)$ 为常数．这样，可用此特殊多项式来构造辅助

函数,从而证明一般函数 $f(x)$ 的这一性质.故要求 $P(x)$ 满足 $f(x)$ 所满足的条件 $P'(0)=f'(0)=0$, $P(\pm\delta)=f(\pm\delta)$.但是确定 3 次多项式需要 4 个条件,故补充条件 $P(0)=f(0)$.

证明 1:作 $P(x)=a_0+a_1x+a_2x^2+a_3x^3$,使其满足 $f(x)$ 的题设条件,及补充条件 $a_0=P(0)=f(0)$.解得

$$a_1=0, a_2=-\frac{1}{\delta^2}f(0), a_3=\frac{1}{\delta^2}$$

即有

$$P(x)=\frac{1}{\delta^2}x^3-\frac{1}{\delta^2}f(0)x^2+f(0)$$

再设 $\varphi(x)=f(x)-P(x)$.易见 $\varphi(x)$ 在 $[-\delta,\delta]$ 上可导,且 $\varphi(-\delta)=\varphi(0)=\varphi(\delta)=0$.由罗尔定理,存在 $\eta_1,\eta_2:-\delta<\eta_1<0<\eta_2<\delta$,使 $\varphi'(\eta_1)=\varphi'(\eta_z)$.又 $\varphi'(0)=0$,故在 $[\eta_1,0]$ 和 $[0,\eta_2]$ 上对 $\varphi'(x)$ 用罗尔定理,存在

$$\xi_1,\xi_2:-\delta<\eta_1<\xi_1<0<\xi_2<\eta_2<\delta$$

使 $\varphi''(\xi_1)=\varphi''(\xi_2)=0$.

再对 $\varphi''(x)$ 在 $[\xi_1,\xi_2]$ 上用罗尔定理,存在

$$\xi\in(\xi_1,\xi_2)\subset(-\delta,\delta)$$

使 $\varphi'''(\xi)=0$,而 $P'''(x)=\frac{6}{\delta^2}$,故 $f'''(\xi)=\frac{6}{\delta^2}$ 命题得证.

证明 2:利用麦克劳林公式及 $f'(0)=0$,得

$$-\delta=f(-\delta)=f(0)+\frac{f''(0)}{2!}\delta^2-\frac{f'''(\xi_1)}{3!}\delta^3, -\delta<\xi_1<0$$

$$\delta=f(\delta)=f(0)+\frac{f''(0)}{2!}\delta^2+\frac{f'''(\xi_2)}{3!}\delta^3, 0<\xi_2<\delta$$

两式相减整理,并由连续函数 $f'''(x)$ 在 $[\xi_1,\xi_2]$ 上必取得最小值 m 与最大值 M,可得 $m\leqslant\frac{1}{2}[f'''(\xi_1)+f'''(\xi_2)]=6\delta^{-2}\leqslant M$,再由闭区间上连续函数的介值定理,存在 $\xi\in[\xi_1,\xi_2]\in(-\delta,\delta)$,使得 $f'''(\xi)=6\delta^{-2}$,即 $\delta^2f'''(\xi)=6$.

这里用了三阶导数连续的条件.如果不用 $f(x)$ 的三阶导数连续,则上述方法最后一步需对 $f(x)$ 用达布定理.

本例解题思路是运用多项式辅助函数的方法,来推证一般函数满足的结论.从要证的结果 $\delta^2 f'''(\zeta)=6$ 及题设条件分析,当 f 是 3 次多项式的特殊情形,也应成立,由此设出辅助函数,然后利用罗尔定理进行证明.

此证法减弱了 $f(x)$ 的条件:在 $(-\delta,\delta)$ 内三阶可导而不必连续.

在数学推证中,从特殊到一般的思维方法用得很多.如证明连续函数的介值定理,可先证两端点函数值异号时,两点间必有某点函数值为零的特殊情形,等等,举不胜举.

至于从一般到特殊,则是数学理论结论的自然应用.

进而将数学理论与方法运用到其他学科,就是从一般到特殊的过程.

这里的几个例子还说明,微积分学中用函数的观点去分析解决具体问题,是十分重要的方法.

例 1.7.2 设 $(2x-1)^7=\sum_{k=0}^{7} a_k x^k$,求 $a_1+a_2+a_3+a_4+a_5+a_6$ 的值.

解:设 $f(x)=(2x-1)^7=\sum_{k=0}^{7} a_k x^k$. 显然最高次项系数 $a_7=2^7$. 又

$$f(1)=a_0+a_1+a_2+\cdots+a_7=1,\quad f(0)=-1=a_0$$

故

$$a_1+a_2+a_3+a_4+a_5+a_6=f(1)-a_0-a_7=-126$$

该问题若用二项式展开求解,将比较烦琐.但若求函数 $f(x)=(2x-1)^7$ 的特殊值方法就简单多了.

例 1.7.3 比较式 π^e 与 e^π 的大小.

分析可将两数的比较,转化为某函数的两个函数值的比较.

解:取对数后,两数比较转化为 $e\ln\pi$ 与 $\pi\ln e$,也即 $\dfrac{\ln e}{e}$ 与 $\dfrac{\ln\pi}{\pi}$ 的比较,故考察函数 $f(x)=\dfrac{\ln x}{x}$. 由 $f'(x)=\dfrac{1-\ln x}{x^2}<0$($x>e$)知,$f(x)$ 单调

递减,故 $\dfrac{\ln e}{e} > \dfrac{\ln \pi}{\pi}$,即 $e^\pi > \pi^e$.

一般化与特殊化是用辩证的观点来观察和处理问题的两个思维方向相反的思想方法,典型化是特殊化的最有用形式.

一般化就是从考虑一个对象过渡到考虑包含该对象的一个集合,或者从考虑一个较小的集合过渡到一个包含该较小集合的更大集合的思想方法.

特殊化是以研究对象的一般性为基础,从而肯定个别对象具有个别属性.

通常可从下列两个方面导致特殊化:一是通过某种法则来限制范围,形成特殊的子集;二是通过选定特殊的元素,形成特殊子集或单个特殊对象.

当我们的研究对象构成的集合以变量或参数的形式来描述时,则具体的研究对象是可变的,那么在特殊化时,通常将可变对象换成固定对象.这里有两种含义:①把对象完全固定.例如从正 n 边形转而特别考虑正三角形,把变数 n 取作常数 3;②把对象相对固定.

例如,要讨论三次方程 $ax^3 + bx^2 + cx + d = 0 (a \neq 0)$ 的根.作为特殊化,我们可让 a、b、c、d 这 4 个系数的值完全取定值,也可让其中部分系数,比方 a 取定数 1.前者就是完全固定的例子,后者是所谓相对或部分固定的情形.我们可据需要来确定那一种方式,增加对研究对象的条件限制.例如从多边形转而特别考虑正 n 边形,就是增加条件限制的一种情形.

系统特殊化的形式特别值得注意.由于事物的共性存在于个性之中,要发现共性往往需从先发现一部分个性着手.因此若采用"系统特殊化",即在进行了一定分析研究的基础上,选取一些典型的(有代表性的)特殊个体进行深入探讨,常常可以找出问题的关键,有助于揭示一般问题的本质,进而使一般问题的得到解决或有所突破.

例如,为了证明复线性变换 $w = \dfrac{az+b}{cz+d}$,$bc - ad \neq 0$ 为共形变换,在对上式右边作适当分解的基础上,把问题归结为只要证明其中三种特殊的变换是共性变换就行了：① $w=az$；② $w=z+b$；（3）$w=\dfrac{1}{z}$．

分析上面例子，我们可发现，应用特殊化思想方法来解题时，不管随意特殊化或系统特殊化，我们的目的在于获得足够的关键信息，因此应该使所找的特殊对象具有代表性、典型性，所得的结论有可推广性．

在实际应用中，为了获得足够的信息，必要时可以反复施行特殊化，直至问题被解决．

1.7.1.1　用一般化来解决特殊问题

（1）把常量看成变量的特殊取值．

例 1.7.4　设 a、b 是实数且 $e<a<b$，求证 $a^b<b^a$．

分析：要证明 $a^b>b^a$ 等价于证明 $b\ln a>a\ln b$，也等价于证明 $\dfrac{\ln a}{a}>\dfrac{\ln b}{b}$．把这个不等式两边的常量看成函数 $f(x)=\dfrac{\ln x}{x}$，$x>0$ 的特殊取值，原不等式等价于 $f(a)-f(b)>0$．由于 $f(x)$ 在区间 $[a,b]$ 连续且可导，根据微分中值定理知，存在 $\xi\in(a,b)$，从而 $\xi>e$，$\ln\xi>1$ 使得

$$f(a)-f(b)=f'(\xi)(a-b)=\frac{1-\ln\xi}{\xi^2}(a-b)>0$$

即原不等式得证．

本例通过一般化得到一个辅助函数 $f(x)$，使得可以利用更好的工具——微分中值定理来处理，体现了一般化的优势．

（2）把离散型看成连续型的特殊情形．

人们常将离散型问题 [如关于 $f(x)$，n 为自然数的问题] 与连续型问题 [如关于 $(0,+\infty)$ 上的函数的问题] 互相转化，以求问题的解决并力求简捷明了．因为自然数集 N 可看成 $(0,+\infty)$ 的一个子集，$f(n)$ 可看成 $f(x)$ 在 N 上的限制，$f(x)$ 可看成 $f(n)$ 的扩张．从 $f(n)$ 到 $f(x)$ 的过程是一般化过程，从 $f(x)$ 到 $f(n)$ 的过程是特殊化的过程．

例 1.7.5 求极限 $\lim\limits_{n \to \infty} n\left(\mathrm{e}^{\frac{1}{n}} - 1\right)$.

分析：若把它一般化为

$$\lim_{x \to +\infty} x\left(\mathrm{e}^{\frac{1}{x}} - 1\right)$$

则可利用洛必达法则求得 $\lim\limits_{x \to +\infty} x\left(\mathrm{e}^{\frac{1}{x}} - 1\right) = 1$.从而,它的子列也有同样的极限,即

$$\lim_{n \to \infty} n\left(\mathrm{e}^{\frac{1}{n}} - 1\right) = 1$$

例 1.7.5 是化归法的应用,这题先一般化,然后在一般化情形下解决问题;由于一般化的结论成立,原来的特殊结论自然成立.

1.7.1.2 用先特殊化后一般化的方法解题

例 1.7.6 在学函数的极限之前,通常先学序列的极限.这时,若想研究当 $x \to +\infty$ 时,函数 $f(x) = \left(1 + \dfrac{1}{x}\right)^x$ 的变化趋势,即极限情况,自然地就考虑已经学习过的一个特例

$$\lim_{n \to \infty} \left(1 + \frac{1}{n}\right)^n = \mathrm{e}$$

由于 $\left(1 + \dfrac{1}{n}\right)^n = f(n)$ 是 $f(x)$ 的特殊情形,所以,若 $\lim\limits_{x \to +\infty} \left(1 + \dfrac{1}{x}\right)^x$ 存在且为 L,则 $L = \mathrm{e}$,否则将导致矛盾.事实上,这个特例不仅为我们提供了可能的答案,也提供了证明的工具.

具体证明时,可把 $x \to +\infty$ 的过程先特殊化为考虑任意取定的趋于 $+\infty$ 的单调增的点列 $\{x_k\}$,然后对每个自然数 k,取自然数 n_k 使得 $n_k \leqslant x_k < n_k + 1$,得到自然数列 $\{n\}$ 的一个单调不减的子列 $\{n_k\}$,$n_k \to \infty$ $(k \to \infty)$,于是

$$a_k = \left(1 + \frac{1}{n_k + 1}\right)^{n_k} < \left(1 + \frac{1}{x_k}\right)^{x_k} < b_k = \left(1 + \frac{1}{n_k}\right)^{n_k + 1}$$

因 $\left(1 + \dfrac{1}{n_k + 1}\right)^{n_k + 1}$ 和 $\left(1 + \dfrac{1}{n}\right)^{n_k}$ 都是 $\left(1 + \dfrac{1}{n}\right)^n$ 的子列,由 $\lim\limits_{n \to \infty}\left(1 + \dfrac{1}{n}\right)^n = \mathrm{e}$ 可

知,它们都具有极限 e(注:从一般到特殊),再由极限运算法则推出

$a_k \to \mathrm{e}$,$b_k \to \mathrm{e}$.然后利用两边夹定理求极限,当 $k \to \infty$ 时

$$\lim_{k \to \infty}\left(1 + \frac{1}{x_k}\right)^{x_k} = \mathrm{e}$$

于是,由 $\{x_k\}$ 的任意性可推出,当 $x \to +\infty$ 时 $\left(1 + \dfrac{1}{x}\right)^x$ 的极限存在且

为 e.

注用先特殊化后一般化的方法解题的步骤是:①先适当选定特殊的
对象;②把关于特殊的对象的结论推广到一般对象.这种化归法的第一
步(化)通常较容易,而第二步(归)需要较高的技巧,才能找到推广的适
当途径.本题容易直接看出关于一般对象的结论和特殊对象的结论一样,
所以推广的目标明确;而在多数情况下,对一般对象的结论需要先做猜
测,然后设法验证或求出(见下例),其难度更大些,需要用敏锐的眼光去
观察分析和更高的技巧去推导.

例 1.7.7 求一阶非齐次线性微分方程

$$\frac{\mathrm{d}y}{\mathrm{d}x} + p(x)y = q(x) \tag{1-7-1}$$

的通解,这里 $p(x)$、$q(x)$ 是在某个区间 (α, β) 上连续的已知函数,

$q(x) \neq 0$.

分析:容易求出式(1-7-1)对应的齐次方程

$$\frac{\mathrm{d}y}{\mathrm{d}x} + p(x)y = 0 \tag{1-7-2}$$

的通解为

$$y = Ce^{-\int p(x)dx} \tag{1-7-3}$$

由于式（1-7-2）是式（1-7-1）中 $q(x)=0$ 的特殊情况，因此可设想，式（1-7-2）的通解式（1-7-3）也应是式（1-7-2）的通解的特殊情况. 注意到常数 C 可以看成一般的函数 $u(x)$ 的特殊情况，于是自然猜想式（1-7-1）的解 φ 可能具有形式

$$\varphi(x) = u(x)e^{-\int p(x)dx} \tag{1-7-4}$$

于是

$$\varphi'(x) = u'(x)e^{-\int p(x)dx} + u(x)\left[-p(x)e^{-\int p(x)dx}\right]$$

$$= u'(x)e^{-\int p(x)dx} - p(x)\varphi(x)$$

为了寻求形如式（1-7-4）的解 $y = \varphi(x)$，把上面两式代入原方程式（1-7-1），化简后得

$$u'(x) = q(x)e^{\int p(x)dx}$$

这是 $u(x)$ 必须满足的方程. 两边积分后求得

$$u(x) = \int\left[q(x)e^{\int p(x)dx}\right]dx + C$$

于是就得到方程式（1-7-1）的通解

$$y = \left\{\int\left[q(x)e^{\int p(x)dx}\right]dx + C\right\}e^{-\int p(x)dx}$$

上述方法称为"常数变易法"，是常微分方程的重要解法. 通过把常量 C 看成特殊的函数加以一般化，成为一个待定的函数 $u(x)$，把 $\varphi(x)$ 当成方程的解进行检验得出 $u(x)$ 必须满足的方程，解这个方程求出函数 $u(x)$，最后得到原方程的解. 值得注意的是，这里 $u(x)$ 是解函数的一个组成部分，而不是辅助函数.

1.7.1.3 一般化与特殊化协同使用

例 1.7.8 设直角三角形 ABC 三边长分别为 a、b、c（斜边），用一般

化、特殊化的方法证明勾股定理

$$c^2 = a^2 + b^2 \qquad\qquad (1\text{--}7\text{--}5)$$

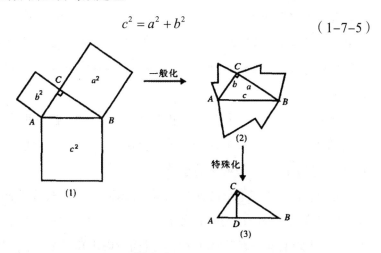

图 1-2

分析：要证明式（1-7-5）等价于要证明以 c 为一边的正方形面积等于分别以 a、b 为一边的两个正方形的面积之和 [图 1-2（1）].

可采用下面办法证明.

第一步，先一般化，把三个正方形一般化为三个分别以 a、b、c 为对应边的相似多边形（形状与边数任意）. 若以 a 为一边的那个多边形的面积为 λa^2，则分别以 b、c 为一边的多边形的面积为 λb^2 和 λc^2. 由于

$$\lambda c^2 = \lambda a^2 + \lambda b^2 \qquad\qquad (1\text{--}7\text{--}6)$$

与式（1-7-5）等价，所以，要证明式（1-7-5）等价于要证明以 c 为一边的多边形面积等于另两个多边形面积之和 [图 1-2（2）].

第二步：将第一步所说的多边形特殊化为三角形. 特别考虑△ABC、△CAD 和△BCD[图 1-2（3），其中 $CD \perp AB$]，它们相似且分别以 AB、AC 和 CB 为对应边，即满足第一步的条件，故式（1-7-5）成立与否等价于关于这三个三角形它们的面积是否有 $S_{\triangle ABC}=S_{\triangle CAD}+S_{\triangle BCD}$，而这是显然成立的，从而推出式（1-7-5）成立，即证得勾股定理成立.

1.7.1.4　先逐步特殊化，再逐步一般化

先逐步特殊化，再逐步一般化的方法是所谓先退后进法的一种重要

情形．为了达到解决问题的目的，数学上常采用先退而后进的办法．中国著名数学家华罗庚说过："善于'退'，足够的'退'，'退'到最原始而不失去重要性的地方，是学好数学的一个诀窍！"在先逐步特殊化——再逐步一般化的过程中，特殊化就是退，一般化就是进．退是为了进，进就是逼近目标．

例 1.7.9 假定某小学生会求矩形的面积，也了解一些关于三角形的知识，但没记住三角形的面积公式．现在要他求一个不规则的五边形的面积．请您给设计一条解题的思路．

分析：为了求五边形的面积，我们先退而考虑三角形的面积；而为了求一般三角形的面积，先退而考虑求特殊的三角形——直角三角形的面积；而为了求直角三角形的面积，先退而考虑求矩形的面积．据假定该学生会求矩形的面积，就说明我们已经退到适当的位置了．然后根据直角三角形可看成矩形的一半，多边形可分割成若干个三角形等关系，再逐步推出五边形的面积．

又如，在勒贝格积分理论中，为了证明有关可测函数 f 的一个命题成立，例如有关 f 的勒贝格积分的命题，常常把 f 分解为正部 f^+ 与负部分 f^- 之差，即 $f=f^+-f^-$，从而特殊化为仅考虑 f 是非负可测的情形；进一步还特殊化，仅考虑 f 是非负的、简单函数的情形；实际上，还常常更进一步特殊化，f 是正的、常数值函数的情形（这就是最后的不失重要的地方）．如果该命题对常数值函数成立，而且命题对线性运算和单调增加的函数列的极限运算封闭，则可逐步前进（逐步一般化），推出该命题对非负可测函数成立．然后再一般化为对一般的可测函数 f 成立．

在这一过程中，我们也看到了转化思想方法的应用及特殊化与一般化的协同作用的效果．

1.7.2 一题多解法

由于数学图形或式子间的变化、联系，使得一些数学命题往往有多种解法或多个解答，即通常所说的"一题多解"．这两种含义：一个命题有多种解法；一个命题本身有多个解答.

例 1.7.10 求极限 $\lim\limits_{n \to \infty} \dfrac{A\mathrm{e}^{nx} + B}{\mathrm{e}^{nx} + 1}$.

解：由于参数 x 的不同取值，上式将有不同的结果：

当 $x>0$ 时，原式 $= \lim\limits_{n \to \infty} \left(A + \dfrac{B}{\mathrm{e}^{nx}}\right) \bigg/ \left(1 + \dfrac{1}{\mathrm{e}^{nx}}\right) = A$；

当 $x=0$ 时，原式 $= \dfrac{A+B}{2}$；

当 $x<0$ 时，原式 $=B$.

我们再来看一个更复杂些的例子.

例 1.7.11 已知正项级数 $\sum\limits_{k=1}^{\infty} a_k$ 收敛，试判断 $\sum\limits_{k=1}^{\infty} a_k^{\beta}$ 的收敛性，其中 β 为任意实数.

解：由设 $\sum\limits_{k=1}^{\infty} a_k$ 收敛，故 $\lim\limits_{n \to \infty} a_n = 0$.

若 $\beta \geqslant 1$，且 n 充分大时，$a_1^{\beta} \leqslant |a_1| = a_k$，因 $\sum a_1^{\beta}$ 和 $\sum a_1$ 均为正项级数，由比较判别法知 $\sum a_1^{\beta}$ 收敛.

若 $\beta \leqslant 0$，$\lim\limits_{n \to \infty} a_n^{\beta} \neq 0$，则 $\sum a_1^{\beta}$ 发散.

若 $0<\beta<1$，级数敛散不定，请看：

① $\sum \dfrac{1}{n^2}$ 收敛，而 $\sum \left(\dfrac{1}{n^2}\right)^{\frac{1}{2}} = \sum \dfrac{1}{n}$ 发散；

② $\sum \dfrac{1}{n^4}$ 收敛，而 $\sum \left(\dfrac{1}{n^4}\right)^{\frac{1}{2}} = \sum \dfrac{1}{n^2}$ 收敛，但 $\sum \left(\dfrac{1}{n^4}\right)^{\frac{1}{4}} = \sum \dfrac{1}{n}$ 却发散.

下面我们谈谈一题有多种方法解答问题.这类问题是由命题本身的结构、数学各分科的内在联系及解题思维、推理方法不同所致的.

采用多种方法解题，不仅有助于巩固基础知识，提高解题能力，加强运算技巧，还可以使我们对所学知识间纵横关系有所了解，同时还可以沟通某些数学方法.

通过一题多解，还可以从解法中比较优、劣，以找到更简捷的解题途径.

下面我们来看一些例子.

（1）极限问题.先来看数列的极限问题.

例 1.7.12 若 $x_1 = 1$，$x_{n+1} = \sqrt{2x_n + 3}$（$n = 1, 2, \cdots$），求 $\lim\limits_{x \to \infty} x_n$.

解 1：用数学归纳法不难证明：$x_n < x_{n+1}$，即 $\{x_n\}$ 单增.

又由 $x_{k+1} = \sqrt{2x_k + 3} < \sqrt{2 \times 3 + 3} = 3$，可知 $x_n < 3$（$n = 1, 2, \cdots$）. 故由单调有界数列有极限及题设有

$$x_{n+1}^2 = 2x_n + 3，再令 \lim\limits_{x \to \infty} x_n = a，$$

故 $a^2 - 2a - 3 = 0$，得 $a = 3$ 或 -1，舍去负值有 $\lim\limits_{x \to \infty} x_n = 3$.

解 2：由 $\left| x_{n+1} - 3 \right| = \left| \sqrt{2x_n + 3} - 3 \right|$

$$= \left| \frac{\left(\sqrt{2x_n + 3} - 3 \right)\left(\left| \sqrt{2x_n + 3} + 3 \right| \right)}{\left| \sqrt{2x_n + 3} + 3 \right|} \right|$$

$$= \frac{2\left| x_n - 3 \right|}{\sqrt{2x_n + 3} + 3} \leqslant \frac{2}{3}\left| x_n - 3 \right|$$

再由：若自然数 N 及 r（$0 < r < 1$）均为常数，且对任何自然数 $n \geqslant N$ 均有 $\left| x_{n+1} - a \right| \leqslant r\left| x_n - a \right|$，则 $\lim\limits_{x \to \infty} x_n = a$，故 $\lim\limits_{x \to \infty} x_n = 3$.

（2）微分和不等式问题.这方面的例子我们先来看涉及微分中值定理的.

例 1.7.13 设 $f(x)$、$g(x)$，在 $[a, b]$ 上连续，在 (a, b) 内可微. 又对于 $x \in (a, b)$，$g'(x) \neq 0$，则在 (a, b) 内有 ξ 使

$$f'(\xi)/g'(\xi) = \left[f(\xi) - f(a) \right]/\left[f(b) - g(\xi) \right]$$

证明 1：设 $\varphi(x) = \left[f(x) - f(a) \right]\left[g(b) - g(x) \right]$，则 $\varphi(x)$ 在 $[a, b]$ 上满足罗尔定理条件，固有 $\xi \in (a, b)$ 使 $\varphi'(\xi) = 0$. 即

$$f'(\xi)\left[g(b) - g(\xi) \right] - g'(\xi)\left[f(\xi) - f(a) \right] = 0$$

又 $g'(x) \neq 0$，故 $\dfrac{f'(\xi)}{g'(\xi)} = \dfrac{f(\xi) - f(a)}{g(b) - g(\xi)}$.

证明 2：设 $\varphi(x) = f(x) = -\dfrac{f(x) - f(a)}{g(b) - g(a)}\left[g(x) - g(a)\right]$，则 $\varphi(x)$ 在

$[a,b]$ 上满足罗尔定理条件，固有 $\xi \in (a,b)$ 使 $\varphi'(\xi) = 0$，即

$$f'(\xi) - \left\{f'(\xi)\left[g(\xi) - g(a)\right] + g'(\xi)\left[f(\xi) - f(a)\right]\right\} / \left[g(b) - g(a)\right] = 0$$

故

$$\frac{f'(\xi)}{g'(\xi)} = \frac{f(\xi) - f(a)}{g(b) - g(\xi)}$$

证明 3：设 $\varphi(x) = f(x)g(x) - \left[f(x)g(b) + g(x)f(a)\right] + f(a)g(b)$，

则 $\varphi(x)$ 在 $[a,b]$ 上满足罗尔定理条件，固有 $\xi \in (a,b)$ 使 $g'(\xi) = 0$，即

$$f'(\xi) - \left\{f'(\xi)\left[g(\xi) - g(a)\right] + g'(\xi)\left[f(\xi) - f(a)\right]\right\} / \left[g(b) - g(a)\right] = 0$$

故

$$\frac{f'(\xi)}{g'(\xi)} = \frac{f(\xi) - f(a)}{g(b) - g(\xi)}$$

（3）一元函数积分问题．我们先来看不定积分问题．

例 1.7.14　求不定积分 $\displaystyle\int \frac{x^2 \mathrm{d}x}{\left(1 + x^2\right)^2}$ ．

解 1：原式 $= -\dfrac{1}{2}\left(\dfrac{1}{1 + x^2} - \displaystyle\int \dfrac{\mathrm{d}x}{1 + x^2}\right)$

$$= -\frac{1}{2}\left(\frac{x}{1 + x^2} - \tan^{-1}x\right) + C$$

解 2：由部分分式理论及待定系数法有

$$\frac{x^2}{\left(1 + x^2\right)^2} = -\frac{1}{1 + x^2} - \frac{1}{\left(1 + x^2\right)^2}$$

则

$$原式 = \int \frac{\mathrm{d}x}{1 + x^2} - \int \frac{\mathrm{d}x}{\left(1 + x^2\right)^2}$$

$$= \tan^{-1}x - \frac{1}{2}\left(\frac{x}{1+x^2} + \int \frac{\mathrm{d}x}{1+x^2}\right)$$

$$= \frac{1}{2}\tan^{-1}x - \frac{1}{2}\cdot\frac{x}{1+x^2} + C$$

解3：令 $x = \tan t$，则 $t = \tan^{-1}x$，$\mathrm{d}x = \sec^2 t\mathrm{d}t$

$$原式 = \int \frac{\tan^2 t\mathrm{d}\tan t}{\left(1+\tan^2 t\right)^2} = \int \frac{\tan^2 t}{\sec^4 t}\cdot\sec^2 t\mathrm{d}t$$

$$= \int \sin^2 t\mathrm{d}t = \int \frac{1-\cos 2t}{2}\mathrm{d}t$$

$$= \frac{1}{2}t - \frac{1}{4}\sin 2t + C$$

$$= \frac{1}{2}\left(\tan^{-1}x - \frac{x}{1+x^2}\right) + C$$

（4）级数问题．先来看一个判断级数敛散性的例子．

例 1.7.15 判断级数 $\sum\limits_{n=1}^{\infty}\frac{n^n}{n!}$ 的敛散性．

解1：由 $\frac{n^n}{n!} = \frac{n}{1}\cdot\frac{n}{2}\cdots\frac{n}{n} \geq 1$，故由 $\lim\limits_{n\to\infty}\frac{n^n}{n!} \neq 0$ 知级数发散．

解2：当 $n > 2$ 时，$\frac{n^n}{n!} = \frac{n\cdot n\cdots\cdots n}{1\cdot 2\cdots\cdots n} \geq n > \frac{1}{n}$，由 $\sum\frac{1}{n}$ 发散知题设级数发散．

解3：令 $a_n = \frac{n^n}{n!}$，$b_n = \frac{1}{n}$，由 $\lim\limits_{n\to\infty}\frac{a_n}{b_n} = \frac{n^{n+1}}{n!} \neq 0$，且 $\sum\frac{1}{n}$ 发散可知题设级数发散．

解4：考虑 $\frac{a_{n+1}}{a_n} = \frac{(n+1)^{n+1}n!}{(n+1)!n^n} = \left(1+\frac{1}{n}\right)^n \to \mathrm{e}(n\to\infty)$，而 $\mathrm{e} > 1$，故题设级数发散．

解5：由斯特林公式 $n! \sim \sqrt{2n\pi}\mathrm{e}^{-n}n^n$，则

$$\lim\limits_{n\to\infty}\sqrt[n]{a_n} = \lim\limits_{n\to\infty}\sqrt[n]{\frac{n^n}{n!}} = \lim\limits_{n\to\infty}\frac{n}{\sqrt[n]{2n\pi}\mathrm{e}^{-1}n} = \frac{1}{\mathrm{e}^{-1}} = \mathrm{e} > 1$$

由柯西判别法知所给级数发散.

（5）多元函数偏导数问题.

例 1.7.16 求方程 $\dfrac{x}{z} = \ln \dfrac{z}{y}$ 定义的函数 $z = z(x,y)$ 的一阶偏导数.

解 1：令

$$F(x,y,z) = \frac{x}{y} - \ln \frac{z}{y}$$

$$\frac{\partial z}{\partial x} = -\frac{\partial F}{\partial x} \Big/ \frac{\partial F}{\partial z} = -\frac{1}{z} \Big/ \left(-\frac{x}{z^2} - \frac{1}{z}\right) = \frac{z}{x+z}$$

$$\frac{\partial z}{\partial y} = -\frac{\partial F}{\partial y} \Big/ \frac{\partial F}{\partial z} = -\frac{1}{y} \Big/ \left(-\frac{x}{z^2} - \frac{1}{z}\right) = \frac{z^2}{y(x+z)}$$

解 2：将 z 视为 x、y 的函数，将题设式两边对 x 求导

$$\left(z - x\frac{\partial z}{\partial x}\right) \Big/ z^2 = \frac{1}{z} \cdot \frac{\partial z}{\partial x}$$

有 $\dfrac{\partial z}{\partial x} = \dfrac{z}{x+z}$，类似地有 $\dfrac{\partial z}{\partial y} = \dfrac{z^2}{y(x+z)}$.

解 3：将 $\dfrac{x}{z} = \ln \dfrac{z}{y}$ 两边求全微分

$$\frac{z\,\mathrm{d}x - x\,\mathrm{d}z}{z^2} = \frac{\mathrm{d}z}{z} - \frac{\mathrm{d}y}{y}$$

解得 $\mathrm{d}z = \dfrac{z}{x+z}\mathrm{d}x + \dfrac{z^2}{y(x+z)}\mathrm{d}y$，故

$$\frac{\partial z}{\partial x} = \frac{z}{x+z}, \frac{\partial z}{\partial y} = \frac{z^2}{y(x+z)}$$

（6）多元函数积分问题.我们先来看看重积分问题.

例 1.7.17 求 $I = \iiint\limits_V xyz\,\mathrm{d}v$，其中 v 为球体 $x^2 + y^2 + z^2 \leqslant 1$ 在第一象限的部分.

解 1：用直角坐标系

$$I = \int_0^1 x\mathrm{d}x \int_0^{\sqrt{1-x^2}} y\mathrm{d}y \int_0^{\sqrt{1-x^2-y^2}} z\mathrm{d}z$$

$$= \frac{1}{2}\int_0^1 x\mathrm{d}x \int_0^{\sqrt{1-x^2}} y\left(1-x^2-y^2\right)\mathrm{d}y$$

$$= \frac{1}{2}\int_0^1 x\left(1-x^2\right)^2 \mathrm{d}x = \frac{1}{48}$$

解 2：用柱坐标

$$I = \iiint_V r^3 z \cos\theta \sin\theta \mathrm{d}r\mathrm{d}\theta\mathrm{d}z$$

$$= \int_0^{x/2} \cos\theta\sin\theta\mathrm{d}\theta \int_0^1 r^3\mathrm{d}r \int_0^{\sqrt{1-x^2}} z\mathrm{d}z$$

$$= \frac{1}{2}\int_0^{x/2} \cos\theta\sin\theta\mathrm{d}\theta \int_0^1 r^3\left(1-r^2\right)\mathrm{d}r$$

$$= \frac{1}{2}\cdot\frac{1}{2}\cdot\frac{1}{12} = \frac{1}{48}$$

解 3：用球坐标

$$I = \iiint_V \rho^3 \sin^3\varphi \cos\varphi \sin\theta \cos\theta \mathrm{d}\rho\mathrm{d}\theta\mathrm{d}\varphi$$

$$= \int_0^{x/2} \sin\theta\cos\theta\mathrm{d}\theta \int_0^{x/2} \sin^3\varphi\cos\varphi\mathrm{d}\varphi \int_0^1 \rho^3\mathrm{d}\rho$$

$$= \frac{1}{2}\cdot\frac{1}{4}\cdot\frac{1}{6} = \frac{1}{48}$$

（7）几何问题．先来看一个求直线方程的例子．

例 1.7.18 求过三个已知点 M_1（2,3,0）、M_2（-2,-3,4）和 M_3（0,6,0）所确定的平面方程．

解 1：设所求平面方程为 $Ax+By+Cz+D=0$，又其过 M_i（$i=1,2,3$）点则

$$\begin{cases} 2A+3B+D=0 \\ -2A-3B+4C+D=0 \\ 6B+D=0 \end{cases}$$

解之得 $A=3B/2$，$C=3B$，$D=-6B$．（注意 $B\neq0$，否则 $A=B=C=0$ 不合题意）．

故所求方程为 $3x+2y+6z=12=0$.

解 2：由设 $\overrightarrow{M_1M_2}=\{-4,-6,4\}$，$\overrightarrow{M_2M_3}=\{-2,3,0\}$，所求平面的法矢量 n

$$n=\overrightarrow{M_1M_2}\times\overrightarrow{M_2M_3}=\begin{vmatrix} i & j & k \\ -4 & -6 & 4 \\ -2 & 3 & 0 \end{vmatrix}$$

$$=-12i-8j-24k$$

故所求方程为

$$-12(x-2)-8(y-3)-24z=0$$

即 $3x+2y+6z-12=0$.

解 3：因所求平面过 M_1，故可设其方程为 $A(x-2)+B(y-3)+Cz=0$，又平面过 M_2 和 M_3，有

$$-4A-6B+4C=0$$
$$-2A+3B=0$$

联立上面三个方程，若使 A、B、C 有非零解，必须

$$\begin{vmatrix} x-2 & y-3 & z \\ -4 & -6 & 4 \\ -2 & 3 & 0 \end{vmatrix}=0$$

即 $3x+2y+6z-12=0$.

1.7.3 变量替换法

要进行定量分析,就离不开计算,计算是高等数学的最基本方法,即使是证明,有的也是一种计算证明,形式的证明是符号的计算;非形式的证明则是以命题、概念为对象的特殊计算.为了提高计算效率,必须使计算程序得以简化,而简化计算的最重要的方法就是变量替换.

高等数学中的计算与解题过程和人类对自然的认识过程相同,都是"从已知出发,向未知推广,化未知为新的已知"的过程,变量替换法充分体现了这一认识过程,它通过作变量替换,使问题由繁变简,从而达到化未知为已知的目的.变量替换法在高等数学中应用十分广泛,例如复合

函数就是变量替换的一种；求复合函数的导数、求极限、求不定积分、求定积分、求重积分、求解微分方程等，几乎无处不在，并显示其有效用．

利用变量替换就是把复杂问题简单化，这是人们解决问题常用的思维方法．

下面仅就函数、极限、不定积分、定积分、重积分以及部分举例说明它的应用．

例 1.7.19 根据两个极限的本质，利用变量替换的思想，立即可得到两个重要极限的一般表示式为

$$\lim_{\alpha(x) \to \infty} \frac{\sin \alpha(x)}{\alpha(x)} = 1 \ , \ \lim_{\alpha(x) \to \infty} \left[1 + \alpha(x)\right]^{\frac{1}{\alpha(x)}} = e \ \text{或} \ \lim_{\beta(x) \to \infty} \left[1 + \frac{1}{\beta(x)}\right]^{\beta(x)} = e$$

由此立即可得到

$$\lim_{x \to \infty} x \sin \frac{1}{x} = \lim_{x \to \infty} \frac{\sin \frac{1}{x}}{\frac{1}{x}} = 1$$

$$\lim_{x \to \infty} (1 - 2\sin x)^{\frac{1}{x}} = \lim_{x \to \infty} \left[(1 - 2\sin x)^{-\frac{1}{2\sin x}}\right]^{\frac{2\sin x}{x}} = e^{-2}$$

由此可见，有了两个重要极限的一般形式，使用起来就更方便了．

例 1.7.20 计算定积分 $\int_0^a \dfrac{\mathrm{d}x}{x + \sqrt{a^2 - x^2}} \ (a > 0)$．

解：令 $x = a\sin t$，当 $x = 0$ 时，则 $t = 0$；当 $x = a$ 时，则 $t = \dfrac{\pi}{2}$．

$$\int_0^a \frac{\mathrm{d}x}{x + \sqrt{a^2 - x^2}} = \int_0^{\frac{\pi}{2}} \frac{a\cos t \, \mathrm{d}t}{a\sin t + a\cos t} = \int_0^{\frac{\pi}{2}} \frac{\cos t \, \mathrm{d}t}{\sin t + \cos t} = \frac{\pi}{4}$$

或

$$\int_0^{\frac{\pi}{2}} \frac{\sin t \, \mathrm{d}t}{\sin t + \cos t} = \int_0^{\frac{\pi}{2}} \frac{\cos t \, \mathrm{d}t}{\sin t + \cos t} = \frac{1}{2} \int_0^{\frac{\pi}{2}} \frac{\sin t + \cos t}{\sin t + \cos t} \, \mathrm{d}t = \frac{1}{2} \int_0^{\frac{\pi}{2}} \mathrm{d}t = \frac{\pi}{4}$$

注：$\displaystyle\int_0^{\frac{\pi}{2}} \frac{\cos^p t \, \mathrm{d}t}{\sin^p t + \cos^p t} = \frac{\pi}{4}$．

1.7.4 数形结合法

数形结合的方法，就是从几何意义方面分析命题．反过来，又可以将

微积分的结果用于解决几何问题.

例 1.7.21 计算二重积分 $I=\iint\limits_{D}y\mathrm{d}\sigma$,其中 D 是顶点为 $A(0,2),B(2,0),C(5,2),D(2,4)$ 的四边形域.

分析:如图 1-3 所示,注意积分域以 AC 为对称轴,可知四边形的形心在 AC 线段上,即形心的纵坐标 $y=2$,因此得解法.

解:由 $y=\dfrac{1}{S_{D}}\iint\limits_{D}y\mathrm{d}\sigma$,其中 S_D 是 D 的面积,为 20,从而得 $\iint\limits_{D}y\mathrm{d}\sigma=40$.

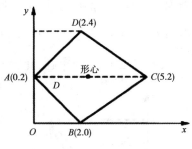

图 1-3

数学原本就是研究数量关系和几何图形的科学,数形结合是自然的.

例 1.7.22 在直线 $y=x+1$ 上求一点,使此点到曲线 $y=\ln x$ 的距离为最小,并求此最小距离.

解:先在曲线 $y=\ln x$ 上求一点(图 1-4),使这点切线平行于 $y=x+1$.由 $f(x)=\dfrac{1}{x}=1$,得 $x=1$,所求点为 $(1,0)$.过此点作曲线 $y=\ln x$ 的法线,即 $y=-x+1$ 交 $y=x+1$ 于 $(0,1)$,于是,所求直线上的点为 $(0,1)$,且最小距离为 $\sqrt{2}$.

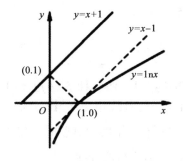

图 1-4

本题直接用条件极值不如从几何意义入手简便．

考虑在曲线 $y=\ln x$ 上寻找一点，使此点到直线 $y=x+1$ 的距离最小，自然过此点的切线平行于 $y=\ln x$，距离最小．

例 1.7.23 设函数 $f(x)$ 在 $[0,1]$ 上连续，在 $(0,1)$ 内可导，且 $f(0)=0,f(1)=1$，证明：

（1）存在 $\xi\in(0,1)$，使 $f(\xi)=1-\xi$；

（2）存在两不同点 $\eta,\zeta\in(0,1)$，使 $f'(\eta)f'(\zeta)=1$．

分析：考虑几何意义（图 1-5）．曲线 $y=f(x)$ 过原点 O 和 $C(1,1)$，由连续性知，它必与线 AB 即 $y=1-x$ 相交于 $D(\xi,1-\xi)$，弦 OD 及 DC 的斜率分别为 $k_{\mathrm{OD}}=\dfrac{1-\xi}{\xi}$，$k_{\mathrm{DC}}=\dfrac{\xi}{1-\xi}$．经审题，此题的证明思路更清晰了．

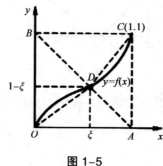

图 1-5

证明：

（1）记 $F(x)=f(x)-1+x$，则 $F(0)=-1$，$F(1)=1$．由介值定理知，存在 $\xi\in(0,1)$，使 $F(\xi)=0$，即 $f(\xi)=1-\xi$；

（2）在 $[0,\xi]$ 和 $[\xi,1]$ 上分别对 $f(x)$ 用拉格朗日中值定理，知存在 $\eta\in(0,\xi)$ 和 $\zeta\in(\xi,1)$，使

$$f'(\eta)=\frac{\xi}{1-\xi},f'(\zeta)=\frac{1-\xi}{\xi}$$

即存在 $\eta,\zeta:0<\eta<\zeta<1<y<1$，使 $f'(\eta)f'(\zeta)=1$．

其中，（1）就是曲线必与直线相交之意．分别在曲线 OD 和 DC 上存在切线，与弦 OD 和 DC 平行．作微积分题时，先想到其几何意义往往能使此题解起来思路清晰，运算得心应手．

1.7.5 近似与精确计算法

极限的方法是微积分的主要研究方法,因为它是从近似到精确的方法.本节介绍这个重要的解题方法.

例 1.7.24 计算

$$I = \lim_{n \to \infty} \frac{1}{n^2} \left(\sqrt{n^2 - 1} + \sqrt{n^2 - 2^2} + \cdots + \sqrt{n^2 - (n-1)^2} \right)$$

分析:当 $n \to \infty$ 时,它的第 i 项 $\frac{1}{n^2} \sqrt{n^2 - i^2}$ 为无穷小,因此,这是"无限个无穷小之和",可能为积分和.

解:$I = \lim\limits_{n \to \infty} \frac{1}{n^2} \left(\sqrt{n^2 - 1} + \sqrt{n^2 - 2^2} + \cdots + \sqrt{n^2 - (n-1)^2} \right)$

$$= \lim_{n \to \infty} \sum_{i=1}^{n} \frac{1}{n} \left(1 - \frac{i^2}{n^2} \right)^{\frac{1}{2}} = \int_0^1 \sqrt{1 - x^2} \, dx = \frac{\pi}{4}$$

积分就是用长方形构成的阶梯形的面积来近似曲边梯形的面积,通过极限达到精确.

例 1.7.25 用幂级数展开计算 $\int_0^1 \frac{\sin x}{x} dx$,使其绝对误差不超过 10^{-4},至少需要用到级数的前几项? 并说明理由.

解:由 $\dfrac{\sin x}{x} = 1 - \dfrac{1}{3!} x^2 + \dfrac{1}{5!} x^4 - \dfrac{1}{7!} x^6 + \cdots$ 得

$$\int_0^1 \frac{\sin x}{x} dx = 1 - \frac{1}{3 \cdot 3!} + \frac{1}{5 \cdot 5!} - \frac{1}{7 \cdot 7!} + \cdots$$

这是莱布尼茨型的交错级数,它的余项不大于余项首项的绝对值.试算

$$\left| \int_0^1 \frac{\sin x}{x} dx - \left(1 - \frac{1}{3 \cdot 3!} + \frac{1}{5 \cdot 5!} \right) \right| < \frac{1}{7 \cdot 7!} < \frac{1}{10\,000}$$

故至少需要用前 3 项.

这里实质上是用泰勒展开逼近 $\sin x$,得以计算积分 $\int_0^1 \frac{\sin x}{x} dx$ 的值.

例 1.7.26 求极限

$$I = \lim_{n \to \infty} \sum_{i=1}^{n} \left[\frac{1}{(n+i+1)^2} + \frac{1}{(n+i+2)^2} + \cdots + \frac{1}{(n+i+i)^2} \right]$$

分析：这个和式可以写成 $\sum_{i=1}^{n} \sum_{j=1}^{i} \dfrac{1}{\left(1 + \dfrac{i}{n} + \dfrac{j}{n}\right)^2} \cdot \dfrac{1}{n^2}$，故所求极限是双重

的"无限个无穷小的和"．因此，容易想到二重积分．

解：考虑正方形域 D（图 1-6）上的函数 $u = \dfrac{1}{(1+x+y)^2}$．将 D 用直线

分为 n^2 个正方形区域，面积为 $D_{ij} = \dfrac{1}{n^2}$．

$$x = \frac{i}{n}, y = \frac{j}{n} (i, j = 1, 2, \cdots, n)$$

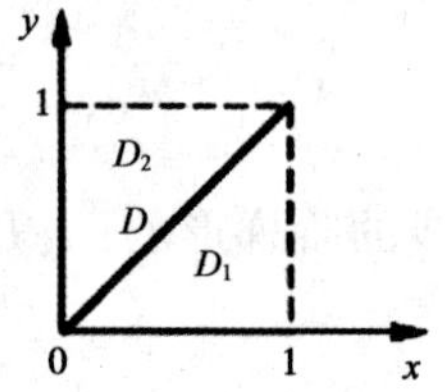

图 1-6

由二重积分定义，有

$$I = \lim_{n \to \infty} \sum_{i=1}^{n} \sum_{j=1}^{i} \frac{1}{\left(1 + \dfrac{i}{n} + \dfrac{j}{n}\right)^2} \cdot \frac{1}{n^2}$$

$$= \lim_{n \to \infty} \frac{1}{2} \left[\sum_{i=1}^{n} \sum_{j=1}^{i} \frac{1}{\left(1 + \dfrac{i}{n} + \dfrac{j}{n}\right)^2} \cdot \frac{1}{n^2} + \sum_{j=1}^{n} \sum_{i=1}^{j} \frac{1}{\left(1 + \dfrac{i}{n} + \dfrac{j}{n}\right)^2} \frac{1}{n^2} \right]$$

$$= \frac{1}{2} \iint\limits_{D_1 + D_2} \frac{\mathrm{d}x \mathrm{d}y}{(1+x+y)^2} = \frac{1}{2} \int_0^1 \mathrm{d}x \int_0^1 \frac{\mathrm{d}y}{(1+x+y)^2}$$

$$= \frac{1}{2} \int_0^1 \left(\frac{1}{1+x} - \frac{1}{2+x} \right) \mathrm{d}x = \ln 2 - \frac{1}{2} \ln 3$$

在微积分中，从近似到精确，除数列的逼近外，更有函数逼近的问

题.如从泰勒公式发展为泰勒级数,从三角多项式发展为傅里叶级数,都是函数的逼近,这种逼近更具一般性.

这个和式是某个二重积分的近似.积分区域可选取如图 1-1 的三角形域 D_1,但要注意对角线 $y=x$ 上的和式表达式.选正方形域 D 要简便些.

例 1.7.27 设 $\varphi(x)=\begin{cases}\dfrac{1}{x^2}\left(e^{x^2}-\cos x\right), & x\neq 0 \\ a, & x=0\end{cases}$ 连续,求 $\varphi'(0)$, $\varphi''(0)$, $\varphi'''(0)$.

解:由

$$e^{x^2}=1+x^2+\frac{1}{2}x^4+\frac{1}{3!}x^6+\cdots$$

$$\cos x=1-\frac{1}{2}x^2+\frac{1}{4!}x^4-\frac{1}{6!}x^6+\cdots$$

有 $\varphi(x)=\dfrac{1}{x^2}\left(e^{x^2}-\cos x\right)=\dfrac{3}{2}+\dfrac{11}{24}x^2+\dfrac{121}{720}x^4+\cdots(x\neq 0)$.

故 $\varphi(0)=\dfrac{3}{2}$,$\varphi'(0)=\varphi'''(0)=0$,$\varphi''(0)=\dfrac{11}{12}$.

用 $\varphi(x)$ 的泰勒展式解较简单.

本题若按定义逐阶求导,计算很烦琐.用函数的泰勒级数展开,易求得 $\varphi^{(n)}(0)$($n=1,2,\cdots$)的值.

1.7.6 观察、分析、猜想、验证法

人们对事物的认识,总是通过观察接触该事物,了解该事物的某些已知部分,从而对该事物产生一些感性认识,并以此作素材根据有关知识对该事物进行推论判断,产生一些推测性的看法——这就是猜想或假说.猜测虽然未必是真理,但它却是激起人类创造性思维的火种,是人类发现真理进入新的科学领域的必要征程,然后是对猜想进行理论验证,从而判定猜想是否为真理.若为真理,则扩充了人们的知识领域;若为谬误,也在一定程度上启迪了人们的思维.因此,无论是正确的还是错误的,猜想对人们的科学活动都很有益.高等数学中许多解题过程,常常是先对题设进行认真观察分析,然后对可能出现的结果作一个初步的猜想,最后进行

严格的论证的过程,这样,常常能帮助我们打破解题时无从下手的僵局,提高解题效率.

例 1.7.28 求解二阶常系数齐次线性方程 $y'' + py' + qy = 0$ 的通解时,就是观察方程的形式,经过分析,问方程的解是什么? 解是怎样的函数? 怎样的函数才满足方程? 满足方程的函数应具有什么特点? 满足方程的函数 $y(x)$ 应该是 y、y'、y'' 等同一类函数,根据微分学理论知,指数函数和指数函数的导数只会产生系数上的差异,即指数函数和指数函数的导数是同一类函数,$y = e^{\lambda x}$,$y' = \left(e^{\lambda x}\right)' = \lambda e^{\lambda x}$,$y'' = \left(e^{\lambda x}\right)'' = \lambda^2 e^{\lambda x}$,于是猜想 $y'' + py' + qy = 0$ 应有形如 $y = e^{\lambda x}$ 形式的解,通过验证知这一猜想是正确的,并由此导出特征方程即参数 λ 满足方程 $\lambda^2 + p\lambda + q = 0$ 的一系列性质,从而彻底地解决了这类微分方程的求解问题.

这为线性常系数非齐次方程的解法奠定了基础,同样求解二阶常系数非齐次线性方程 $y'' + py' + qy = f(x)$ 的特解时,也是根据方程 $y'' + py' + qy = e^{\lambda x}P_m(x)$ 的特点,经过分析,猜想特解形式为

$$y^* = e^{\lambda x}Q(x)$$

这里 $Q(x) = a_0 x^n + a_1 x^{n-1} + \cdots + a_{n-1}x + a_n$ 是待定的多项式,把 y^* 代入原方程确定系数 $a_0, a_1, \cdots, a_{n-1}, a_n$ 就得到特解 y^*.

第 2 章

函数、极限、连续

　　函数是高等数学研究的基本对象,可以说,高等数学的理论就是针对函数展开的.而极限理论和方法是高等数学理论的基础和基本工具.本章将就函数的一些基本概念和极限的基础理论及方法展开研究讨论,并深入探讨一些典型例题的解题方法.

2.1 函数概念及有关函数问题的解法

2.1.1 函数的概念

在集合与映射的基础上,即可给出函数的准确定义.

定义 2.1.1 设数集 D 是实数集 **R** 的子集,即 $D \subset \mathbf{R}$,则称映射 f: $D \rightarrow \mathbf{R}$ 为定义在数域 D 上的函数,记作 $y = f(x)(x \in D)$.其中,x 称为自变量,y 称为因变量,D 称为定义域(与映射的定义相呼应,定义域 D 有时也用 D_f 来表示).对于定义域 D 内的每一个元素 x,在 **R** 上均有唯一确定的值与之对应,该值称为函数在 x 处的函数值,一般用 $f(x)$ 表示.全体函数值 $f(x)$ 构成的数集称为函数的值域,记作 $f(D)$ 或 R_f.

例 2.1.1 某工厂生产某型号车床,年产量为 a 台,分若干批进行生产,每批生产准备费为 b 元,设产品均匀投入市场,且上一批用完后立即生产下一批,即平均库存量为批量的一半.设每年每台库存费为 c 元.已知,生产批量大则库存费高;生产批量少则批数增多,因而生产准备费高.试求出一年中库存费与生产准备费的和同批量的函数关系.

解:设批量为 x,库存费与生产准备费的和为 $P(x)$.

由于年产量为 a,因此每年生产的批数为 $\dfrac{a}{x}$(设其为整数),那么生产准备费为 $b \cdot \dfrac{a}{x}$.

又由于平均库存量为 $\dfrac{x}{2}$,因此库存费为 $c \cdot \dfrac{x}{2}$.所以,可得

$$P(x) = b \cdot \frac{a}{x} + c \cdot \frac{x}{2} = \frac{ab}{x} + \frac{cx}{2}$$

函数的定义域为 $(0, a]$ 中的正整数因子.

例 2.1.2 把圆心角为 α（弧度）的扇形卷成一个锥形，试求圆锥顶角 ω 与 α 的函数关系.

解：设扇形 AOB 的圆心角是 α，半径为 r，如图 2-1 所示.

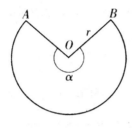

图 2-1

于是弧 $\overset{\frown}{AB}$ 的长度为 $r\alpha$. 把这个扇形卷成圆锥后，它的顶角为 ω，底圆周长为 $r\alpha$，如图 2-2 所示.

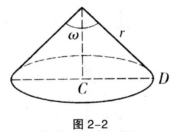

图 2-2

所以底圆半径

$$CD = \frac{r\alpha}{2\pi}$$

因为

$$\sin\frac{\omega}{2} = \frac{CD}{r} = \frac{\alpha}{2\pi}$$

所以

$$\omega = 2\arcsin\frac{\alpha}{2\pi} \quad (0 < \alpha < 2\pi)$$

例 2.1.3 物体从高度为 H 的地方自由下落. 试写出物体下落速度 v 作为其所在高度 h 的函数的表达式.

解：由物理学知道，自由落体的加速度是常数 $g=9.8 \ \text{m/s}^2$. 所以物体在任一时刻 t 的速度是

$$\upsilon = gt$$

另一方面，自由落体的行程 s 与经过的时间 t 的关系是 $s = \dfrac{1}{2}gt^2$，即

$$t = \sqrt{\dfrac{2s}{g}}$$

根据题意，H, h, s 之间的关系是 $H - h = s$，如图 2-3 所示.

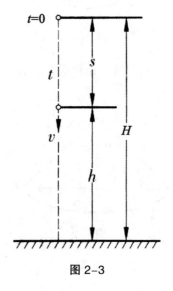

图 2-3

则

$$\begin{aligned}
\upsilon &= gt = g\sqrt{\dfrac{2s}{g}} \\
&= \sqrt{2gs} \\
&= \sqrt{2g(H-h)}
\end{aligned}$$

例 2.1.4 一个正圆锥外切于半径为 R 的半球，半球的底面在圆锥的底面上，其剖面，如图 2-4 所示，试将圆锥的体积表示为圆锥底半径 r 的函数.

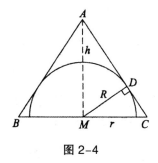

图 2-4

解：根据题意可知，半球大小不变，其半径 R 为常量，圆锥的体积 V 由其高 h 与底半径 r 而定

$$V = \frac{1}{3}\pi r^2 h$$

现在要将 h 用 r 表示出来，从图 2-4 可知

$$CD = \sqrt{r^2 - R^2}$$

因为 $\triangle AMD \backsim \triangle MCD$，所以

$$\frac{r}{\sqrt{r^2 - R^2}} = \frac{h}{R}, h = \frac{rR}{\sqrt{r^2 - R^2}}$$

从而，可得

$$V = \frac{1}{3}\pi r^3 \frac{R}{\sqrt{r^2 - R^2}} (R < r < +\infty)$$

例 2.1.5 曲柄连杆机构是利用曲柄 OC 的旋转运动，通过连杆 CB 使滑块 B 做往复直线运动. 设 $OC = r$，$C = l$，曲柄以等角速度 ω 绕 O 旋转，求滑块的位移的大小 s 与时间 t 之间的函数关系（假定曲柄 OC 开始作旋转运动时，C 在点处），如图 2-5 所示.

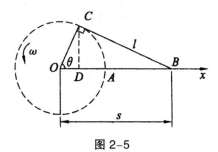

图 2-5

解：由图可知

$$S=OD+DB$$

又因为

$$OD = r\cos\theta, CD = r\sin\theta, \theta = \omega t$$

从而有

$$OD = r\cos\omega t, CD = r\sin\omega t$$

在直角三角形 CDB 中,

$$DB = \sqrt{l^2 - r^2\sin^2\omega t}$$

所以

$$s = r\cos\omega t + \sqrt{l^2 - r^2\sin^2\omega t}\,(0 \leq t < +\infty)$$

例 2.1.6　一个问题中有两个变量,其中一个变量分别取正数、零和负数时,另一个变量依次取 1、0 和 −1,写出它们的函数关系式.

解：引进数学符号,函数表示为

$$y = \operatorname{sgn} x = \begin{cases} 1, & x > 0, \\ 0, & x = 0, \\ -1, & x < 0. \end{cases}$$

其中, sgn 表示 "符号". $y = \operatorname{sgn} x$ 称为符号函数,它的定义域为 $(-\infty, +\infty)$, 值域为 $\{-1, 0, 1\}$.

其图像如图 2-6 所示.

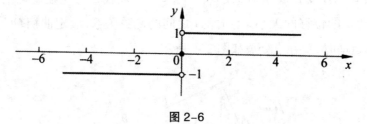

图 2-6

2.1.2 有关函数问题的解法

2.1.2.1 求函数表达式

这类题型的做法是找出函数框架然后代入,或者进行变量代换.

例 2.1.7 设

$$f(x)=\begin{cases}1 & |x|<1 \\ 0 & |x|=1, g(x)=e^x \\ -1 & |x|>1\end{cases}$$

求 $f[g(x)], g[f(x)]$.

解:因为

$$f(x)=\begin{cases}1 & |x|<1 \\ 0 & |x|=1 \\ -1 & |x|>1\end{cases}$$

所以

$$f[g(x)]=\begin{cases}1 & |e^x|<1 \\ 0 & |e^x|=1 \\ -1 & |e^x|>1\end{cases}$$

即

$$f[g(x)]=\begin{cases}1 & x<1 \\ 0 & x=1 \\ -1 & x>1\end{cases}$$

又因为

$$g(x)=e^{(x)}$$

所以

$$f[g(x)]=\begin{cases}e & |x|<1 \\ e & |x|=1 \\ e^{-1} & |x|>1\end{cases}$$

2.1.2.2　求函数的定义域

求函数定义域的方法总结如下：

（1）如果函数表达式中含有分式，则分母不能为 0；

（2）如果函数表达式中含有偶次方根，则根号下表达式大于等于 0；

（3）如果函数表达式中含有对数，则真数大于 0；

（4）如果函数表达式中含有反正弦或反余弦，则其绝对值小于等于 1；

（5）有以上几种情形，则取交集；

（6）分段函数定义域，取各分段区间的并集；

（7）对实际问题，则从实际出发考虑自变量取值范围．

例 2.1.8　已知 $f(x) = e^{x^2}$，$f\left[\varphi(x)\right] = 1 - x$，且 $\varphi(x) \geqslant 0$，试求 $\varphi(x)$ 的表达式及其定义域．

解：因为

$$f(x) = e^{x^2}$$

所以

$$f\left[\varphi(x)\right] = e^{\left[\varphi(x)\right]^2}$$

而

$$f\left[\varphi(x)\right] = 1 - x$$

故

$$e^{\left[\varphi(x)\right]^2} = 1 - x$$

$$e^{\left[\varphi(x)\right]^2} = \ln(1 - x)$$

$$\varphi(x) = \sqrt{\ln(1 - x)} \quad \left(\varphi(x) \geqslant 0\right)$$

于是由

$$\begin{cases} \ln(1 - x) \geqslant 0 \\ 1 - x \geqslant 0 \end{cases}$$

得定义域为 $x \leqslant 0$，即 $x \in (-\infty, 0]$．

2.1.2.3　函数奇偶性的判断

判断函数奇偶性的方法总结如下：

（1）根据奇偶性的定义．

（2）根据奇偶函数的四则运算性质．

①奇函数乘（除）偶函数＝奇函数；

②奇函数乘（除）奇函数＝偶函数；

③偶函数乘（除）偶函数＝偶函数；

④奇函数加（减）奇函数＝奇函数；

⑤偶函数加（减）偶函数＝偶函数．

需要指出，偶函数加（减）奇函数，奇函数加（减）偶函数，为非奇非偶的函数．

（3）$f(x) + f(-x) = 0$．

例 2.1.9　判断下列函数的奇偶性．

（1）$f(x) = \dfrac{a^x - 1}{a^x + 1}$　（$a > 0$）；

（2）$F(x) = \varphi(x)\left(\dfrac{1}{a^x + 1} - \dfrac{1}{2}\right)$，其中 $a > 0$，$a \neq 1$，且为常数，$\varphi(x)$ 为奇函数．

解：（1）因为

$$f(-x) = \frac{a^{-x} - 1}{a^{-x} + 1} = \frac{1 - a^x}{1 + a^x} = -f(x)$$

所以 $f(x)$ 为奇函数．

（2）因为

$$\frac{1}{a^x + 1} - \frac{1}{2} = -\frac{a^x - 1}{2(a^x + 1)} = -\frac{1}{2} \times \frac{a^x - 1}{a^x + 1}$$

由（1）中的结论可得 $\dfrac{1}{a^x + 1} - \dfrac{1}{2}$ 是一个奇函数，而 $\varphi(x)$ 为奇函数，所以 $F(x)$ 为一个偶函数．

2.2 各类极限的求解方法

2.2.1 函数极限的性质

类似于数列极限的性质,函数极限有如下定理(以 $x \to x_0$ 为例):

定理 2.2.1（唯一性） 若 $\lim\limits_{x \to x_0} f(x)=A$, $\lim\limits_{x \to x_0} f(x)=B$,则 $A=B$.

证明:对 $\forall \varepsilon>0$,因为 $\lim\limits_{x \to x_0} f(x)=A$,由极限定义知, $\exists \delta_1>0$,当 $0<|x-x_0|<\delta_1$ 时,有 $|f(x)-A|<\dfrac{\varepsilon}{2}$.

同理,因为 $\lim\limits_{x \to x_0} f(x)=B$,由极限定义知, $\exists \delta_2>0$,当 $0<|x-x_0|<\delta_2$ 时,有 $|f(x)-B|<\dfrac{\varepsilon}{2}$.

取 $\delta=\min\{\delta_1,\delta_2\}$,则当 $0<|x-x_0|<\delta$ 时,有

$$|A-B|=|(A-f(x))+(f(x)-B)| \leqslant |f(x)-A|+|f(x)-B|<\dfrac{\varepsilon}{2}+\dfrac{\varepsilon}{2}=\varepsilon$$

由 ε 的任意性,得 $A=B$.

定理 2.2.2（局部有界性） 若 $\lim\limits_{x \to x_0} f(x)=A$,则 $\exists M>0$ 和 $\delta>0$,使得当 $0<|x-x_0|<\delta$ 时,有 $|f(x)| \leqslant M$.

证明:取 $\varepsilon=1$,因为 $\lim\limits_{x \to x_0} f(x)=A$,所以 $\exists \delta>0$,当 $0<|x-x_0|<\delta$ 时,

$$|f(x)-A|<\varepsilon$$

从而,当 $0<|x-x_0|<\delta$ 时,有

$$|f(x)|=|f(x)-A+A| \leqslant |f(x)-A|+|A|<1+|A|$$

记 $M = 1 + |A|$，则有 $|f(x)| \leqslant M$.

定理 2.2.3 （局部保号性） 若 $\lim\limits_{x \to x_0} f(x) = A$，且 $A > 0$（或 $A < 0$），则 $\exists\, \delta > 0$，使得当 $0 < |x - x_0| < \delta$ 时，有 $f(x) > \dfrac{A}{2} > 0$ [或 $f(x) < \dfrac{A}{2} < 0$].

证明：下面我们只证明 $A > 0$ 的情况.

因为 $\lim\limits_{x \to x_0} f(x) = A > 0$，取 $\varepsilon = \dfrac{A}{2}$，则 $\exists\, \delta > 0$，使得当 $0 < |x - x_0| < \delta$ 时，有 $|f(x) - A| < \varepsilon = \dfrac{A}{2}$，从而有 $f(x) > A - \dfrac{A}{2} = \dfrac{A}{2} > 0$.

类似地，我们可以证明 $A < 0$ 的情形.

定理 2.2.4（局部保序性） 若 $\lim\limits_{x \to x_0} f(x) = A$，$\lim\limits_{x \to x_0} g(x) = B$ 且 $A > B$，则 $\exists\, \delta > 0$，使得当 $0 < |x - x_0| < \delta$ 时，有 $f(x) > g(x)$.

证明：取 $\varepsilon = \dfrac{A - B}{2} > 0$，因为 $\lim\limits_{x \to x_0} f(x) = A$，$\exists\, \delta_1 > 0$，当 $0 < |x - x_0| < \delta_1$ 时，有

$$|f(x) - A| < \varepsilon$$

同理，因为 $\lim\limits_{x \to x_0} g(x) = B$，由极限定义知，$\exists\, \delta_2 > 0$，当 $0 < |x - x_0| < \delta_2$ 时，有

$$|g(x) - B| < \varepsilon$$

取 $\delta = \min\{\delta_1, \ \delta_2\}$，则当 $0 < |x - x_0| < \delta$ 时，有

$$|f(x) - A| < \varepsilon = \frac{A - B}{2}$$

从而有

$$f(x) > A - \varepsilon = \frac{A + B}{2}$$

同理，有

$$|g(x) - B| < \varepsilon = \frac{A - B}{2}$$

从而有

$$g(x) < B + \varepsilon = \frac{A + B}{2}$$

所以,当 $0<\left|x-x_0\right|<\delta$ 时, $f(x)>g(x)$.

推论 2.2.1 若 $\lim\limits_{x\to x_0}f(x)=A$, $\lim\limits_{x\to x_0}g(x)=B$, 且 $\exists\ \delta>0$, 使得当 $0<\left|x-x_0\right|<\delta$ 时,有 $f(x)\geq g(x)$,则 $A>B$.

由局部保序性,利用反证法可证之.

定理 2.2.5（迫敛性） 若 $\lim\limits_{x\to x_0}f(x)=\lim\limits_{x\to x_0}g(x)=A$, 且 $\exists\ \delta>0$, 使得当 $0<\left|x-x_0\right|<\delta$ 时, $f(x)\leq h(x)\leq g(x)$,则 $\lim\limits_{x\to x_0}h(x)$ 存在,且 $\lim\limits_{x\to x_0}h(x)=\lim\limits_{x\to x_0}f(x)=\lim\limits_{x\to x_0}g(x)$.

证明：因为 $\lim\limits_{x\to x_0}f(x)=\lim\limits_{x\to x_0}g(x)=A$, 对 $\forall\varepsilon>0$, $\exists\ \delta>0$, 使得当 $0<\left|x-x_0\right|<\delta$ 时,有 $A-\varepsilon<f(x)<A+\varepsilon$ 且 $A-\varepsilon<g(x)<A+\varepsilon$.

从而,当 $0<\left|x-x_0\right|<\delta$ 时,有 $A-\varepsilon<f(x)\leq h(x)\leq g(x)<A+\varepsilon$, 即

$$\left|h(x)-A\right|<\varepsilon$$

所以

$$\lim\limits_{x\to x_0}h(x)=A$$

例 2.2.1 证明 $\lim\limits_{x\to 0}\sin\dfrac{1}{x}$ 不存在.

证明：取 $\{x_n\}=\left\{\dfrac{1}{n\pi}\right\}$,则

$$\lim\limits_{n\to\infty}x_n=0, x_n\neq 0$$

取 $\{x_n'\}=\left\{\dfrac{1}{\dfrac{4n+1}{2}\pi}\right\}$,则

$$\lim\limits_{n\to\infty}x_n'=0, x_n'\neq 0$$

而

$$\lim\limits_{n\to\infty}\dfrac{1}{x_n}=\lim\limits_{n\to\infty}\sin n\pi=0$$

$$\lim\limits_{n\to\infty}\dfrac{1}{x_n'}=\lim\limits_{n\to\infty}\sin\dfrac{4n+1}{2}\pi=\lim\limits_{n\to\infty}1=1$$

二者不相等,故而 $\lim\limits_{x\to 0}\sin\dfrac{1}{x}$ 不存在.

例 2.2.2 证明 $\lim\limits_{x\to x_0}a^x=a^{x_0}$,其中 $a>0,x\in\mathbf{R}$.

证明:首先证明 $\lim\limits_{x\to 0}a^x=1$.

当 $a>1$ 时,由于 a^x 在 $(0,1)$ 内单调有界,故 $\lim\limits_{x\to 0^+}a^x$ 存在,又因为

$$\lim_{n\to\infty}a^{\frac{1}{n}}=1$$

故而

$$\lim_{x\to 0^+}a^x=1$$

同理可得

$$\lim_{x\to 0^-}a^x=1$$

从而有

$$\lim_{x\to 0}a^x=\lim_{x\to 0^+}a^x=\lim_{x\to 0^-}a^x=1$$

当 $0<a<1$ 时, $a^{-1}>1$,故而

$$\lim_{x\to 0}a^x=\lim_{x\to 0}\frac{1}{(a^{-1})^x}=\frac{1}{1}=1$$

当 $a=1$ 时,有

$$\lim_{x\to 0}a^x=\lim_{x\to 0}1=1$$

所以

$$\lim_{x\to 0}a^x=1,(a>0)$$

再证明 $\lim\limits_{x\to x_0}a^x=a^{x_0}$ 对原式变形可得

$$\lim_{x\to x_0}a^x=\lim_{x\to x_0}a^{x_0}a^{x-x_0}$$

令 $t=x-x_0$,则有

$$\lim_{x\to x_0}a^x=a^{x_0}\lim_{t\to 0}a^t=a^{x_0}$$

2.2.2 极限的运算

2.2.2.1 数列极限的运算

定理 2.2.6 设 $\{a_n\}$, $\{b_n\}$ 均为收敛数列,则 $\{a_n \pm b_n\}$, $\{a_n \cdot b_n\}$ 也收敛,且有

(1) $\lim\limits_{n\to\infty}(a_n \pm b_n) = \lim\limits_{n\to\infty}a_n \pm \lim\limits_{n\to\infty}b_n$;

$\lim\limits_{n\to\infty}(a_n \pm k) = (\lim a_n) + k$.

(2) $\lim\limits_{n\to\infty}(a_n \cdot b_n) = \lim\limits_{n\to\infty}a_n \cdot \lim\limits_{n\to\infty}b_n$;

$\lim\limits_{n\to\infty}(ka_n) = k \cdot (\lim a_n), k$ 为常数 .

(3) 若再设 $b_n \neq 0$ 且 $\lim\limits_{n\to\infty}b_n \neq 0$, $\dfrac{\{a_n\}}{\{b_n\}}$ 也收敛,且有 $\lim\limits_{n\to\infty}\dfrac{a_n}{b_n} = \dfrac{\lim\limits_{n\to\infty}a_n}{\lim\limits_{n\to\infty}b_n}$.

证明:由于 $a_n - b_n = a_n + (-b_n)$, $\dfrac{a_n}{b_n} = a_n \cdot \dfrac{1}{b_n}$,固只需要证明和、积、倒数运算的结论即可 .

设 $\lim\limits_{n\to\infty}a_n = a$, $\lim\limits_{n\to\infty}b_n = b$,则对 $\forall \varepsilon > 0$,分别 $\exists N_1, N_2 \in \mathbf{N}_+$,当 $n > N_1$ 时,有 $|a_n - a| < \varepsilon$,当 $n > N_2$ 时,有 $|b_n - b| < \varepsilon$. 取 $N = \max\{N_1, N_2\}$,则当 $n > N$ 时,上述两个不等式同时成立 . 从而

(1) 当 $n > N$ 时,有

$$|(a_n + b_n) - (a+b)| \leq |a_n - a| + |b_n - b| < 2\varepsilon$$

所以

$$\lim\limits_{n\to\infty}(a_n \pm b_n) = a + b = \lim\limits_{n\to\infty}a_n \pm \lim\limits_{n\to\infty}b_n$$

(2) 有收敛数列的有界性,存在 $M>0$,使得对一切 n ,有

$$|b_n| < M$$

于是,当 $n>N$ 时,有

$$|(a_n b_n) - (ab)| \leq |a_n - a||b_n| + |a||b_n - b| < (M + |a|)\varepsilon$$

所以

$$\lim_{n\to\infty}(a_n \cdot b_n) = ab = \lim_{n\to\infty}a_n \cdot \lim_{n\to\infty}b_n$$

（3）由于 $\lim_{n\to\infty}b_n = b \neq 0$，则有收敛数列的保号性，$\exists N_3 \in \mathbb{N}_+$，使得当 $n > N_3$ 时，有

$$|b_n| > \frac{|b|}{2}$$

取 $N' = \max\{N_2, N_3\}$，当 $n > N'$ 时，有

$$\left|\frac{1}{b_n} - \frac{1}{b}\right| = \left|\frac{b_n - b}{b_n b}\right| < \frac{2|b_n - b|}{b^2} < \frac{2\varepsilon}{b^2}$$

所以

$$\lim_{n\to\infty}\frac{1}{b_n} = \frac{1}{b} = \frac{1}{\lim_{n\to\infty}b_n}$$

例 2.2.3　求极限 $\lim_{n\to\infty}\dfrac{3n^2 - n + 2}{2n^2 + 4n - 5}$.

解：由于 $\lim_{n\to\infty}\dfrac{1}{n} = 0$，从而

$$\lim_{n\to\infty}\frac{3n^2 - n + 2}{2n^2 + 4n - 5} = \lim_{n\to\infty}\frac{3 - \dfrac{1}{n} + 2 \cdot \dfrac{1}{n^2}}{2 + 4 \cdot \dfrac{1}{n} - 5 \cdot \dfrac{1}{n^2}} = \frac{3 - 0 + 0}{2 + 0 - 0} = \frac{3}{2}$$

同样的方法，我们可以证明

$$\lim_{n\to\infty}\frac{a_m \cdot n^m + a_{m-1} \cdot n^{m-1} + \cdots + a_1 \cdot n + a_0}{b_k \cdot n^k + b_{k-1} \cdot n^{k-1} + \cdots + b_1 \cdot n + b_0} = \begin{cases} \dfrac{a_m}{b_k} & k = m \\[2mm] 0 & k > m \end{cases}$$

其中 $a_m \neq 0, b_k \neq 0, m \leqslant k$.

例 2.2.4　求极限 $\lim_{n\to\infty}\dfrac{5^n - (-4)^n}{5^{n+1} + 4^{n+1}}$.

解：$\lim_{n\to\infty}\dfrac{5^n - (-4)^n}{5^{n+1} + 4^{n+1}} = \lim_{n\to\infty}\dfrac{1 - \left(-\dfrac{4}{5}\right)^n}{5 + 4\left(\dfrac{4}{5}\right)^n} = \dfrac{1 - 0}{5 + 0} = \dfrac{1}{5}$.

2.2.2.2 函数极限的运算

定理 2.2.7 若 $\lim\limits_{x \to x_0} f(x) = A$，$\lim\limits_{x \to x_0} g(x) = B$，则

（1）$\lim\limits_{x \to x_0} \left[f(x) \pm g(x) \right] = \lim\limits_{x \to x_0} f(x) \pm \lim\limits_{x \to x_0} g(x) = A \pm B$.

[和（或差）的极限等于极限的和（或差）.]

（2）$\lim\limits_{x \to x_0} \left[f(x) g(x) \right] = \lim\limits_{x \to x_0} f(x) \cdot \lim\limits_{x \to x_0} g(x) = A \cdot B$.

（乘积的极限等于极限的乘积.）

（3）$\lim\limits_{x \to x_0} \dfrac{f(x)}{g(x)} = \dfrac{\lim\limits_{x \to x_0} f(x)}{\lim\limits_{x \to x_0} g(x)} = \dfrac{A}{B}$.

（当分母极限不为零时，商的极限等于极限之商.）

由上述规则可以推出以下结论 [设极限 $\lim\limits_{x \to x_0} f(x)$ 存在]：

（1）$\lim\limits_{x \to x_0} c f(x) = c \lim\limits_{x \to x_0} f(x)$　（c 为常数）；

（2）$\lim\limits_{x \to x_0} \left[f(x) \right]^m = \left[\lim\limits_{x \to x_0} f(x) \right]^m$（$m$ 为正整数）；

（3）$\lim\limits_{x \to x_0} \left[f(x) \right]^{\frac{1}{m}} = \left[\lim\limits_{x \to x_0} f(x) \right]^{\frac{1}{m}}$ [m 为正整数，$\lim\limits_{x \to x_0} f(x) > 0$].

定理 2.2.8 若 $\lim\limits_{t \to t_0} f(t) = A$，$\lim\limits_{x \to x_0} g(x) = t_0$，且 $g(x)$ 在 x_0 的附近均有 $g(x) \neq t_0$，则 $\lim\limits_{x \to x_0} f\left[g(x) \right] = A$.

定理 2.2.9 若 $\lim f(x) = A$，$\lim g(x) = B > 0$，则 $\lim g(x)^{f(x)} = B^A$.

例 2.2.5 求下列极限：

（1）$\lim\limits_{x \to 2} \left(2x^2 + x - 5 \right)$；

（2）$\lim\limits_{x \to 5} \dfrac{2x^2 + x - 1}{x^2 - 5x + 3}$.

解：（1）$\lim\limits_{x \to 2} \left(2x^2 + x - 5 \right) = \lim\limits_{x \to 2} \left(2x^2 \right) + \lim\limits_{x \to 2} x - \lim\limits_{x \to 2} 5$

$$= 2 \times 2^2 + 2 - 5$$

$$= 5$$

（2）$\lim\limits_{x \to 5} \dfrac{2x^2 + x - 1}{x^2 - 5x + 3} = \dfrac{\lim\limits_{x \to 5} 2x^2 + \lim\limits_{x \to 5} x - \lim\limits_{x \to 5} 1}{\lim\limits_{x \to 5} x^2 - \lim\limits_{x \to 5} 5x + \lim\limits_{x \to 5} 3}$

$= \dfrac{2 \times 5^2 + 5 - 1}{5^2 - 5 \times 5 + 3} = 18$

例 2.2.6 求 $\lim\limits_{x \to 1} \left(\dfrac{1}{x-1} - \dfrac{3}{x^3-1} \right)$.

解：因为 $x \neq 1$，则

$$\dfrac{1}{x-1} - \dfrac{3}{x^3-1} = \dfrac{1}{x-1} - \dfrac{3}{(x-1)(x^2+x+1)}$$

$$= \dfrac{x^2 + x - 2}{(x-1)(x^2+x+1)}$$

$$= \dfrac{(x-1)(x+2)}{(x-1)(x^2+x+1)}$$

$$= \dfrac{x+2}{x^2+x+1}$$

所以

$$\lim\limits_{x \to 1} \left(\dfrac{1}{x-1} - \dfrac{3}{x^3-1} \right) = \lim\limits_{x \to 1} \dfrac{x+2}{x^2+x+1}$$

$$= \dfrac{\lim\limits_{x \to 1} x + 2}{\lim\limits_{x \to 1} x^2 + x + 1} = 1$$

例 2.2.7 求 $\lim\limits_{x \to 1} \dfrac{x^2 - 1}{2x^2 - x - 1}$.

解：将 $x=1$ 代入分子、分母，其值均为 0，这时称极限是"$\dfrac{0}{0}$"型．显然不符合商的运算法则的条件，因此首先应对函数作恒等变形．由于分子分母都是多项式，所以可先分解因式，于是

$$\lim\limits_{x \to 1} \dfrac{x^2 - 1}{2x^2 - x - 1} = \lim\limits_{x \to 1} \dfrac{(x-1)(x+1)}{(x-1)(2x+1)}$$

$$= \lim\limits_{x \to 1} \dfrac{x+1}{2x+1}$$

$$= \dfrac{2}{3}$$

例 2.2.8 求 $\lim\limits_{x\to\frac{\pi}{4}}\dfrac{\sin x-\cos x}{\cos 2x}$.

解：

$$\lim_{x\to\frac{\pi}{4}}\frac{\sin x-\cos x}{\cos 2x}=\lim_{x\to\frac{\pi}{4}}\frac{\sin x-\cos x}{\cos^2 x-\sin^2 x}$$

$$=\lim_{x\to\frac{\pi}{4}}\frac{1}{-(\cos x+\sin x)}$$

$$=-\frac{\sqrt{2}}{2}$$

2.2.3 极限的求解方法

求极限没有一般的方法，通过前面的讨论，我们可以将求解极限的方法总结如下．

2.2.3.1 关于极限定义的证明

用极限的定义，对于函数极限定义证明与数列极限证明基本相同．在 $x\to\infty$ 时，由

$$\left|f(x)-A\right|<\varepsilon$$

来推出

$$|x|>X(\varepsilon,A)$$

找 $X>0$ ．在 $x\to x_0$ 时，由

$$\left|f(x)-A\right|<\varepsilon$$

推出

$$0<\left|x-x_0\right|<\delta(\varepsilon,A)$$

得到 $\delta>0$ ．其他的极限定义证明与此类似．

值得注意的是，极限定义的证明是验证形式．不是"解不等式"，而是分析使

$$\left|f(x) - A\right| < \varepsilon$$

成立的充分条件. 其逻辑关系不是"因为$\left|f(x) - A\right| < \varepsilon$,所以 x 应满足什么条件",而是"要使$\left|f(x) - A\right| < \varepsilon$,只要 x 满足什么条件". 正是由于寻找使

$$\left|f(x) - A\right| < \varepsilon$$

成立的充分条件,所以常采用适当放大$\left|f(x) - A\right|$的方法(或给出 x 的某些条件限制),使得运算简单.

利用"$\varepsilon - \delta$"(或"$\varepsilon - X$")证明极限

$$\lim_{x \to x_0} f(x) = A[或\lim_{x \to \infty} f(x) = A]$$

的一般步骤为$\forall \varepsilon > 0$,由

$$\left|f(x) - A\right| < \varepsilon$$

经过适当放大

$$\left|f(x) - A\right| < \cdots < C\left|x - x_0\right| < \varepsilon\;(C\ 为常数)$$

或

$$\left|f(x) - A\right| < \cdots < C\varphi(\left|x\right|) < \varepsilon\;(C\ 为常数)$$

解不等式

$$C\left|x - x_0\right| < \varepsilon$$

或

$$C\varphi(\left|x\right|) < \varepsilon$$

得

$$0 < \left|x - x_0\right| < \frac{\varepsilon}{C}$$

或

$$\left|x\right| > \psi(\varepsilon)$$

取$\delta = \dfrac{\varepsilon}{C}$或$X = \psi(x)$,则当$0 < \left|x - x_0\right| < \delta$或$\left|x\right| > X$时,有

$$\left| f(x) - A \right| < \varepsilon$$

即

$$\lim_{x \to x_0} f(x) = A[\text{或} \lim_{x \to \infty} f(x) = A]$$

例 2.2.9 用极限定义证明 $\lim\limits_{x \to \infty} \dfrac{x^2+1}{2x^2} = \dfrac{1}{2}$.

证明： $\forall \varepsilon > 0$，要使

$$\left| \frac{x^2+1}{2x^2} - \frac{1}{2} \right| = \frac{1}{2|x|^2} < \varepsilon$$

只要

$$|x| > \frac{1}{\sqrt{2\varepsilon}}$$

于是取 $X = \dfrac{1}{2\sqrt{\varepsilon}}$，当 $|x| > X$ 时，有

$$\left| \frac{x^2+1}{2x^2} - \frac{1}{2} \right| < \varepsilon$$

即

$$\lim_{x \to \infty} \frac{x^2+1}{2x^2} = \frac{1}{2}$$

2.2.3.2 利用因式分解法求极限

例 2.2.10 求极限 $\lim\limits_{x \to -1} \left(\dfrac{1}{x+1} - \dfrac{3}{x^3+1} \right)$.

解： 可以先将式子变形，然后因式分解，约去分子分母的公因式，即

$$\lim_{x \to -1} \left(\frac{1}{x+1} - \frac{3}{x^3+1} \right) = \lim_{x \to -1} \frac{x^2-x+1-3}{x^3+1} = \lim_{x \to -1} \frac{x^2-x-2}{x^3+1}$$

$$= \lim_{x \to -1} \frac{(x+1)(x-2)}{(x+1)(x^2-x+1)}$$

$$= \lim_{x \to -1} \frac{x-2}{x^2-x+1} = \frac{-3}{3} = -1$$

2.2.3.3　利用有理化法求极限

例 2.2.11　求极限 $\lim\limits_{x\to\infty}\left(\sqrt{x^2+x}-\sqrt{x^2+1}\right)$.

解：可以先将原式有理化为有理式和容易求出极限的无理式的组合，再利用极限的运算法则进行求解，即

$$
\begin{aligned}
\lim_{x\to\infty}\left(\sqrt{x^2+x}-\sqrt{x^2+1}\right) &= \lim_{x\to\infty}\frac{x-1}{\sqrt{x^2+x}+\sqrt{x^2+1}} \\
&= \lim_{x\to\infty}\frac{1-\dfrac{1}{x}}{\sqrt{1+\dfrac{1}{x}}+\sqrt{1+\dfrac{1}{x^2}}} \\
&= \frac{\lim\limits_{x\to\infty}\left(1-\dfrac{1}{x}\right)}{\lim\limits_{x\to\infty}\sqrt{1+\dfrac{1}{x}}+\lim\limits_{x\to\infty}\sqrt{1+\dfrac{1}{x^2}}} \\
&= \frac{1}{2}
\end{aligned}
$$

2.2.3.4　利用夹挤定理求极限

例 2.2.12　求极限 $\lim\limits_{x\to+\infty}x^{\frac{1}{x}}$.

解：由于对于任意的 $n\geqslant 1$，当 $n<x<n+1$ 时，有

$$
n^{\frac{1}{n+1}}=[x]^{\frac{1}{[x]+1}}<x^{\frac{1}{x}}<\left([x]+1\right)^{\frac{1}{[x]}}=(n+1)^{\frac{1}{n}}
$$

而且

$$
\lim_{n\to\infty}n^{\frac{1}{n+1}}=\lim_{n\to\infty}(n+1)^{\frac{1}{n}}=1
$$

所以

$$
\lim_{x\to+\infty}x^{\frac{1}{x}}=1
$$

例 2.2.13 求极限 $\lim\limits_{\substack{x \to +\infty \\ y \to +\infty}} \left(\dfrac{xy}{x^2+y^2}\right)^x$.

解：由于当 $x > 0, y > 0$ 时，有

$$0 \leqslant \left(\frac{xy}{x^2+y^2}\right)^x \leqslant \left(\frac{1}{2}\right)^x$$

而

$$\lim_{x \to \infty}\left(\frac{1}{2}\right)^x = 0$$

所以

$$\lim_{\substack{x \to +\infty \\ y \to +\infty}} \left(\frac{xy}{x^2+y^2}\right)^x = 0$$

2.2.3.5　利用夹逼准则求极限

这类极限通常是把通项进行放缩，再用夹逼准则，即

$$y_n \underline{\quad \text{缩小} \quad} x_n \underline{\quad \text{放大} \quad} z_n$$

数列 $\{y_n\}$ 及 $\{z_n\}$ 的极限都存在且相等，可求得数列 $\{x_n\}$ 的极限.

例 2.2.14 求 $\lim\limits_{n \to \infty}\left(\dfrac{1}{n^2+n+1} + \dfrac{2}{n^2+n+2} + \cdots + \dfrac{n}{n^2+n+n}\right)$.

解：由夹逼准则可得

$$\frac{i}{n^2+n+n} \leqslant \frac{i}{n^2+n+i} \leqslant \frac{i}{n^2+n+1}, (i=1,2,\cdots,n)$$

求和可得

$$\frac{\frac{1}{2}n(n+1)}{n^2+n+n} \leqslant \frac{1}{n^2+n+1} + \frac{2}{n^2+n+2} + \cdots + \frac{n}{n^2+n+n} \leqslant \frac{\frac{1}{2}n(n+1)}{n^2+n+1}$$

因为

$$\lim_{n \to \infty}\frac{\frac{1}{2}n(n+1)}{n^2+n+n} = \lim_{n \to \infty}\frac{\frac{1}{2}n(n+1)}{n^2+n+1} = \frac{1}{2}$$

所以原极限值为 $\dfrac{1}{2}$.

2.2.3.6　利用两个重要极限与复合函数的极限求极限

例 2.2.15　求极限 $\lim\limits_{x\to 0}\dfrac{\ln(1+2x)}{\sin 3x}$.

解：可以先将原式变形，即

$$
\lim_{x\to 0}\frac{\ln(1+2x)}{\sin 3x}=\lim_{x\to 0}\frac{2x\cdot\dfrac{1}{2x}\cdot\ln(1+2x)}{3x\cdot\dfrac{\sin 3x}{3x}}
$$

$$
=\frac{2}{3}\frac{\lim\limits_{x\to 0}\dfrac{1}{2x}\cdot\ln(1+2x)}{\lim\limits_{x\to 0}\dfrac{\sin 3x}{3x}}
$$

$$
=\frac{2}{3}\frac{\lim\limits_{x\to 0}\ln(1+2x)^{\frac{1}{2x}}}{\lim\limits_{x\to 0}\dfrac{\sin 3x}{3x}}
$$

又由于

$$
\lim_{x\to 0}\ln(1+2x)^{\frac{1}{2x}}=\mathrm{e},\lim_{x\to 0}\frac{\sin 3x}{3x}=1
$$

所以

$$
\lim_{x\to 0}\frac{\ln(1+2x)}{\sin 3x}=\frac{2}{3}\mathrm{e}=\frac{2}{3}
$$

2.2.3.7　利用定理"有界量与无穷小量的乘积也是无穷小量"求极限

例 2.2.16　求极限 $\lim\limits_{x\to 0}x^3\sin\dfrac{1}{x}$.

解：由于

$$
\lim_{x\to 0}x^3=0,\left|\sin\frac{1}{x}\right|\leqslant 1
$$

故而，函数 $f(x)=x^3\sin\dfrac{1}{x}$ 当 $x\to 0$ 时是无穷小量．故而

$$\lim_{x \to 0} x^3 \sin \frac{1}{x} = 0$$

例 2.2.17 求极限 $\lim\limits_{x \to \infty} \ln\left(1 + 2^x\right) \ln\left(1 + \dfrac{3}{x}\right)$

解：$\lim\limits_{x \to +\infty} \ln\left(1 + 2^x\right) \ln\left(1 + \dfrac{3}{x}\right) = \lim\limits_{x \to +\infty} \dfrac{3\ln\left(1 + 2^x\right)}{x}$

$$= 3 \lim_{x \to +\infty} \frac{\ln 2^x \left(1 + 2^{-x}\right)}{x}$$

$$= 3 \lim_{x \to +\infty} \left[\ln 2 + \frac{\ln\left(1 + 2^{-x}\right)}{x}\right] = 3\ln 2$$

2.2.3.8 利用数列的递推通项求数列极限

当数列的递推通项已知时，一般用数列极限的单调有界准则来求该数列的极限，具体的方法如下：

（1）先判断数列极限的存在性；

（2）利用递推通项求得极限．

例 2.2.18 设已知数列 $x_1 = 1, x_2 = 1 + \dfrac{x_1}{1 + x_1}, \cdots, x_n = 1 + \dfrac{x_{n-1}}{1 + x_{n-1}}$，求 $\lim\limits_{n \to \infty} x_n$．

解：已知 $0 < x_n$，且

$$x_n = 1 + \frac{x_{n-1}}{1 + x_{n-1}} < 2$$

即

$$0 < x_n < 2 \left(n = 1, 2, \cdots\right)$$

故而，数列有界．

又因为 $x_1 = 1, x_2 = \dfrac{3}{2}$，所以 $x_1 < x_2$，不妨设 $x_{n-1} < x_n$，则

$$x_{n+1} - x_n = \left(1 + \frac{x_n}{1 + x_n}\right) - \left(1 + \frac{x_{n-1}}{1 + x_{n-1}}\right) = \frac{x_n - x_{n-1}}{\left(1 + x_n\right)\left(1 + x_{n-1}\right)} > 0$$

所以数列 $\{x_n\}$ 是单调增加的,我们设其极限为 a ,易得

$$a = \frac{1+\sqrt{5}}{2}, a = \frac{1-\sqrt{5}}{2}(舍去)$$

即有

$$\lim_{n \to \infty} x_n = \frac{1+\sqrt{5}}{2}$$

2.3 函数连续性问题解法

2.3.1 分段函数的极限、连续、间断

2.3.1.1 分段函数的极限问题

当分段点两侧表达式相同,一般直接计算极限,不分左、右讨论.

当分段点两侧表达式不同,或相同但含有 $a^{\frac{1}{x}}\,(x \to 0)$,$\arctan \frac{1}{x}\,(x \to 0)$,或者含有绝对值情形时,需要讨论左、右极限.仅当函数在分段点处的左、右极限存在且相等时,函数在该点的极限才存在.求函数在一点处的左、右极限的方法与求函数极限的方法相同.

分段函数的极限主要是研究函数在分段点处的连续性与可导性.

2.3.1.2 函数连续性问题

基本初等函数在其定义域内连续;初等函数在其定义区间连续;分段函数在每一段内是初等函数,故在每一段内连续.

分段点的连续性一般是针对由极限定义的函数、带有绝对值符号的函数、分段函数等.对分段点 x_0,若函数 $f(x)$ 在 x_0 两侧表达式相同时,直接用

$$\lim_{x \to x_0} f(x) = f(x_0)$$

来判定 $f(x)$ 在 x_0 点是否连续；若 x_0 两侧表达式不同，或如上边分段函数极限所述情形，则先求函数 $f(x)$ 在 x_0 点的左极限、右极限，然后根据函数在 x_0 点连续的充要条件，即

$$\lim_{x \to x_0^-} f(x) = \lim_{x \to x_0^+} f(x) = f(x_0)$$

来判定 $f(x)$ 在 x_0 点是否连续．此处特别注意的是，计算 $\lim_{x \to x_0^-} f(x)$ 时，只能用 x_0 左边（$x < x_0$）的函数表达式，而计算 $\lim_{x \to x_0^+} f(x)$ 时，则只能用 x_0 右边（$x > x_0$）的函数表达式．

详细归纳如下：

（1）分段函数 $f(x)$ 在分段点 x_0 处的连续性．

先求出 $\lim_{x \to x_0^-} f(x)$，$\lim_{x \to x_0^+} f(x)$，再根据 $f(x)$ 在 x_0 点连续的充要条件

$$\lim_{x \to x_0^-} f(x) = \lim_{x \to x_0^+} f(x) = f(x_0)$$

来判断 $f(x)$ 在点 x_0 处是否连续．

（2）带有绝对值符号的函数的连续性．

首先是去掉绝对值符号，将函数改写成分段函数，然用（1）中的方法讨论．

（3）含有极限符号的函数的连续性．

以 x 为参变量，以自变量 n 的无限变化趋势（即 $n \to \infty$）为极限所定义的函数 $f(x)$，即

$$f(x) = \lim_{n \to \infty} g(x, n)$$

称为极限函数．为讨论 $f(x)$ 的连续性，应先求出极限．极限中的变量是 x，在求极限的过程 $f(x)$ 不变化，但随着 x 的取值范围不同，极限值也不同，因此要求出仅用 x 表示的函数 $f(x)$．一般为分段函数．

2.3.1.3 函数间断点及其类型的确定方法

（1）求出 $f(x)$ 的定义域，若函数 $f(x)$ 在 $x = x_0$ 点无定义，则 x_0 为间断点．若有定义，再查看下一步．

（2）查看 x_0 是否为初等函数定义区间的点．若是，则 x_0 为连续点，否则看 $\lim\limits_{x \to x_0} f(x)$ 是否存在．若 $\lim\limits_{x \to x_0} f(x)$ 不存在，则 x_0 为 $f(x)$ 的间断点；若 $\lim\limits_{x \to x_0} f(x)$ 存在，再看下一步．

（3）若 $\lim\limits_{x \to x_0} f(x) = f(x_0)$，则 x_0 为连续点；若不相等则为间断点．

（4）分段函数通常要考察的是间断点．

（5）间断点分类

$$
\text{间断点}
\begin{cases}
\text{第一类：} \\
\text{左右极限都存在}
\begin{cases}
\text{可去型} & \text{左极限 = 右极限，即极限存在} \\
\text{跳跃型} & \text{左极限} \neq \text{右极限}
\end{cases} \\
\text{第二类：} \\
\text{左右极限中至少有一个不存在}
\end{cases}
$$

在这里需要特别指出的是，只有第一类可去型间断点才能补充或改变函数在该点的定义而成为连续点，其他类型不能做到；函数无定义的点未必都是间断点．

例 2.3.1 讨论函数 $f(x) = \begin{cases} \dfrac{x(1+x)}{\sin \dfrac{\pi}{2} x} & x > 0 \\[4mm] \dfrac{2}{\pi} \cos \dfrac{x}{x^2 - 1} & x \leqslant 0 \end{cases}$ 的连续性．

解：先讨论间断点

$$
x = 0, f(0) = \frac{2}{\pi}, \lim_{x \to x^+} \frac{x(1+x)}{\sin \dfrac{\pi}{2} x} = \frac{2}{\pi}, \lim_{x \to x^-} \frac{2}{\pi} \cos \frac{x}{x^2 - 1} = \frac{2}{\pi}
$$

因为

$$
\lim_{x \to x^+} f(x) = \lim_{x \to x^-} f(x) = \frac{2}{\pi} = f(0)
$$

所以 $f(x)$ 在 $x = 0$ 处连续．

在 $x > 0$ 时，$f(x) = \dfrac{x(1+x)}{\sin \dfrac{\pi}{2} x}$，当 $x = \pm 2, \pm 4, \cdots, \pm 2n, \cdots$ 时，有

$$\sin \frac{\pi}{2} x = 0$$

但因 $x>0$，故而只有 $x=2n(n=1, 2, \cdots)$ 时 $f(x)$ 无定义，而

$$\lim_{x \to 2n} \frac{x(1+x)}{\sin \frac{\pi}{2} x} = \infty$$

因此 $x=2n(n=1, 2, \cdots)$ 是第二类无穷间断点.

在 $x<0$ 时，只有 $x=-1$ 时 $f(x)$ 无定义，而 $\lim\limits_{x \to -1} \frac{2}{\pi} \cos \frac{x}{x^2-1}$ 不存在，所以 $x=-1$ 是第二类振荡间断点.

综上所述，$f(x)$ 在 $x = 2n(n=1,2,\cdots)$ 及 $x = -1$ 以外的所有点处连续，$x = 2n(n=1,2,\cdots)$ 是第二类无穷间断点，$x = -1$ 是第二类振荡间断点.

2.3.2　关于闭区间上连续函数性质的问题解法

（1）闭区间上连续函数的性质.

设函数 $f(x)$ 在 $[a,b]$ 上连续，则下列结论成立：

①$f(x)$ 在 $[a,b]$ 上有界；

②$f(x)$ 在 $[a,b]$ 上有最大值和最小值；

③对介于 $f(a)$ 与 $f(b)$ 之间的任意实数 μ，至少存在一点 $\xi \in (a,b)$，使 $f(\xi)=\mu$；

④零点定理（根的存在性定理）若 $f(x)$ 在 $[a,b]$ 上连续，且 $f(a)$、$f(b)$ 异号，则 $f(x)$ 在开区间 (a,b) 内至少有一个零点，即至少存在 $\xi \in (a,b)$，使 $f(\xi)=0$；

⑤闭区间上的连续函数必取得介于最大值与最小值之间的任何值.

（2）证明方程根的存在性.

通常用零点定理证明方程根的存在性．零点定理的条件由 3 部分组成：一是闭区间 $[a,b]$，二是在闭区间上的连续函数 $f(x)$，三是 $f(x)$ 在端点值异号．题型一般分为：

①需找出函数值异号的两点，通常用观察法、保号性等得到.

②需找出根(零点)存在的区间.

③构造辅助函数.一般是从要证明的结果出发,将所证的式子移项,使右端为 0,再将 ξ 换成 x,即为辅助函数.

(3)介值定理的应用.

用来证明存在实数(一点) η,使在闭区间上连续的函数 $f(x)$ 中在 η 处的值 $f(\eta)$ 等于介于其最小值与最大值之间的某个值.

一元函数的导数与微分

　　本章将就导数与微分的基本理论、应用及典型例题的解题方法展开研究讨论. 微分中值定理是微分学的基础理论,毫不夸张地说,微分学理论其实是在微分中值定理之上展开的. 本章将就微分中值定理及其相关的典型例题的解题方法展开研究讨论.

　　在高等数学中,研究函数的导数、微分及其计算和应用的部分称为微分学,研究不定积分、定积分等各种积分及其计算和应用的部分称为积分学,微分学与积分学统称为微积分学.

　　它们在科学、工程技术及经济等领域有着极其广泛的应用.

3.1 一元函数的导数及其计算方法

3.1.1 导数及其意义

在讨论了函数和极限两个重要概念之后,接下来,我们来讨论导数和微分的概念.所谓导数就是用极限方法研究因变量的变化相对于自变量变化的快慢问题,即变化率问题.导数概念的产生是与几何上和物理上的需要分不开的,然而导数概念的应用不局限于这些学科.微分概念是研究函数增量的近似表达式问题,它与积分并立为微积分的两大基本概念.接下来,我们就先来讨论导数的概念及其意义.

首先,我们就通过下列事例来引入导数的概念.

例 3.1.1 设 q 表示 1 g 物质温度由 0℃升到 x℃时所需要的热量,显然 q 是 x 的函数,即

$$q = q(x)$$

研究当温度变化时,物质所需要的热量的变化快慢问题,如果温度由 x_0 变到 $x_0 + \Delta x$ 所需要的热量为 Δq ,即

$$\Delta q = q(x_0 + \Delta x) - q(x_0)$$

如果 q 是均匀变化的,物体的比热容为 $c = \dfrac{\Delta q}{\Delta x}$,是一个常数,如果 q 不是均匀变化的,那么 c 不是常数,称其为从 x_0 到 $x_0 + \Delta x$ 之间的平均比热容.现在我们来研究当温度为 x_0 时物体的比热容.因为 $\dfrac{\Delta q}{\Delta x}$ 是与 x_0 和 $x_0 + \Delta x$ 有关的,当 x_0 确定之后, $|\Delta x|$ 越小, $\dfrac{\Delta q}{\Delta x}$ 越接近 x_0 时的比热容.因此,我们用 $x_0 \to 0$ 时, $\dfrac{\Delta q}{\Delta x}$ 的极限值来描述 x_0 时的比热容,即有

$$c(x_0) = \lim_{\Delta x \to 0} \frac{\Delta q}{\Delta x} = \lim_{\Delta x \to 0} \frac{q(x_0 + \Delta x) - q(x_0)}{\Delta x}$$

在这个例子中,虽然自变量与函数所表示的意义是不同的学科领域——几何学及物理学,但是从数学运算的角度来看,实质上是一样的.这就是:

①给自变量以任意增量并算出函数的增量;

②作出函数的增量与自变量增量的比值;

③求出当自变量的增量趋向于 0 时这个比值的极限.我们把这种特定的极限叫作函数的导数.由此,我们给出导数的定义.

定义 3.1.1 设 $y = f(x)$ 在 x_0 的某一邻域内有定义,当 x 在点 x_0 有增量 $\Delta x (\Delta x \neq 0)$ 时,相应地 y 的增量为

$$\Delta y = f(x_0 + \Delta x) - f(x_0)$$

如果当 $\Delta x \to 0$ 时,$\dfrac{\Delta y}{\Delta x}$ 的极限存在,则称 $y = f(x)$ 在 x_0 处可导,并称极限值为 $y = f(x)$ 在 x_0 处的导数,记作 $f'(x_0)$ 或 $y'\big|_{x=x_0}$,即

$$f'(x_0) = \lim_{\Delta x \to 0} \frac{\Delta y}{\Delta x} = \lim_{\Delta x \to 0} \frac{f(x_0 + \Delta x) - f(x_0)}{\Delta x}$$

如果 $\lim\limits_{\Delta x \to 0} \dfrac{\Delta y}{\Delta x}$ 不存在,称 $y = f(x)$ 在 x_0 处不可导.

特别地,若 $\lim\limits_{\Delta x \to 0} \dfrac{\Delta y}{\Delta x} = \infty$,$y = f(x)$ 在 x_0 处不可导,但有时为方便起见,常说导数为无穷大.

导数定义也可以用下面的形式表示

$$f'(x_0) = \lim_{h \to 0} \frac{f(x_0 + h) - f(x_0)}{h} \quad (h = \Delta x)$$

和

$$f'(x_0) = \lim_{x \to x_0} \frac{f(x) - f(x_0)}{x - x_0} \quad (x = x_0 + \Delta x).$$

由此可见,$\dfrac{\Delta y}{\Delta x}$ 表示自变量在 $[x_0, x_0 + \Delta x]$ 上函数的平均变化率;$f'(x_0)$ 表示函数在 x_0 点的瞬时变化率.

定理 3.1.1　函数 $y = f(x)$ 在 x_0 处可导的充要条件是其在 x_0 处的左右导数存在并且相等.

该定理可以根据函数的极限与其左右极限的关系来证明,这里不再讨论证明过程,读者可自行证明.

例 3.1.2　已知 $f'(3) = 2$,求 $\lim\limits_{h \to 0} \dfrac{f(3-h) - f(3)}{2h}$.

解:由题意可知

$$
\begin{aligned}
& \lim\limits_{h \to 0} \frac{f(3-h) - f(3)}{2h} \\
= & -\frac{1}{2} \lim\limits_{h \to 0} \frac{f(3-h) - f(3)}{-h} \\
= & -\frac{1}{2} \lim\limits_{h \to 0} f'(3) \\
= & -1
\end{aligned}
$$

例 3.1.3　求 $f(x) = \dfrac{1}{x}$ 的导函数 $f'(x)$,并求 $f'(2), f'(a)(a \neq 0)$.

解:设 $x(x \neq 0)$ 有增量 Δx ,则相应的函数增量为

$$
\Delta y = \frac{1}{x + \Delta x} - \frac{1}{x} = \frac{-\Delta x}{x(x + \Delta x)}
$$

所以

$$
\frac{\Delta y}{\Delta x} = -\frac{1}{x(x + \Delta x)}
$$

所以

$$
\lim\limits_{\Delta x \to 0} \frac{\Delta y}{\Delta x} = -\lim\limits_{\Delta x \to 0} \frac{1}{x(x + \Delta x)} = -\frac{1}{x^2}
$$

故而

$$
f'(x) = -\frac{1}{x^2} \ (x \neq 0)
$$

根据 $f'(x_0) = f'(x) \big|_{x = x_0}$ 有

$$
f'(2) = -\frac{1}{2^2} = -\frac{1}{4}
$$

$$
f'(a) = -\frac{1}{a^2} \ (a \neq 0)
$$

3.1.2 导数的运算法则

定理 3.2.2 设函数 $u = u(x)$ 与 $\upsilon = \upsilon(x)$ 在点 x 处可导,那么函数 $u(x) \pm \upsilon(x)$, $u(x)\upsilon(x)$, $\dfrac{u(x)}{\upsilon(x)}$ [$\upsilon(x) \neq 0$] 在点 x 处均可导,且满足以下法则:

(1) $u(x)[u(x) \pm \upsilon(x)]' = u'(x) \pm \upsilon'(x)$;

(2) $[u(x)\upsilon(x)]' = u'(x)\upsilon(x) + u(x)\upsilon'(x)$;

(3) $\left[\dfrac{u(x)}{\upsilon(x)}\right]' = \dfrac{u'(x)\upsilon(x) - u(x)\upsilon'(x)}{\upsilon^2(x)} [\upsilon(x) \neq 0]$.

证明: (1)

$$
\begin{aligned}
[u(x) \pm \upsilon(x)]' &= \lim_{\Delta x \to 0} \frac{[u(x + \Delta x) \pm \upsilon(x + \Delta x)] - [u(x) \pm \upsilon(x)]}{\Delta x} \\
&= \lim_{\Delta x \to 0} \frac{u(x + \Delta x) - u(x)}{\Delta x} \pm \lim_{\Delta x \to 0} \frac{\upsilon(x + \Delta x) - \upsilon(x)}{\Delta x} \\
&= u'(x) \pm \upsilon'(x)
\end{aligned}
$$

(2)

$$
\begin{aligned}
[u(x)\upsilon(x)]' &= \lim_{\Delta x \to 0} \frac{u(x + \Delta x)\upsilon(x + \Delta x) - u(x)\upsilon(x)}{\Delta x} \\
&= \lim_{\Delta x \to 0} \left[\frac{u(x + \Delta x) - u(x)}{\Delta x} \cdot \upsilon(x + \Delta x) + u(x) \cdot \frac{\upsilon(x + \Delta x) - \upsilon(x)}{\Delta x} \right] \\
&= \lim_{\Delta x \to 0} \frac{u(x + \Delta x) - u(x)}{\Delta x} \cdot \lim_{\Delta x \to 0} \upsilon(x + \Delta x) + u(x) \cdot \lim_{\Delta x \to 0} \frac{\upsilon(x + \Delta x) - \upsilon(x)}{\Delta x} \\
&= u'(x)\upsilon(x) + u(x)\upsilon'(x)
\end{aligned}
$$

（3）

$$\left[\frac{u(x)}{\upsilon(x)}\right] = \lim_{\Delta x \to 0} \frac{\dfrac{u(x+\Delta x)}{\upsilon(x+\Delta x)} - \dfrac{u(x)}{\upsilon(x)}}{\Delta x}$$

$$= \lim_{\Delta x \to 0} \frac{u(x+\Delta x)\upsilon(x) - u(x)\upsilon(x+\Delta x)}{\upsilon(x+\Delta x)\upsilon(x)\Delta x}$$

$$= \lim_{\Delta x \to 0} \frac{[u(x+\Delta x) - u(x)]\upsilon(x) - u(x)[\upsilon(x+\Delta x) - \upsilon(x)]}{\upsilon(x+\Delta x)\upsilon(x)\Delta x}$$

$$= \lim_{\Delta x \to 0} \frac{\dfrac{u(x+\Delta x) - u(x)}{\Delta x}\upsilon(x) - u(x)\dfrac{\upsilon(x+\Delta x) - \upsilon(x)}{\Delta x}}{\upsilon(x+\Delta x)\upsilon(x)}$$

$$= \lim_{\Delta x \to 0} \frac{\dfrac{u(x+\Delta x) - u(x)}{\Delta x}\upsilon(x) - u(x)\dfrac{\upsilon(x+\Delta x) - \upsilon(x)}{\Delta x}}{\upsilon(x+\Delta x)\upsilon(x)}$$

$$= \frac{u'(x)\upsilon(x) - u(x)\upsilon'(x)}{\upsilon^2(x)}[\,\upsilon(x) \neq 0]$$

例 3.1.4 求函数 $y = x^3 + 3e^x - \dfrac{7}{2}\sin x + \cos\dfrac{\pi}{3}$ 的导数.

解： 分析可知

$$y' = \left(x^3 + 3e^x - \frac{7}{2}\sin x + \cos\frac{\pi}{3}\right)'$$

$$= \left(x^3\right)' + \left(3e^x\right)' - \left(\frac{7}{2}\sin x\right)' + \left(\cos\frac{\pi}{3}\right)'$$

$$= 3x^2 + 3e^x - \frac{7}{2}\cos x + 0$$

$$= 3x^2 + 3e^x - \frac{7}{2}\cos x$$

例 3.1.5 求函数 $y = 3x^4 + 5x^2 - x + 8$ 的导数.

解： 根据导数的四则运算法则可得

$$y' = (3x^4 + 5x^2 - x + 8)'$$

$$= (3x^4)' + 5(x^2)' - (x)' + (8)'$$

$$= 3(x^4)' + 5(x^2)' - 1 + 0$$

$$= 3 \times 4x^3 + 5 \times 2x - 1$$

$$= 12x^3 + 10x - 1$$

例 **3.1.6** 求函数 $y = \tan x$ 的导函数．

解：由分析可知

$$y' = (\tan x)' = \left(\frac{\sin x}{\cos x}\right)'$$

$$= \frac{(\sin x)' \cos x - \sin x (\cos x)'}{\cos^2 x}$$

$$= \frac{\cos^2 x + \sin^2 x}{\cos^2 x}$$

$$= \frac{1}{\cos^2 x}$$

$$= \sec^2 x$$

类似地，可以得出余切函数的导数为

$$(\cot x)' = -\csc^2 x$$

3.1.3　基本初等函数的求导公式

由导数的定义可知，求函数 $y = f(x)$ 的导数 $f'(x)$ 的步骤：

（1）求增量

$$\Delta y = f(x + \Delta x) - f(x)$$

（2）算比值

$$\frac{\Delta y}{\Delta x} = \frac{f(x + \Delta x) - f(x)}{\Delta x}$$

（3）取极限

$$f'(x) = \lim_{\Delta x \to 0} \frac{\Delta y}{\Delta x}$$

$$= \lim_{\Delta x \to 0} \frac{f(x + \Delta x) - f(x)}{\Delta x}$$

下面，我们来根据这三个步骤求基本初等函数的导数．由于基本初等函数的导数在数学尤其是微积分中应用频繁，所以，在这里，我们有必

要将初等函数的导数公式列举如下：（反三角函数的导数，我们在讨论反函数时给出）

（1）常数函数 $f(x) = c$ 的导数．

由于

$$\Delta y = f(x + \Delta x) - f(x) = c - c = 0$$

所以

$$\lim_{\Delta x \to 0} \frac{\Delta y}{\Delta x} = \lim_{\Delta x \to 0} \frac{0}{\Delta x} = 0$$

故而，常数函数的导数

$$(c)' = 0$$

（2）正弦函数 $f(x) = \sin x$ 的导数．

根据导数的定义有

$$\begin{aligned}
f'(x) &= \lim_{h \to 0} \frac{f(x+h) - f(x)}{h} \\
&= \lim_{h \to 0} \frac{\sin(x+h) - \sin x}{h} \\
&= \lim_{h \to 0} \frac{1}{h} 2 \cos\left(\frac{x+h}{x}\right) \sin \frac{h}{2} \\
&= \lim_{h \to 0} \cos\left(x + \frac{h}{2}\right) \cdot \frac{\sin \frac{h}{2}}{\frac{h}{2}} \\
&= \cos x
\end{aligned}$$

所以正弦函数的导数

$$(\sin x)' = \cos x$$

（3）反正弦函数 $y = \arcsin x$ 的导数．

因为反正弦函数 $y = \arcsin x$ 与正玄函数 $x = \sin y (-\frac{\pi}{2} < y < \frac{\pi}{2})$ 互为反函数，而正弦函数 $x = \sin y (-\frac{\pi}{2} < y < \frac{\pi}{2})$ 单调可导，且当 $(-\frac{\pi}{2} < y < \frac{\pi}{2})$ 时有

$$(\sin y)' = \cos y > 0$$

所以

$$\left(\arcsin x\right)' = \frac{1}{\left(\sin y\right)'} = \frac{1}{\cos y}$$

$$= \frac{1}{\sqrt{1 - \sin^2 y}}$$

$$= \frac{1}{\sqrt{1 - x^2}} \quad (-1 < x < 1)$$

（4）余弦函数 $f(x) = \cos x$ 的导数.

类似于（2）中方法，可求得

$$(\cos x)' = -\sin x$$

（5）反余弦函数 $y = \arccos x = \dfrac{\pi}{2} - \arcsin x$ 的导数.

$$\left(\arccos x\right)' = \left(\frac{\pi}{2} - \arcsin x\right)'$$

$$= -\left(\arcsin x\right)'$$

$$= -\frac{1}{\sqrt{1 - x^2}} \quad (-1 < x < 1)$$

（6）反正切函数 $y = \arctan x$ 的导数.

因为反正切函数 $y = \arctan x$ 与正切函数 $x = \tan y(-\dfrac{\pi}{2} < y < \dfrac{\pi}{2})$ 互为反函数，而正切函数 $x = \tan y(-\dfrac{\pi}{2} < y < \dfrac{\pi}{2})$ 单调可导，且当 $(-\dfrac{\pi}{2} < y < \dfrac{\pi}{2})$ 时有

$$\left(\tan y\right)' = \sec^2 y > 0$$

所以

$$\left(\arctan x\right)' = \frac{1}{\left(\tan y\right)'} = \frac{1}{\sec^2 y}$$

$$= \frac{1}{1 + \tan^2 y} = \frac{1}{1 + x^2}$$

其中，x 可以取全体实数.

（7）反余切函数 $y = \text{arc}\cot x$ 的导数.

类似于（6）中的推导过程,可得出反余切函数 $y = \text{arc}\cot x$ 的导数为

$$(\text{arc}\cot x)' = -\frac{1}{1+x^2}$$

其中, x 可以取全体实数.

（8）指数函数 $f(x) = a^x (a > 0, a \neq 1)$ 的导数.

由于

$$\Delta y = a^{x+\Delta x} - a^x = a^x(a^{\Delta x} - 1)$$

所以

$$\begin{aligned}
f'(x) &= \lim_{\Delta x \to 0} \frac{\Delta y}{\Delta x} = \lim_{\Delta x \to 0} \frac{a^x(a^{\Delta x} - 1)}{\Delta x} \\
&= \lim_{\Delta x \to 0} a^x \frac{(a^{\Delta x} - 1)}{\Delta x} = a^x \lim_{\Delta x \to 0} \frac{(a^{\Delta x} - 1)}{\Delta x} \\
&= a^x \lim_{\Delta x \to 0} \frac{a^{\Delta x \ln a} - 1}{\Delta x} = a^x \lim_{\Delta x \to 0} \frac{\Delta x \ln a}{\Delta x} \\
&= a^x \ln a
\end{aligned}$$

所以指数函数的导数为

$$\left(a^x\right)' = = a^x \ln a$$

特别地,有

$$\left(\text{e}^x\right)' = = \text{e}^x$$

（9）幂函数 $f(x) = x^n, (n \in \text{N}_+)$ 在 $x = a$ 处的导数.

根据导数的定义可得,幂函数 $f(x) = x^n, (n \in \text{N}_+)$ 在 $x = a$ 处的导数

$$\begin{aligned}
f'(a) &= \lim_{x \to a} \frac{f(x) - f(a)}{x - a} = \lim_{x \to a} \frac{x^n - a^n}{x - a} \\
&= \lim_{x \to a}(x^{n-1} + ax^{n-2} + \cdots + a^{n-1}) \\
&= na^{n-1}
\end{aligned}$$

同理可求得幂函数 $f(x) = x^n, (n \in \text{N}_+)$ 的导数为

$$f'(x) = nx^{n-1}$$

幂函数 $f(x) = x^\mu(\mu$ 为实数 $)$ 的导数为

$$f'(x) = \mu x^{\mu-1}$$

（10）对数函数 $f(x) = \log_a x(a > 0, a \neq 1)$ 的导数．

根据导数的定义有

$$f'(x) = \lim_{h\to 0}\frac{f(x+h) - f(x)}{h} = \lim_{h\to 0}\frac{\log_a(x+h) - \log_a x}{h}$$

$$= \lim_{h\to 0}\frac{1}{h}\log_a\frac{x+h}{x} = \lim_{h\to 0}\frac{1}{x}\frac{x}{h}\log_a\left(1+\frac{h}{x}\right)$$

$$= \frac{1}{x}\lim_{h\to 0}\frac{\log_a\left(1+\frac{h}{x}\right)}{\frac{h}{x}}$$

$$= \frac{1}{x}\log_a e$$

所以，对数函数的导数为

$$\left(\log_a x\right)' = \frac{1}{x}\log_a e$$

特别地，有

$$\left(\ln x\right)' = \frac{1}{x}$$

3.1.4 隐函数及由参数方程确定的函数导数

3.1.4.1 隐函数的导数

定义 3.1.2 由 x 和 y 的二元方程 $F(x, y) = 0$ 所确定的函数 $y = y(x)$ 称为隐函数；由 $y = f(x)$ 所表示的函数称为显函数．

假设由方程 $F(x, y) = 0$ 所确定的函数为 $y = y(x)$，那么把它代回方程 $F(x, y) = 0$ 中，得到 $F(x, f(x)) = 0$．利用复合函数求导法则，将 $F(x, f(x)) = 0$ 两边同时对自变量 x 求导，最后求解出所求导数 $\dfrac{dy}{dx}$，这就是隐函数求导法．

例 3.1.7 求由方程 $y^5 + 2y - x - 3x^7 = 0$ 所确定的隐函数在 $x = 0$ 处

的导数.

解: 方程两边对 x 求导, 可得

$$5y^4y' + 2y' - 1 - 21x^6 = 0$$

求解 y' 可得

$$y' = \frac{1 + 21x^6}{5y^4 + 2}$$

将 $x = 0$ 代入可得 $y = 0$,

所以可得隐函数在 $x = 0$ 处的导数值为 $\frac{1}{2}$.

例 3.1.8　如图 3-1 所示, 求椭圆 $\frac{x^2}{16} + \frac{y^2}{9} = 1$ 在点 $(2, \frac{3}{2}\sqrt{3})$ 处的切线方程.

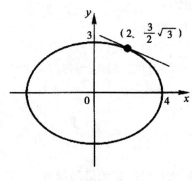

图 3-1

解: 由导数的几何意义可以知道, 所求切线的斜率为

$$k = y'|_{x=2}$$

将椭圆方程两边分别对 x 求导可得

$$\frac{x}{8} + \frac{2}{9}y \cdot \frac{\mathrm{d}y}{\mathrm{d}x} = 0$$

从而有

$$\frac{\mathrm{d}y}{\mathrm{d}x} = -\frac{9x}{16y}$$

当 $x = 2$ 时, $y = \dfrac{3}{2}\sqrt{3}$,代入上式可得

$$k = \frac{\mathrm{d}y}{\mathrm{d}x}\bigg|_{x=2} = -\frac{\sqrt{3}}{4}$$

于是,所求的切线方程为

$$y - \frac{3\sqrt{3}}{2} = -\frac{\sqrt{3}}{4}(x - 2)$$

即

$$\sqrt{3}x + 4y - 8\sqrt{3} = 0$$

例 3.1.9　求由方程 $\mathrm{e}^y + xy = 0$ 所确定函数 $y = y(x)$ 的导数

解:方程两边对 x 求导,可得

$$\mathrm{e}^y y' + y + xy' = 0$$

求解 y' 可得

$$y' = -\frac{y}{x + \mathrm{e}^y}$$

例 3.1.10　证明抛物线 $\sqrt{x} + \sqrt{y} = \sqrt{a}$ 上任一点的切线在两坐标轴上的截距之和等于常数.

证明:令 (x_0, y_0) 为抛物线上任一点,求曲线在点 (x_0, y_0) 的切线方程.方程两边对 x 求导,可得

$$\frac{1}{2\sqrt{x}} + \frac{1}{2\sqrt{y}}y' = 0$$

求解 y' 可得

$$y' = -\frac{\sqrt{y}}{\sqrt{x}} \quad (x > 0)$$

那么可得在点 (x_0, y_0) 的切线方程

$$y - y_0 = -\frac{\sqrt{y_0}}{\sqrt{x_0}}(x - x_0)$$

令 $y = 0$,可得 x 的截距为

$$x = x_0 + \sqrt{x_0}\sqrt{y_0} = \sqrt{x_0}(\sqrt{x_0} + \sqrt{y_0}) = \sqrt{x_0}\sqrt{a}$$

令 $x = 0$,可得 y 的截距为

$$y = y_0 + \sqrt{x_0}\sqrt{y_0} = \sqrt{y_0}\left(\sqrt{x_0} + \sqrt{y_0}\right) = \sqrt{y_0}\sqrt{a}$$

两截距之和为

$$\sqrt{x_0}\sqrt{a} + \sqrt{y_0}\sqrt{a} = \sqrt{a}\left(\sqrt{x_0} + \sqrt{y_0}\right) = \left(\sqrt{a}\right)^2 = a$$

从而可得两截距之和等于 a .

3.1.4.2　由参数方程所确定的函数的导数

很多情况下,某些函数常用参数方程表示.

例如,我们在研究物体运动轨迹时,往往会遇到参数方程.例如,在研究抛射体的运动问题时,若空气阻力不计,那么抛射体的运动轨迹可表示为

$$\begin{cases} x = \upsilon_1 t \\ y = \upsilon_2 t - \dfrac{1}{2}gt^2 \end{cases}$$

其中 υ_1 , υ_2 分别表示抛射体初速度的水平、铅直分量, g 为重力加速度, t 为飞行时间, x 和 y 分别表示飞行中抛射体在铅直平面上的位置的横坐标和纵坐标.

在 $\begin{cases} x = \upsilon_1 t \\ y = \upsilon_2 t - \dfrac{1}{2}gt^2 \end{cases}$ 中, x 和 y 均与 t 存在函数关系.若把对应于同一个 t 值的 x 和 y 的值看作对应的,从而可得到 x 和 y 之间的函数关系.消去 $\begin{cases} x = \upsilon_1 t \\ y = \upsilon_2 t - \dfrac{1}{2}gt^2 \end{cases}$ 中的参数 t ,可得

$$y = \frac{\upsilon_2}{\upsilon_1}x - \frac{g}{2\upsilon_1^2}x^2$$

一般地,对于参数方程

$$\begin{cases} x = \varphi(t) \\ y = \phi(t) \end{cases} (a \leqslant t \leqslant \beta)$$

对于每一个 $t \in [\alpha, \beta]$,对应平面上的一点,由此可见, y 是 x 的函数.这种

函数我们可以这样理解：如果 $x = \varphi(t)$ 具有单值连续的反函数 $t = \varphi^{-1}(x)$，则有 $y = \phi\left[\varphi^{-1}(x)\right]$，其中，$t$ 是中间变量．

对于参数方程 $\begin{cases} x = \varphi(t) \\ y = \phi(t) \end{cases}$，$(a \leqslant t \leqslant \beta)$，如果 $x = \varphi(t)$ 单调可导，且 $\varphi'(t) \neq 0, y = \phi(t)$ 也可导，则根据复合函数求导公式与反函数求导公式可得

$$\frac{\mathrm{d}y}{\mathrm{d}x} = \frac{\mathrm{d}y}{\mathrm{d}t}\frac{\mathrm{d}t}{\mathrm{d}x} = \frac{\dfrac{\mathrm{d}y}{\mathrm{d}t}}{\dfrac{\mathrm{d}x}{\mathrm{d}t}}$$

即

$$\frac{\mathrm{d}x}{\mathrm{d}y} = \frac{\varphi'(t)}{\phi'(t)}$$

在这里，我们顺便指出，如果设函数 $x = x(t)$，$y = y(t)$ 都是可导函数，而变量 x, y 之间存在某种关系，从而变化率 $\dfrac{\mathrm{d}y}{\mathrm{d}t}, \dfrac{\mathrm{d}x}{\mathrm{d}t}$ 之间也存在一定的关系．这两个相互依赖的变化率称为相关变化率．相关变化率问题就是研究两个变化率之间的关系，以便通过其中一个变化率求出另一个变化率．

在极坐标系下，平面曲线的方程可以表示为 $r = r(\theta)$，利用直角坐标系和极坐标系的关系 $\begin{cases} x = r\cos\theta \\ y = r\sin\theta \end{cases}$ 可得参数方程

$$\begin{cases} x = r(\theta)\cos\theta \\ y = r(\theta)\sin\theta \end{cases}$$

其中，θ 为参数．由参数方程所确定的函数的求导公式可得方程 $\begin{cases} x = r(\theta)\cos\theta \\ y = r(\theta)\sin\theta \end{cases}$ 所确定的函数的导数．

$$\frac{\mathrm{d}y}{\mathrm{d}x} = \frac{y'(\theta)}{x'(\theta)}$$

$$= \frac{r'(\theta)\sin\theta + r(\theta)\cos\theta}{r'(\theta)\cos\theta - r(\theta)\sin\theta}$$

$$= \frac{r'(\theta)\tan\theta + r(\theta)}{r'(\theta) - r(\theta)\tan\theta}$$

$$= \tan\alpha$$

其中, α 为切线的倾角.

设切线在点 $M(r,\theta)$ 处的切线 MT 与切点和极点的连线 OM 间的夹角为 Ψ ,由图 3-2 可知 $\Psi = \alpha - \theta$,所以

$$\tan\Psi = \tan(\alpha - \theta) = \frac{\tan\alpha - \tan\theta}{1 + \tan\alpha\tan\theta} = \frac{y' - \tan\theta}{1 + y'\tan\theta}$$

将 y' 的表达式代入并化简,可得

$$\tan\Psi = \frac{r(\theta)}{r'(\theta)}$$

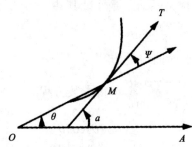

图 3-2

例 3.1.11 设 $\begin{cases} x = \sqrt{1+t} \\ y = \sqrt{1-t} \end{cases}$,证明: $\dfrac{\mathrm{d}y}{\mathrm{d}x} = -\dfrac{x}{y}$.

证明：由于

$$\frac{dy}{dx} = \frac{dy}{dt}\frac{dt}{dx}$$

$$= \frac{(\sqrt{1-t})'}{(\sqrt{1+t})'}$$

$$= \frac{\dfrac{-1}{2\sqrt{1-t}}}{\dfrac{1}{2\sqrt{1+t}}} = -\frac{\sqrt{1+t}}{\sqrt{1-t}}$$

$$= -\frac{x}{y}$$

可得

$$\frac{dy}{dx} = -\frac{x}{y}$$

例 3.1.12　求由参数方程 $\begin{cases} x = \arctan t \\ y = \ln(1+t^2) \end{cases}$ 表示的函数的导数.

解：由题意可得

$$\frac{dy}{dx} = \frac{dy}{dt}\frac{dt}{dx} = \frac{dy}{dt}\frac{1}{\dfrac{dx}{dt}} = \frac{\dfrac{2t}{1+t^2}}{\dfrac{1}{1+t^2}} = 2t$$

例 3.1.13　已知椭圆的参数方程为

$$\begin{cases} x = a\cos t \\ y = b\sin t \end{cases}$$

求椭圆在 $t = \dfrac{\pi}{4}$ 相应点处的切线方程.

解：当 $t = \dfrac{\pi}{4}$，相应点 M_0 的坐标为

$$x_0 = a\cos\frac{\pi}{4} = a\frac{\sqrt{2}}{2}$$

$$y_0 = b\sin\frac{\pi}{4} = b\frac{\sqrt{2}}{2}$$

曲线在点 M_0 的切线斜率为

$$\left.\frac{\mathrm{d}y}{\mathrm{d}x}\right|_{t=\frac{\pi}{4}} = -\frac{b}{a}\cot\frac{\pi}{4} = -\frac{b}{a}$$

$t = \frac{\pi}{4}$ 对应点 $M(\frac{\sqrt{2}}{2}a, \frac{\sqrt{2}}{2}b)$，切线方程为

$$y - \frac{\sqrt{2}}{2}b = -\frac{b}{a}\left(x - \frac{\sqrt{2}}{2}a\right)$$

即

$$bx + ay - \sqrt{2}ab = 0$$

3.1.5 一元函数问题的解题方法

3.1.5.1 导数定义的应用

（1）用导数定义求极限.

函数 $f(x)$ 在 x_0 处的导数为

$$f'(x_0) = \lim_{\Delta x \to 0}\frac{f(x_0 + \Delta x) - f(x_0)}{\Delta x}$$

$$= \lim_{x \to x_0}\frac{f(x) - f(x_0)}{x - x_0}$$

式中，$f'(x_0)$ 为某一函数式，若极限存在，分子为函数增量，分母恰好是分子 $f(\cdot)$ 中的自变量之差，则所求极限就与 x_0 处的导数联系在一起了. 如 $\lim\limits_{\Delta x \to 0}\frac{f(x_0 + \Delta x) - f(x_0)}{\Delta x}$ 中，分子为函数增量，其分子 $f(\cdot)$ 中的自变量之差为 $x_0 + \Delta x - x_0 = \Delta x$，$\lim\limits_{\Delta x \to 0}\frac{f(x_0 + \Delta x) - f(x_0)}{\Delta x}$ 中分母恰为 Δx，于是为 $f'(x_0)$.

（2）求抽象函数在某点处的导数.

此题型仅知道函数在某点的连续性或可导性，其他点的导数未知，故不能使用导数的运算法则，此时用导数定义式

$$f'(x_0) = \lim_{x \to x_0} \frac{f(x) - f(x_0)}{x - x_0}$$

（3）求抽象函数或其导数.

此时未知可导性或仅知道某点的导数,用导数定义式直接求导函数或化成已知点的导数式,可求之.

$$f'(x_0) = \lim_{\Delta x \to 0} \frac{f(x_0 + \Delta x) - f(x_0)}{\Delta x} = \lim_{y \to 0} \frac{f(x + y) - f(x)}{y}$$

例 3.1.14 设函数 $f(x)$ 在 x 处可导,论证

（1）$\lim\limits_{\Delta x \to 0} \dfrac{f(x + \Delta x) - f(x)}{\Delta x} = f'(x)$ ；

（2）$\lim\limits_{\Delta x \to 0} \dfrac{f(x + \Delta x) - f(x - \Delta x)}{2\Delta x} = f'(x)$ ；

（3）$\lim\limits_{h \to 0} \dfrac{f(x_0 + ah) - f(x_0 - bh)}{h} = (a + b)f'(x_0)$.

证明：已知导数 $f'(x)$ 为增量比 $\dfrac{\Delta y}{\Delta x} = \dfrac{f(x + \Delta x) - f(x)}{\Delta x}$ 当 $\Delta x \to 0$ 时的极限,比值 $\dfrac{f(x) - f(x - \Delta x)}{\Delta x}$ 和增量比 $\dfrac{f(x + \Delta x) - f(x)}{\Delta x}$ 在形式上不同,但二者之间有一定的关系,故证明（1）的思路是设法通过变形把前者化为后者.

（1）由分析可知

$$\lim_{\Delta x \to 0} \frac{f(x + \Delta x) - f(x)}{\Delta x} = \lim_{\Delta x \to 0} \frac{f(x - \Delta x) - f(x)}{-\Delta x}$$

$$\xlongequal{-\Delta x = h} \lim_{h \to 0} \frac{f(x + h) - f(x)}{h}$$

$$= f'(x)$$

这里令 $-\Delta x = h$,显然 h 也是自变量 x 的增量,且当 $\Delta x \to 0$ 时 $h \to 0$,根据导数的定义就有上述结论.

（2）思路同上：

$$\lim_{\Delta x \to 0} \frac{f(x + \Delta x) - f(x - \Delta x)}{2\Delta x}$$

$$= \lim_{\Delta x \to 0} \frac{f(x + \Delta x) - f(x) + f(x) - f(x - \Delta x)}{2\Delta x}$$

$$= \frac{1}{2} \left\{ \lim_{\Delta x \to 0} \left[\frac{f(x + \Delta x) - f(x)}{\Delta x} + \frac{f(x) - f(x - \Delta x)}{\Delta x} \right] \right\}$$

$$= \frac{1}{2} \left[f'(x) + f'(x) \right]$$

$$= f'(x)$$

这里已经应用了（1）的结果.

（3）由分析可知

$$\lim_{h \to 0} \frac{f(x_0 + ah) - f(x_0 - bh)}{h}$$

$$= \lim_{h \to 0} \frac{\left[f(x_0 + ah) - f(x_0) \right] - \left[f(x_0 - bh) - f(x_0) \right]}{h}$$

$$= \lim_{h \to 0} \frac{f(x_0 + ah) - f(x_0)}{ah} \cdot a - \lim_{h \to 0} \frac{f(x_0 - bh) - f(x_0)}{-bh}(-b)$$

$$= af'(x_0) + bf'(x_0)$$

$$= (a + b) f'(x_0)$$

3.1.5.2　分段函数可导性的判定及待定常数的确定

这类题一般含有绝对值、数列极限、分段函数等形式.

例 3.1.15　已知函数 $f(x) = \begin{cases} x^2 \sin \dfrac{1}{x} & x < 0 \\ 0 & x \geq 0 \end{cases}$，求 $f'_+(0) . f'_-(0)$ 及 $f'(x)$

在 $x=0$ 处的左右极限.

解：由分析可知

$$f'_+(0) = \lim_{x \to 0^+} \frac{f(x) - f(0)}{x} = 0$$

$$f'_-(0) = \lim_{x \to 0^-} \frac{f(x) - f(0)}{x} = \lim_{x \to 0^-} \frac{x^2 \sin \dfrac{1}{x}}{x} = 0$$

故而 $f'(0)$ 存在且等于 0，于是

$$f(x)=\begin{cases} 2x\sin\dfrac{1}{x}-\cos\dfrac{1}{x} & x<0 \\ 0 & x\geq 0 \end{cases}$$

又因为

$$\lim_{x\to 0^+}f'(x)=0$$

$$\lim_{x\to 0^-}f'(x)=\lim_{x\to 0^-}\left(2x\sin\frac{1}{x}-\cos\frac{1}{x}\right)$$

由于

$$\lim_{x\to 0^-}2x\sin\frac{1}{x}=0$$

且 $\lim\limits_{x\to 0^-}\cos\dfrac{1}{x}$ 不存在，所以 $\lim\limits_{x\to 0^-}f'(x)$ 不存在．

3.1.5.3 求隐函数的导数

（1）直接求导法．

对方程 $F(x,y)=0$ 两边直接求导［注意复合，即 $F(x,y)$ 中 y 是 x 的函数］．

（2）利用一阶微分形式不变性求导．

对方程两边同时微分，此时 x 与 y 无复合关系，求出 $\mathrm{d}x$ 与 $\mathrm{d}y$ 满足的关系之后，求出 $\dfrac{\mathrm{d}y}{\mathrm{d}x}$．

（3）用对数求导法求导．

在方程 $F(x,y)=0$ 中含有幂指函数等形式时，采用此方法．

（4）隐函数求二（高）阶导数．

在所给的方程两边连续求二（高）阶导数，即得．

（5）隐函数的导数在某点处的值．

隐函数求得的导数 $\dfrac{\mathrm{d}y}{\mathrm{d}x}$ 中，一般含有 x 及 y，要计算 $x=x_0$ 时 $\dfrac{\mathrm{d}y}{\mathrm{d}x}$ 值，先将 $x=x_0$ 代入 $F(x,y)=0$ 中，再将 x_0,y_0 代入 $\dfrac{\mathrm{d}y}{\mathrm{d}x}$ 中即得到 $\dfrac{\mathrm{d}y}{\mathrm{d}x}\Big|_{x=x_0}$．

例 3.1.16 求下列隐函数的二阶导数.

（1）$y = \tan(x+y)$；

（2）$e^x + xy = 0$.

解：两边对 x 求导可得

$$y' = \sec^2(x+y)(1+y')$$

即

$$y' = \frac{\sec^2(x+y)}{1-\sec^2(x+y)} = -\csc^2(x+y)$$

对 x 再求导可得

$$\begin{aligned}
y'' &= -2\csc(x+y)\cdot\left[-\csc(x+y)\cot(x+y)\right](1+y')\\
&= 2\csc^2(x+y)\cot(x+y)\left[1-\csc^2(x+y)\right]\\
&= -\csc^2(x+y)\cot^2(x+y)
\end{aligned}$$

（2）两边对 x 求导可得

$$e^x + y + xy' = 0$$

故

$$y' = \frac{e^x + y}{x}$$

在式子 $e^x + y + xy' = 0$ 两端再对 x 求导可得 $e^x + y' + y' + xy'' = 0$，故

$$y'' = -\frac{e^x + 2y'}{x} = \frac{xe^x - 2e^x - 2y}{x^2}$$

3.1.5.4 高阶导数的求法

（1）逐阶求导法.

这种方法是根据导数的定义逐阶求导，用不完全归纳法求得高阶导数.

（2）公式法.

这种方法是在熟记下列方法的基础上求得高阶导数.

① $(u \pm v)^{(n)} = u^{(n)} \pm v^{(n)}$；

② $(cu(x))^{(n)} = c(u(x))^{(n)}$；

③ $(x^n)^{(n)} = n!$；

④ $\left(\dfrac{1}{x}\right)^{(n)} = \dfrac{(-1)^n n!}{x^{n+1}}$；

⑤ $(e^x)^{(n)} = e^x$；

⑥ $(\sin x)^{(n)} = \sin\left(x + \dfrac{n\pi}{2}\right)$；

⑦ $(\cos x)^{(n)} = \cos\left(x + \dfrac{n\pi}{2}\right)$；

⑧ $(uv)^{(n)} = \displaystyle\sum_{k=0}^{n} C_n^k u^{(n-k)} v^{(n)}$．

（3）递推公式法．

这种方法是对函数求一阶导数或二阶导数,建立函数与导数之间的关系式,再由关系式两边应用莱布尼茨公式求导数．

例 3.1.17 若 $f''(x)$ 存在,求下列函数的二阶导数．

（1）$y = f(x^2)$；

（2）$y = \ln[f(x)]$．

解：（1）由分析可得

$$\frac{\mathrm{d}y}{\mathrm{d}x} = f'(x^2)(x^2)' = 2xf'(x^2)$$

$$\frac{\mathrm{d}^2 y}{\mathrm{d}x^2} = (2x)' f'(x^2) + 2x\left[f'(x^2)\right]'$$

$$= 2xf'(x^2) + 2xf''(x^2)(x^2)'$$

$$= 4x^2 f''(x^2) + 2f'(x^2)$$

（2）由分析可得

$$\frac{\mathrm{d}y}{\mathrm{d}x} = \frac{1}{f(x)} f'(x)$$

$$\frac{\mathrm{d}^2 y}{\mathrm{d}x^2} = \frac{f''(x)f(x) - \left[f'(x)\right]^2}{f^2(x)}$$

3.2 导数、微分中值定理的应用及与其有关的问题解法

3.2.1 罗尔定理

定理 3.2.1（费马引理） 设函数 $y = f(x)$ 在点 x_0 的一个邻域 $U(x_0)$ 上有定义，并在点 x_0 处可导．如果

$$\forall x \in U(x_0), f(x) \geq f(x_0)$$

或

$$\forall x \in U(x_0), f(x) \leq f(x_0)$$

则

$$f'(x_0) = 0$$

证明： 设自变量 x 在点 x_0 处有该变量 Δx，且 $x_0 + \Delta x \in U(x_0)$，假设

$$f(x_0 + \Delta x) \geq f(x_0)$$

则，函数 $y = f(x)$ 相应的增量

$$\Delta y = f(x_0 + \Delta x) - f(x_0) \geq 0$$

所以，当 $\Delta x > 0$ 时 $\dfrac{\Delta y}{\Delta x} \geq 0$，当 $\Delta x < 0$ 时 $\dfrac{\Delta y}{\Delta x} \leq 0$．由极限的保号性质有

$$f'_+(x_0) = \lim_{\Delta x \to 0^+} \frac{\Delta y}{\Delta x} \geq 0, \quad f'_-(x_0) = \lim_{\Delta x \to 0^-} \frac{\Delta y}{\Delta x} \leq 0$$

又因为函数在点 x_0 处可导，故而有

$$f'_+(x_0) = f'_-(x_0)$$

所以，必然有

$$f'(x_0) = f'_+(x_0) = f'_-(x_0) = 0$$

同理,如果假设 $f(x_0 + \Delta x) \leqslant f(x_0)$,也同样可以得出

$$f'(x_0) = f'_+(x_0) = f'_-(x_0) = 0$$

定理得证.

若连续曲线 $y = f(x)$ 在开区间 (a,b) 内的每一点都存在不垂直于 x 轴的切线,并且两个端点 A、B 处的纵坐标相等,即连结两端点的直线 AB 平行于 x 轴,那么在此曲线上至少存在一点 $C(\xi, f(\xi))$,使得曲线 $y = f(x)$ 在点 C 处的切线与 x 轴平行. 把这个几何现象描述出来,就可得出罗尔定理.

定理 3.2.2(罗尔定理) 如果函数 $y = f(x)$ 满足条件:

(1)在闭区间 $[a,b]$ 上连续;

(2)在开区间 (a,b) 内可导;

(3)在区间两个端点的函数值相等,即 $f(a) = f(b)$,

则至少存在一点 $\xi \in (a,b)$,使得

$$f'(\xi) = 0$$

证明:根据条件(1)和闭区间上连续函数的最值定理可得,函数 $y = f(x)$ 在闭区间 $[a,b]$ 上必取得最大值 M 和最小值 m. 接下来分两种可能来讨论.

(1)如果 $M = m$,那么函数 $y = f(x)$ 在闭区间 $[a,b]$ 上为常数,所以

$$f'(x) = 0$$

所以对任意的 $\xi \in (a,b)$ 都有

$$f'(\xi) = 0$$

(2)如果 $M \neq m$,根据条件(3)可知,M 与 m 至少有一个不等于端点处的函数值,不妨设 $M \neq f(a)$,那么必存在一点 $\xi \in (a,b)$ 使得

$$f(\xi) = M$$

接下来证明

$$f'(\xi) = 0$$

根据条件(2)可知,$f'(\xi)$ 必存在,即

$$\lim_{\Delta x \to 0} \frac{f(\xi + \Delta x) - f(\xi)}{\Delta x} = f'(\xi)$$

因为 $f(\xi) = M$ 是 $f(x)$ 在区间 $[a,b]$ 上的最大值,所以不论 Δx 是正还是负,只要 $\xi + \Delta x \in [a,b]$,则一定有

$$f(\xi + \Delta x) - f(\xi) \leq 0$$

当 $\Delta x > 0$ 时,

$$\frac{f(\xi + \Delta x) - f(\xi)}{\Delta x} \leq 0$$

根据函数极限的保号性可知

$$f'_+(\xi) = \lim_{\Delta x \to 0^+} \frac{f(\xi + \Delta x) - f(\xi)}{\Delta x} \leq 0$$

当 $\Delta x < 0$ 时,

$$\frac{f(\xi + \Delta x) - f(\xi)}{\Delta x} \geq 0$$

根据函数极限的保号性可知

$$f'_-(\xi) = \lim_{\Delta x \to 0^-} \frac{f(\xi + \Delta x) - f(\xi)}{\Delta x} \geq 0$$

因为

$$f'(\xi) = f'_-(\xi) = f'_+(\xi)$$

所以

$$f'(\xi) = 0$$

罗尔定理中的三个条件缺少任何一个,结论将可能不成立,如图 3-3 所示:(a)表示 $f(x)$ 在 $x=b$ 处间断,不满足条件(1);(b)表示 $f(x)$ 在 $x=c$ 处不可导,不满足条件(2);(c)表示 $f(a) \neq f(b)$,不满足条件(3).

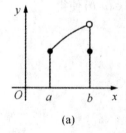

(a)

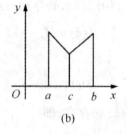

(b)

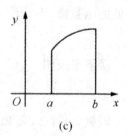

(c)

图 3-3

例 3.2.1 不用求出函数 $f(x)=(x-1)(x-2)(x-3)(x-4)$ 的导数,说明方程 $f'(x)=0$ 有几个实根,并指出这些根所在的区间.

解:由于函数 $f(x)=(x-1)(x-2)(x-3)(x-4)$ 是一个四次多项式,所以它的导数是一个三次多项式,因此方程 $f'(x)=0$ 至多有三个实根.又由于

$$f(1)=f(2)=f(3)=f(4)=0$$

根据罗尔定理可知,方程 $f'(x)=0$ 在区间 $(1,2)$, $(2,3)$, $(3,4)$ 上各至少存在一个实根.

综上,方程 $f'(x)=0$ 有三个实根,而且这三个实根分别位于区间 $(1,2)$, $(2,3)$, $(3,4)$.

3.2.2 拉格朗日中值定理

由罗尔定理可以联想到这样的推广,如图 3-4 所示,对于任意曲线 $y=f(x)$ $(a<x<b)$,如果该曲线上的任一点处都有切线,那么是否有一点的切线与连接两端点的弦平行呢?接下来,我们就针对这一问题展开讨论.

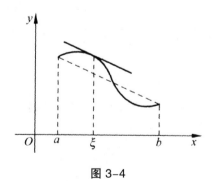

图 3-4

定理 3.2.3(拉格朗日中值定理) 如果函数 $y=f(x)$ 满足条件:

(1)$[a,b]$ 上连续;

(2)在开区间 (a,b) 内可导.

则至少存在一点 $\xi\in(a,b)$,使得

$$f'(\xi) = \frac{f(b) - f(a)}{b - a}$$

或者

$$f(b) - f(a) = f'(\xi)(b - a)$$

证明:明显罗尔定理是拉格朗日中值定理的特殊情况,接下来我们将由罗尔定理证明拉格朗日中值定理.为使函数 $y = f(x)$ 满足罗尔定理,对函数 $y = f(x)$ 作适当调整,因此作辅助函数

$$F(x) = f(x) - f(a) - \frac{f(b) - f(a)}{b - a}(x - a)$$

而函数 $F(x)$ 实际上是从函数 $y = f(x)$ 中减去表示弦 AB 的那个线性函数,如图 3-5 所示.经验证函数 $F(x)$ 满足罗尔定理的所有条件,则有

$$F'(x) = f'(x) - \frac{f(b) - f(a)}{b - a}$$

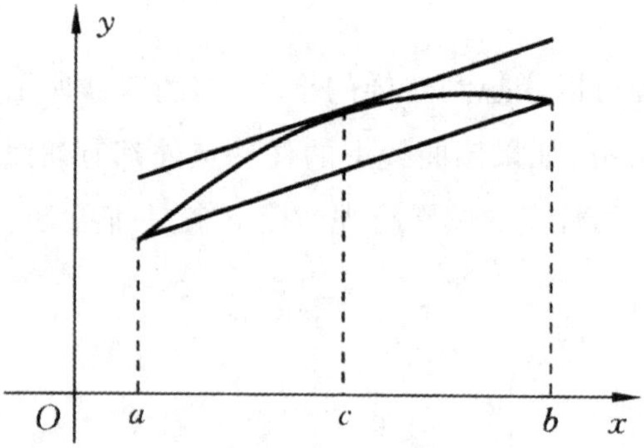

图 3-5

由罗尔定理可知在区间 (a, b) ,至少存在一点 $\xi \in (a, b)$ 使得 $F'(\xi) = 0$,即

$$f'(\xi) = \frac{f(b) - f(a)}{b - a}$$

定理得证.

例 3.2.2 设 $n > 1$, 且 $0 < a < b$,证明

$$a^n(b - a) < \frac{b^{n+1} - a^{n+1}}{n + 1} < b^n(b - a)$$

证明:为了应用拉格朗日中值定理,先根据题目要求设一函数

$$f(x) = x^{n+1}, x \in [a, b]$$

该函数满足拉格朗日中值定理的条件,所以有以下结论

$$\frac{b^{n+1} - a^{n+1}}{b - a} = (n+1)\xi^n \, (0 < a < \xi < b)$$

由于 $0 < a < \xi < b, n > 0$,所以有

$$a^n < \xi^n < b^n$$

进而有

$$(n+1)a^n < (n+1)\xi^n < (n+1)b^n$$

代入拉格朗日中值公式有

$$(n+1)a^n < \frac{b^{n+1} - a^{n+1}}{b - a} < (n+1)b^n$$

即

$$a^n(b-a) < \frac{b^{n+1} - a^{n+1}}{n+1} < b^n(b-a)$$

例 3.2.3 证明:当 $x > 0$ 时,$\frac{x}{x+1} < \ln(1+x) < x$.

证明:令函数为

$$f(x) = \ln(x+1)$$

显然,函数 $f(x) = \ln(x+1)$ 在区间 $[0, x]$ 上满足拉格朗日中值定理,根据定理可知

$$f(x) - f(0) = f'(\xi)(x - 0), 0 < \xi < x$$

由于

$$f(0) = 0 \, , \, f'(x) = \frac{1}{1+x}$$

因此上式为

$$\ln(x+1) = \frac{x}{1+\xi} \, , \, 0 < \xi < x$$

由于 $0 < \xi < x$,那么

$$\frac{x}{1+x} < \frac{x}{1+\xi} < x$$

即

$$\frac{x}{1+x} < \ln(1+x) < x$$

例 3.2.4 证明 $\arctan x = \arcsin \dfrac{x}{\sqrt{1+x^2}} \, (x \in \mathrm{R})$.

解：分别对等号两边关于 x 求导可得

$$(\arctan x)' = \frac{1}{1+x^2}$$

$$\left(\arcsin \frac{x}{\sqrt{1+x^2}}\right)' = \frac{1}{\sqrt{1-\dfrac{x^2}{1+x^2}}} \left(\frac{x}{\sqrt{1+x^2}}\right)'$$

$$= \frac{1}{\sqrt{\dfrac{1}{1+x^2}}} \frac{\sqrt{1+x^2} - x \cdot \dfrac{x}{\sqrt{1+x^2}}}{1+x^2}$$

$$= \frac{1}{1+x^2}$$

所以，对于任意的 $x \in \mathrm{R}$，有

$$\arctan x = \arcsin \frac{x}{\sqrt{1+x^2}} + C$$

当 $x=0$ 时，有

$$\arctan x = 0, \arcsin \frac{x}{\sqrt{1+x^2}} = 0$$

从而，$C=0$. 故

$$\arctan x = \arcsin \frac{x}{\sqrt{1+x^2}} \, (x \in \mathrm{R})$$

3.2.3　有关中值等式的证明问题的解法

（1）出现一个中值的等式证明.

①存在 ξ，使 $f'(\xi) = 0$ 的命题证明.

直接使用罗尔定理 [注意关键条件是 $f(a) = f(b)$].

②存在 ξ ,使 $f''(\xi)=0$ ($n \geqslant 2$, n 为正整数).

先对 $f(x)$ 使用中值定理(罗尔定理、拉格朗日定理等)找出不同的两点 x_1, x_2 ,使得 $f'(x_1)=f'(x_2)$,再对 $f'(x)$ 使用罗尔定理,可得存在 ξ ,使 $f''(\xi)=0$.

③存在 ξ ,使得 $F(\xi)=0$.

一般是先设出辅助函数 $Ö(x)$,使 $Ö'(x)=F(x)$,然后再证明 $Ö(x)$ 满足罗尔定理的条件,从而存在 ξ ,使 $\Phi'(\xi)=0$,即 $F(\xi)=0$.辅助函数 $Ö(x)$ 如何设,这是这类证明题的难点所在.简单的题目是先将所证等式中的 ξ 换成 x ,得到函数 $F(x)$,再将 $F(x)$ 凑成某个函数 $Ö(x)$ 的导数,即 $Ö'(x)=F(x)$.这里的 $Ö(x)$ 就是辅助函数.

④如果中值等式可表述成拉格朗日公式的模式:端点函数值之差 $f(b)-f(a)$,区间长 $b-a$,函数的导数部分,则可用拉格朗日中值公式.

⑤使用泰勒公式证明之.

若已知一系列点的函数值(或导数值),或涉及二阶及二阶以上的高阶导数,可考虑用泰勒公式.

(2)出现两个或两个以上中值的等式证明.

一般一个中值需要使用一个(一次)中值定理,两个不同的中值使用两个(两次)中值定理.

例 3.2.5 设 $f(x)$ 在 $[1,2]$ 上连续,在 (a,b) 内可导,且 $f(1)=\dfrac{1}{2}$, $f(2)=2$.证明存在 $\xi \in (1,2)$,使得 $f'(\xi)=\dfrac{2f(\xi)}{\xi}$.

证明:将要证明的关系式改写成 $\xi f'(\xi)-2f(\xi)=0$,作为辅助函数 $\varphi(x)=\dfrac{f(x)}{x^2}$,容易验证 $\varphi(x)$ 在 $[1,2]$ 满足罗尔定理的条件,所以存在 $\xi \in (1,2)$,使得 $\varphi'(\xi)=0$,即

$$f'(\xi)=\frac{2f(\xi)}{\xi}$$

3.3　方程根及函数零点存在的证明及判定方法

方程的根可以看作是函数的零点,为了利用函数的连续性质及导数理论,通常把方程根的讨论转化为函数零点的讨论,关于方程根的证明,主要有两种情形.

（1）证明方程在某区间内至少有一个或几个根.

具体方法:一是利用在闭区间上连续函数的介值性质即介值定理;二是利用罗尔定理.

①利用介值定理证明方程根的存在性.

②利用罗尔定理证明方程根的存在性.

作一个在指定区间上满足罗尔定理条件的辅助函数,把方程根的存在性转化为该辅助函数导函数零点的存在性.

（2）证明方程在给定的区间内有唯一的根或最多有几个根.

具体方法:

①先证存在性.方法有二,即利用连续函数的介值定理和利用罗尔定理.

②再证唯一根或最多有几个根.方法有二,即利用函数的单调增减性和用反证法,利用反证法时通常可利用罗尔定理、拉格朗日中值定理导出矛盾.

例 3.3.1　设 $f(x)$ 在 $[a,b]$ 上二阶可导,且恒有 $f''(x)<0$,证明若方程 $f(x)=0$ 在 (a,b) 内有根,则最多有两个根.

证明:按题意,不需要证明根的存在性,只需证明若 $f(x)=0$ 在 (a,b) 内有根,则最多有两个根.

用反证法,设 $f(x)$ 在 (a,b) 内有 3 个根 x_1,x_2,x_3 ,且设 $a<x_1<x_2<x_3<b$ 即有

$$f(x_1) = f(x_2) = f(x_3) = 0$$

现分别在区间 $[x_1, x_2]$ 与 $[x_2, x_3]$ 上应用罗尔定理, 有

$$f'(\xi_1) = 0, \xi_1 \in (x_1, x_2); f'(\xi_2) = 0, \xi_2 \in (x_2, x_3)$$

又 $f'(x)$ 在 $[\xi_1, \xi_2]$ 上也显然满足罗尔定理条件, 于是有

$$f''(\xi) = 0, \xi \in (\xi_1, \xi_2) \subset (a, b)$$

这与假设 $f''(\xi) < 0$ 矛盾, 故 $f(x) = 0$ 在 (a, b) 内最多有两个根.

3.4 证明不等式的方法

利用导数证明不等式是导数的重要应用之一. 利用导数可以证明抽象函数不等式、具体函数不等式、数值不等式等.

（1）利用导数定义证明不等式. 有些不等式符合导数的定义, 因此可以利用导数定义将其形式转化, 以达到化繁为简的目的.

（2）利用拉格朗日中值定理证明不等式. 利用拉格朗日中值定理既可证明抽象函数不等式, 也可证明具体函数不等式. 具体的方法为

①适当地选择函数 $f(x)$ 及相应区间 $[a, b]$;

②验证条件, 应用拉格朗日中值公式

$$f(b) - f(a) = f'(\xi)(b - a), \xi \in (a, b)$$

③根据 $f'(x)$ 的单调性或中值 ξ 的范围转化为不等式.

（3）利用函数单调性证明不等式.

该法适用于在某区间上成立的不等式, 具体步骤为

①移项（或其他变形）, 使不等式一端为 0, 另一端为函数 $f(x)$;

②求 $f(x)$ 并验证 $f(x)$ 在指定区间的单调性;

③求出区间端点的函数值, 比较大小即可.

（4）利用函数的极值和最值证明不等式.

具体步骤：

①构造辅助函数（同单调性证明不等式）；

②求 $f'(x)=0$ 的解，得驻点；

③求最值证得不等式.

（5）利用凹凸性证明不等式.

（6）利用泰勒公式证明不等式. 一般用于涉及高阶导数的不等式证明.

（7）利用导数的大小证明不等式.

解决这类问题需要熟记以下结论：

① $f(x) \cdot g(x)$ 在 (a,b) 内有 $n+1$ 阶导数；

② $f^{(k)}(x_0) = g^{(k)}(x_0), k = 0, 1, 2, \cdots, n, x_0 \in (a,b)$；

③ $x > x_0, x \in (a,b), f^{(k+1)}(x) > g^{(k+1)}(x)$ 或 $f^{(k+1)}(x) < g^{(k+1)}(x)$，则当 $x > x_0$ 时，有 $f(x) > g(x)$ 或 $f(x) < g(x)$.

（8）有关数值不等式的证明.

①常数变易法. 在待证的不等式中，将某一个常数变易为变量，再移项，整理成不等式，使其一端为常数（为 0），则另一端就是所要的辅助函数；

②若出现指数函数值或幂函数值的不等式，通常先取对数，再作辅助函数；

③若数值不等式可化成 $\dfrac{f(b) - f(a)}{b - a}$ 的模式，可用拉格朗日中值定理证明之，若含有更高阶的导数可用泰勒公式证明之.

例 3.4.1 证明不等式 $\arctan x - \ln(1 + x^2) \geq \dfrac{\pi}{4} - \ln 2$，其中，$x \in \left[\dfrac{1}{2}, 1 \right]$.

证明： 注意到 $x \in \left[\dfrac{1}{2}, 1 \right]$，$\arctan 1 = \dfrac{\pi}{4}$，因而 $\dfrac{\pi}{4} - \arctan x > 0$，所证不等式可化为两不同类型函数的差值比的不等式 $\ln 2 - \ln(1 + x^2) \geq \dfrac{\pi}{4} - \arctan x$，

即 $\dfrac{\ln 2 - \ln(1 + x^2)}{\arctan 1 - \arctan x} \geq 1$. 于是令 $f(x) = \ln(1 + x^2)$，$g(x) = \arctan x$. 显然它

们在区间 $[x,1]$ 上满足柯西中值定理的条件, 故存在 $\xi \in (x,1)$, 其中,

$x \in \left(\dfrac{1}{2},1\right)$, 使

$$\dfrac{\ln 2 - \ln\left(1+x^2\right)}{\dfrac{\pi}{4} - \arctan x} = \dfrac{f'(\xi)}{g'(\xi)} = \dfrac{\dfrac{2\xi}{1+\xi^2}}{\dfrac{1}{1+\xi^2}} = 2\xi > 2x > 2 \times \dfrac{1}{2} = 1 \quad [\ \xi \in (x,1)\ ]$$

即 $\arctan x - \ln\left(1+x^2\right) > \dfrac{\delta}{4} - \ln 2$. 当 x=1 时, $\arctan 1 - \ln(1+1) = \dfrac{\pi}{4} - \ln 2$, 因而

得到 $\arctan x - \ln\left(1+x^2\right) \geqslant \dfrac{\pi}{4} - \ln 2$ ($x \in [x,1]$).

注意: 若忽略 $x \in \left[\dfrac{1}{2},1\right]$ 这一条件, 可能会造成把区间选成 $[1,x]$ 的错

误; 若由柯西中值定理直接得到 $\dfrac{\ln 2 - \ln\left(1+x^2\right)}{\dfrac{\pi}{4} - \arctan x} \geqslant 1$, 这是错误的, 其错误

的原因在于等号不能直接得出, 因为 $\dfrac{1}{2} < x < \xi < 1$, 这里没有等号, 因此必

须单独验证.

第4章

一元函数的积分

定积分起源于几何图形面积的计算等实际问题,它深刻地体现着"化整为零、局部以直代曲、聚零为整"的微积分思想,并且可以由微积分基本公式(牛顿－莱布尼茨公式)与不定积分紧密地联系起来.不定积分是微分(求导)的逆过程,是微积分理论的基础.事实上,微分与积分正是在相互对立的矛盾中统一成为完美的微积分学理论.

4.1　一元函数积分有关问题解法

4.1.1　定积分的基本概念

不定积分为微分法逆运算的一个侧面,本章将要介绍的定积分则为其另一个侧面.定积分起源于图形的面积和体积等实际问题.定积分是一种应用范围十分广泛的积分形式,在这里,我们通过如下实例来引入定积分的概念.

在物理学上,我们常常遇到类似这样,求变速直线运动的路程的问题.设物体作变速直线运动,已知速度 $v = v(t)$,求由时刻 $t = T_1$ 到时刻 $t = T_2$ 所走的路程 s.

若物体为匀速运动,即 $v(t) =$ 常数,从而有

$$路程 = 速度 \times 时间$$

由于现在物体作变速直线运动, $v(t)$ 随时间 t 变化,所以在很短一段时间内,变速运动可以近似地看成匀速运动.那么现在我们把区间 $[T_1, T_2]$ 分成若干个小的时间间隔区间,则在每个小段时间内,用匀速运动下的路程计算公式来求路程的近似值,把这些近似值加起来,从而得到了路程 s 的近似值,最后采用取极限的方法可求出路程 s 的精确值.

首先用点

$$T_1 = t_0 < t_1 < t_2 < \cdots < t_{n-1} < t_n = T_2$$

区间 $[T_1, T_2]$ 分为 n 个子区间 $[t_{i-1}, t_i](i = 1, 2, \cdots, n)$;记作

$$\Delta t_i = t_i - t_{i-1}$$

相应地,路程 s 也分为 n 段小路程 $\Delta s_i (i = 1, 2, \cdots, n)$,从而有

$$s = \Delta s_1 + \Delta s_2 + \cdots + \Delta s_n = \sum_{i=1}^{n} \Delta s_i$$

在时间间隔 $[t_{i-1}, t_i]$ 上任取一个时刻 τ_i $(t_{i-1} < \tau_i < t_i)$ $(i = 1, 2, \cdots, n)$ ，则有

$$\Delta s_i \approx \upsilon(\tau_i)\Delta t_i \quad (\ i = 1, 2, 3, \cdots, n\ )$$

把每段路程的近似值加起来，则可得到区间 $[T_1, T_2]$ 内所走的路程 s 的近似值，即

$$s \approx \sum_{i=1}^{n} \upsilon(\tau_i)\Delta t_i$$

记 $\lambda = \max\{\Delta t_1, \Delta t_2, \cdots, \Delta t_n\}$ ，当 $\lambda \to 0$ 时，上述和式如果有极限，此极限则可规定为变速直线运动所走的路程 s 的精确值

$$s = \lim_{\lambda \to 0} \sum_{i=1}^{n} \upsilon(\tau_i)\Delta t_i$$

在几何学上，我们常常遇到类似这样求曲边梯形面积的问题．设函数 $y = f(x)$ 在区间 $[a, b]$ 上非负、连续．例如，由直线 $x = a$ 、$x = b$ 、$y = 0$ 及曲线 $y = f(x)$ 所围成的图形称为曲边梯形，其中曲线弧称为曲边．

因为任何一个曲边形总可以分割成多个曲边梯形来考虑，所以，求曲边梯形面积的问题则转化为求曲边梯形面积的问题．

那么如何求曲边梯形的面积？

因为矩形的高不变，它的面积可按公式

$$矩形面积 = 高 \times 底$$

来定义并计算．由于曲边梯形在底边上的各点处的高 $f(x)$ 在区间 $[a, b]$ 上是变动的，所以其面积不能直接按上述公式来定义计算．但是，因为曲边梯形的高 $f(x)$ 在区间 $[a, b]$ 上为连续变化的，在很小的一段区间上它的变化非常小，可以近似不变．那么，若把区间 $[a, b]$ 划分为许多小区间，且在每小区间上用其中某一点处的高来近似代替同一个小区间上的窄曲边梯形的变高，因此，每个窄曲边梯形则可以近似地看成这样得到的窄矩形．当把区间 $[a, b]$ 无限细分下去，使得每一个小区间的长度趋于 0 时，则此时所有窄矩形面积之和的极限可定义为曲边梯形的面积．该定义同时也给出了计算曲边梯形面积的方法：

在区间 $[a,b]$ 中任意插入若干个分点

$$a = x_0 < x_1 < x_2 < \cdots < x_{n-1} < x_n = b$$

从而把区间 $[a,b]$ 分成 n 个小区间

$$[x_0, x_1], [x_1, x_2], \cdots, [x_{n-1}, x_n]$$

它们的长度分别为

$$\Delta x_1 = x_1 - x_0, \Delta x_2 = x_2 - x_1, \cdots, \Delta x_n = x_n - x_{n-1}$$

经过每一个分点作平行于 y 轴的直线段,把曲边梯形分成 n 个窄曲边梯形. 在每个小区间 $[x_{i-1}, x_i]$ 上任取一点 ξ_i ,以 $[x_{i-1}, x_i]$ 为底、$f(\xi_i)$ 为高的窄矩形近似代替第 i 个窄曲边梯形 $(i = 1, 2, 3, \cdots, n)$,从而把这样得到的 n 个窄矩形面积之和作为所求曲边梯形面积 A 的近似值,则有

$$A \approx f(\xi_1)\Delta x_1 + f(\xi_2)\Delta x_2 + \cdots + f(\xi_n)\Delta x_n = \sum_{i=1}^{n} f(\xi_i)\Delta x_i$$

为了确保所有小区间的长度都趋于 0 ,要求小区间长度中的最大值趋于 0 ,记作

$$\lambda = \max\{\Delta x_1, \Delta x_2, \cdots, \Delta x_n\}$$

则上述条件可表示为 $\lambda \to 0$. 当 $\lambda \to 0$ 时,此时小区间的个数 n 将无限增多,即有 $n \to \infty$,取上式和的极限,从而可得曲边梯形的面积为

$$A = \lim_{\lambda \to 0} \sum_{i=1}^{n} f(\xi_i)\Delta x_i$$

从上述两个引例我们可以看到,无论是求曲边梯形的面积问题,还是求变速直线运动的路程问题,虽然实际背景完全不同,但是通过"分割、求和、取极限"均可转换为形如

$$\sum_{i=1}^{n} f(\xi_i)\Delta x_i$$

的和式的极限问题. 我们则可以抽象出定积分的定义.

定义 4.1.1 设函数 $f(x)$ 在区间 $[a,b]$ 上有定义,用分点

$$a = x_0 < x_1 < x_2 < \cdots < x_{n-1} < x_n = b$$

把区间 $[a,b]$ 分成 n 个小区间

$$[x_0,x_1],[x_1,x_2],\cdots,[x_{n-1},x_n]$$

各个小区间的长度依次为

$$\Delta x_1 = x_1 - x_0, \Delta x_2 = x_2 - x_1, \cdots, \Delta x_n = x_n - x_{n-1}$$

在每个小区间 $[x_{i-1},x_i]$ 上任取一点 ξ_i $(x_{i-1} \leqslant \zeta_i \leqslant x_i)$，作函数值 $f(\xi_i)$ 与小区间长度 Δx_i 的乘积 $f(\xi_i)\Delta x_i (i=1,2,\cdots,n)$，并且作和式

$$S_n = \sum_{i=1}^{n} f(\xi_i)\Delta x_i$$

记 $\lambda = \max\{\Delta x_1, \Delta x_2, \cdots, \Delta x_n\}$，若不论对区间 $[a,b]$ 采取怎样的分法，也不论在小区间 $[x_{i-1},x_i]$ 上点 ξ_i 采取怎样的取法，只要当 $\lambda \to 0$ 时，和 S_n 总是趋于确定的极限 I，则称该极限 I 为函数 $f(x)$ 在区间 $[a,b]$ 上的定积分，记作

$$\int_a^b f(x)\mathrm{d}x = I = \lim_{\lambda \to 0} \sum_{i=1}^{n} f(\xi_i)\Delta x_i$$

其中，$f(x)$ 叫作被积函数，$f(x)\mathrm{d}x$ 叫作被积表达式，x 叫作积分变量，$[a,b]$ 叫作积分区间，a 叫作积分的下限，b 叫作积分的上限.

接下来，我们从定积分的概念出发说明定积分的几何意义.

（1）在区间 $[a,b]$ 上 $f(x) \geqslant 0$ 时定积分在几何上表示以函数的图形为曲边的一个曲边梯形的面积，如图 4-1 所示.

$$\int_a^b f(x)\mathrm{d}x = \lim_{\lambda \to 0} \sum_{i=1}^{n} f(\xi_i) \cdot \Delta x_i = A$$

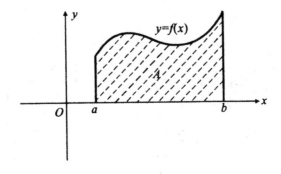

图 4-1

（2）若在区间 $[a,b]$ 上 $f(x) \le 0$ 时如图 4-2 所示，则 $f(x)$ 在区间 $[a,b]$ 上的定积分为

$$\int_a^b f(x)\mathrm{d}x = \lim_{\lambda \to 0} \sum_{i=1}^n f(\xi_i) \cdot \Delta x_i$$

因为 $\Delta x_i > 0$ 而 $f(\xi_i) \le 0$，所以 $f(\xi_i) \cdot \Delta x_i \le 0$.
因此

$$\int_a^b f(x)\mathrm{d}x = -\lim_{\lambda \to 0} \sum_{i=1}^n (-f(\xi_i))\Delta x_i = -A$$

即 $\int_a^b f(x)\mathrm{d}x$ 的值为曲边梯形的面积的相反数.

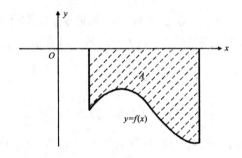

图 4-2

（3）若函数 $f(x)$ 在区间 $[a,b]$ 上即可取正值也可取负值，如图 4-3 所示，那么定积分 $\int_a^b f(x)\mathrm{d}x$ 在几何上表示介于曲线 $y=f(x)$ 直线 $x=a, x=b, y=0$ 之间的各个部分面积的代数和

$$\int_a^b f(x)\mathrm{d}x = A_1 - A_2 + A_3 - A_4$$

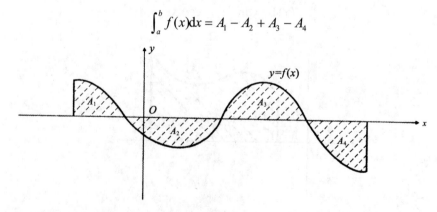

图 4-3

最后,我们就一般情形来讨论定积分的近似计算问题.

若函数 $f(x)$ 在区间 $[a,b]$ 上连续,那么定积分 $\int_a^b f(x)\mathrm{d}x$ 存在.采取把区间 $[a,b]$ 等分的方法,即将区间 $[a,b]$ 分成 n 个长度相等的小区间

$$a = x_0 < x_1 < x_2 < \cdots < x_{n-1} < x_n = b$$

且每个小区间 $[x_{i-1}, x_i]$ $(i=1,2,3,\cdots,n)$ 的长度均为

$$\Delta x = \frac{b-a}{n}$$

任取 $\xi_i \in [x_{i-1}, x_i]$,从而有

$$\int_a^b f(x)\mathrm{d}x = \lim_{n \to \infty} \frac{b-a}{n} \sum_{i=1}^n f(\xi_i)$$

则对于任一确定的自然数 n,有

$$\int_a^b f(x)\mathrm{d}x \approx \frac{b-a}{n} \sum_{i=1}^n f(\xi_i) \tag{4-1-1}$$

在式(4-1-1)中,若取 $\xi_i = x_{i-1}$,可得

$$\int_a^b f(x)\mathrm{d}x \approx \frac{b-a}{n} \sum_{i=1}^n f(x_{i-1})$$

记作 $f(x_i) = y_i (i=0,1,2,\cdots,n)$,那么上式可记作

$$\int_a^b f(x)\mathrm{d}x \approx \frac{b-a}{n}(y_0 + y_1 + y_2 + \cdots + y_{n-1}) \tag{4-1-2}$$

在式(4-1-1)中,若取 $\xi_i = x_i$,从而可得近似公式

$$\int_a^b f(x)\mathrm{d}x \approx \frac{b-a}{n}(y_1 + y_2 + \cdots + y_{n-1}) \tag{4-1-3}$$

以上求定积分近似值的方法称为矩形法,式(4-1-2)称为左矩形公式,式(4-1-3)称为右矩形公式.

矩形法的几何意义:用窄条矩形的面积作为窄条曲边梯形面积的近似值.整体上用台阶形的面积作为曲边梯形面积的近似值.

定积分的近似计算法很多,如梯形法和抛物线法,这里我们不再作介绍.

例 4.1.1　用矩形法计算定积分 $\int_0^1 \mathrm{e}^{-x^2}\mathrm{d}x$ 的近似值.

解：把区间十等分，设分点为 $x_i(i=0,1,2,\cdots,10)$，并且设相应的函数值为

$$y_i = \mathrm{e}^{-x_i^2} \ (i=0,1,\cdots,10)$$

列表如表 4-1 所示.

表 4-1

i	0	1	2	3	4	5
x_i	0	0.1	0.2	0.3	0.4	0.5
y_i	1.000 00	0.990 05	0.960 79	0.913 93	0.852 14	0.778 80
i	6	7	8	9	10	
x_i	0.6	0.7	0.8	0.9	1	
y_i	0.697 68	0.612 63	0.527 29	0.444 86	0.367 88	

利用左矩形公式可得

$$\int_0^1 \mathrm{e}^{-x^2}\mathrm{d}x \approx (y_0 + y_1 + \cdots + y_9) \times \frac{1-0}{10} \approx 0.777\,82$$

利用右矩形公式可得

$$\int_0^1 \mathrm{e}^{-x^2}\mathrm{d}x \approx (y_1 + y_2 + \cdots + y_{10}) \times \frac{1-0}{10} \approx 0.714\,61$$

4.1.2　定积分的性质

性质 4.1.1　函数的和（差）的定积分等于它们的定积分的和（差），即

$$\int_a^b [f(x) \pm g(x)]\mathrm{d}x = \int_a^b f(x)\mathrm{d}x \pm \int_a^b g(x)\mathrm{d}x$$

性质 4.1.2　被积函数中的常数因子可以提到积分号外面，即

$$\int_a^b kf(x)\mathrm{d}x = k\int_a^b f(x)\mathrm{d}x \ (k \text{ 是常数})$$

性质 4.1.3（线性）　设 k、l 是常数，则

$$\int_a^b [kf(x) \pm lg(x)]\mathrm{d}x = k\int_a^b f(x)\mathrm{d}x \pm l\int_a^b g(x)\mathrm{d}x$$

证明：由定积分定义和极限的线性有

$$\int_a^b \left(kf(x) \pm \lg(x)\right)\mathrm{d}x = \lim_{\lambda \to 0} \sum_{i=1}^n \left(kf(\xi_i) \pm \lg(\xi_i)\right)\Delta x_i$$

$$= k \lim_{\lambda \to 0} \sum_{i=1}^n f(\xi_i)\Delta x_i \pm l \lim_{\lambda \to 0} \sum_{i=1}^n g(\xi_i)\Delta x_i$$

$$= k \int_a^b f(x)\mathrm{d}x \pm l \int_a^b g(x)\mathrm{d}x$$

性质 4.1.4（可加性） 若将区间 $[a,b]$ 分成两部分 $[a,c]$ 和 $[c,b]$，那么

$$\int_a^b f(x)\mathrm{d}x = \int_a^c f(x)\mathrm{d}x + \int_c^b f(x)\mathrm{d}x$$

如图 4-4 所示，定积分对于积分区间具有可见性．如果 $f(x)$ 非负，那么积分的几何意义为：曲边梯形面积等于 $A_1 + A_2$（图 4-4）．

对于分段函数的定积分，通常将分段点作为积分区间的分点．

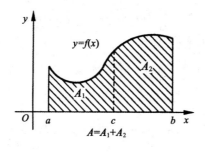

图 4-4

性质 4.1.5 若在 $[a,b]$ 上，$f(x) \equiv 1$，那么

$$\int_a^b f(x)\mathrm{d}x = \int_a^b 1\mathrm{d}x = b - a$$

性质 4.1.6（保号性） 在 $[a,b]$ 上，$f(x) \geqslant 0$，那么

$$\int_a^b f(x)\mathrm{d}x \geqslant 0$$

证明：因 $f(x) \geqslant 0$，故 $f(\xi_i) \leqslant 0$（$1 \leqslant i \leqslant n$），而当 $a \leqslant b$ 时 $\Delta x_i \geqslant 0$，所以有 $\sum_{i=1}^n f(\xi_i)\Delta x_i \geqslant 0$．由极限的保号性得

$$\int_a^b f(x)\mathrm{d}x = \lim_{\lambda \to 0} \sum_{i=1}^n f(\xi_i)\Delta x_i \geqslant 0$$

性质 4.1.7 若在 $[a,b]$ 上，$f(x) \leqslant g(x)$，那么

$$\int_a^b f(x)\mathrm{d}x \le \int_a^b g(x)\mathrm{d}x$$

证明：记 $h(x) = f(x) - g(x)$，则在 $[a,b]$ 上 $h(x) \le 0$. 由性质 4.1.3 和性质 4.1.6 可知

$$\int_a^b h(x)\mathrm{d}x = \int_a^b f(x)\mathrm{d}x - \int_a^b g(x)\mathrm{d}x \le 0$$

性质 4.1.8 设在 $[a,b]$，$A \le f(x) \le B$，则

$$A(b-a) \le f(x) \le B(b-a)$$

性质 4.1.9 $\left|\int_a^b f(x)\mathrm{d}x\right| \le \int_a^b |f(x)|\mathrm{d}x$（$a<b$）.

性质 4.1.10 若 $f(x)$ 在区间 $[a,b]$ 上连续，则在该区间上至少存在一点 ξ，使得

$$\int_a^b f(x)\mathrm{d}x = f(\xi)(b-a)$$

这个公式叫作积分中值公式.

证明：因为 $f(x)$ 在区间 $[a,b]$ 上连续，所以 $f(x)$ 在 $[a,b]$ 上一定存在最大值 M 和最小值 m，根据定积分的性质可得

$$m(b-a) \le \int_a^b f(x)\mathrm{d}x \le M(b-a)$$

因为 $b-a>0$，则有

$$m \le \frac{1}{b-a}\int_a^b f(x)\mathrm{d}x \le M$$

根据闭区间上连续函数的介值定理可知，至少存在一点 $\xi \in [a,b]$，使得

$$f(\xi) = \frac{1}{b-a}\int_a^b f(x)\mathrm{d}x$$

即

$$\int_a^b f(x)\mathrm{d}x = f(\xi)(b-a)$$

积分中值公式的几何意义：在区间 $[a,b]$ 上至少存在一点 ξ，使得以区间 $[a,b]$ 为底边、以曲线 $y = f(x)$ 为曲边的曲边梯形的面积等于同一底边而高为 $f(\xi)$ 的一个矩形的面积.

按积分中值公式所得

$$f(\xi) = \frac{1}{b-a} \int_a^b f(x) \mathrm{d}x$$

称为函数 $f(x)$ 在区间 $[a,b]$ 上的平均值. $f(\xi)$ 可看作图中曲边梯形的平均高度. 又如物体以速度 $\upsilon(t)$ 做直线运动,在时间区间 $[T_1, T_2]$ 上经过的路程为

$$\int_{T_1}^{T_2} \upsilon(t) \mathrm{d}t$$

所以

$$\upsilon(\xi) = \frac{1}{T_2 - T_1} \int_{T_1}^{T_2} \upsilon(t) \mathrm{d}t \quad \xi \in [T_1, T_2]$$

便是运动物体在 $[T_1, T_2]$ 这段时间内的平均速度.

若在区间 $[a,b]$ 上, $f(x) \equiv 1$,则有

$$\int_a^b f(x) \mathrm{d}x = (b-a)$$

例 4.1.2 试估计定积分 $\int_{\frac{1}{\sqrt{3}}}^{\sqrt{3}} x \arctan x \mathrm{d}x$ 的值.

解:先求出被积函数的最大值 M 和最小值 m,因为在 $\left[\frac{1}{\sqrt{3}}, \sqrt{3}\right]$ 上,

函数 $f(x) = x \arctan x$ 的导数

$$f'(x) = \arctan x + \frac{x}{1+x^2} > 0$$

所以 $f(x)$ 在 $\left[\frac{1}{\sqrt{3}}, \sqrt{3}\right]$ 上单调递增,那么最大值

$$M = f(\sqrt{3}) = \sqrt{3} \arctan \sqrt{3} = \sqrt{3} \frac{\pi}{3} = \frac{\sqrt{3}\pi}{3}$$

最小值

$$m = f(\frac{1}{\sqrt{3}}) = \frac{1}{\sqrt{3}} \arctan \frac{1}{\sqrt{3}} = \frac{1}{\sqrt{3}} \frac{\pi}{6} = \frac{\sqrt{3}\pi}{18}$$

则可得

$$\frac{\sqrt{3}\pi}{18}\left(\frac{1}{\sqrt{3}} - \sqrt{3}\right) \leqslant \int_{\frac{1}{\sqrt{3}}}^{\sqrt{3}} x \arctan x \mathrm{d}x \leqslant \frac{\sqrt{3}\pi}{3}\left(\frac{1}{\sqrt{3}} - \sqrt{3}\right)$$

即

$$\frac{\pi}{9} \leqslant \int_{\frac{1}{\sqrt{3}}}^{\sqrt{3}} x \arctan x \mathrm{d}x \leqslant \frac{2\pi}{3}$$

例 4.1.3 估计积分 $\int_0^\pi (1+\sqrt{\sin x})\mathrm{d}x$ 的值.

解： 因为

$$0 \leqslant \sqrt{\sin x} \leqslant 1$$

故

$$1 \leqslant 1 + \sqrt{\sin x} \leqslant 2$$

所以有

$$\pi = \int_0^\pi 1\mathrm{d}x \leqslant \int_0^\pi (1+\sqrt{\sin x})\mathrm{d}x \leqslant \int_0^\pi 2\mathrm{d}x = 2\pi$$

例 4.1.4 设 $f(x)$ 在 $\left[\dfrac{1}{\sqrt{3}},\sqrt{3}\right]$ 上可微，且满足 $f(1)=2\int_0^{\frac{1}{2}} xf(x)\mathrm{d}x$，证明：存在 $\xi \in (0,1)$，使得 $f(\xi) + \xi f'(\xi) = 0$.

证明： 令 $F(x)=xf(x)$，$x \in (0,1)$，根据积分中值定理可得，存在 $\eta \in \left[0,\dfrac{1}{2}\right]$，使得

$$2\int_0^{\frac{1}{2}} xf(x)\mathrm{d}x = 2\times\frac{1}{2}\eta f(\eta) = \eta f(\eta) = F(\eta)$$

所以 $F(1) = f(1) = F(\eta)$，再根据罗尔定理可知，存在 $\xi \in (\eta,1) \subset (0,1)$，使得 $F'(\xi) = 0$，即

$$f(\xi) + \xi f'(\xi) = 0$$

4.1.3 利用定积分定义求极限

用定积分定义求一类数列和的极限；其特征是"无限个无穷小"之"和"，而将其化为定积分的关键是要根据所给条件建立适当和式及确定被积函数和积分区间.

例 4.1.5 求极限 $\lim\limits_{n\to\infty} \dfrac{1}{n}\left(\sin\dfrac{\pi}{n} + \sin\dfrac{2\pi}{n} + \cdots + \sin\dfrac{n-1}{n}\pi\right)$.

解法 1: 原式 $= \lim\limits_{n\to\infty} \dfrac{1}{n} \sum\limits_{i=1}^{n} \sin\dfrac{i\pi}{n} = \int_0^1 \sin\pi x \mathrm{d}x = -\dfrac{1}{\pi}\cos\pi x \Big|_0^1 = \dfrac{2}{\pi}$

解法 2: 原式 $= \dfrac{1}{\pi}\lim\limits_{n\to\infty} \dfrac{\pi}{n} \sum\limits_{i=1}^{n} \sin\dfrac{i\pi}{n} = \dfrac{1}{\pi}\int_0^\pi \sin x \mathrm{d}x = -\dfrac{1}{\pi}\cos x \Big|_0^\pi = \dfrac{2}{\pi}$

注意:（1）从上面两种解法中可看到,当使用的和式不一样时,其所对应的积分区间也有所不同. 在作此类题目时要仔细分析,区别清楚.

（2）也可反过来作,将 $[0,1]$ 区间 n 等分,则由定积分定义

$$\int_0^1 \sin\pi x \mathrm{d}x = \lim_{n\to\infty}\dfrac{1}{n}\sum_{i=1}^{n}\sin\dfrac{i\pi}{n}$$

4.1.4 作单项选择题的方法

选择题从难度上讲比其他类型题目有所降低,但知识覆盖面广,要求解题熟练、准确、灵活、快速. 单项选择题的特点是有且只有一个答案是正确的. 因此可充分利用题目提供的信息,排除迷惑项的干扰,正确、合理、迅速地从中选出正确项. 选择题中的错误项具有两重性,既有干扰的一面,也有可利用的一面,只有通过认真的观察、分析和思考,才能揭露其潜在的暗示作用,从而从反面提供信息,迅速作出判断.

解选择题常见的方法有直接解答法、逻辑排除法、数形结合法、赋值验证法、估计判断法等,方法很多,因人因题而异. 要学会灵活运用所学知识及一定的方法技巧,分门别类,以尽快找出答案.

例 4.1.6 设 $I_1 = \int_{\frac{\pi}{4}}^{\frac{\pi}{3}} \ln(\sin x)\mathrm{d}x$, $I_2 = \int_{\frac{\pi}{4}}^{\frac{\pi}{3}} \ln(\cos x)\mathrm{d}x$,则有（　）.

（A）$I_2 < I_1 < 0$; 　　　　（B）$I_1 < I_2 < 0$;

（C）$0 < I_1 < I_2$; 　　　　（D）$0 < I_2 < I_1$.

解: 因为当 $\dfrac{\pi}{4} < x \leqslant \dfrac{\pi}{3}$ 时, 有 $0 < \cos x < \sin x < 1$, 故 $\ln(\cos x) < \ln(\sin x) < 0$, 它们在对应区间上的积分值也有同样的排序,故选（A）.

4.2 变限定积分有关问题解法

4.2.1 变限积分相关的问题总结

设函数 $f(x)$ 在闭区间 $[a,b]$ 上可积. 如果 $\forall x \in [a,b]$, 积分 $\int_a^x f(t)\mathrm{d}t$ 存在, 则 $F(x) = \int_a^x f(t)\mathrm{d}t$ 也是 $[a,b]$ 上的一个函数, 称为积分上限的函数; 如果 $\forall x \in [a,b]$, 积分 $\int_x^b f(t)\mathrm{d}t$ 存在, 则 $H(x) = \int_x^b f(t)\mathrm{d}t$ 也是 $[a,b]$ 上的一个函数, 称为积分下限的函数; 如果函数 $\varphi(x)$ 与 $\psi(x)$ 均在 $[a,b]$ 上有意义, 且 $\forall x \in [a,b]$, 积分 $\int_{\psi(x)}^{\varphi(x)} f(t)\mathrm{d}t$ 存在, 则 $G(x) = \int_{\psi(x)}^{\varphi(x)} f(t)\mathrm{d}t$ 也是 $[a,b]$ 上的一个函数, 称为积分上限和下限的函数. 这三类函数统称为变限积分函数.

变限积分函数既然是一种函数, 就可以将其看为一个普通函数, 讨论它的各种性质, 如奇偶性、单调性、周期性、连续性、可导性等性质, 还可以讨论其运算如求其极限、导数、积分等, 有时还会研究其极值与最值问题. 在进行运算时, 由于变限积分函数毕竟是一种特殊的函数形式, 在求解含变限积分函数的有关问题时, 要充分利用它的独特性.

4.2.2 典型例题和解题方法

例 4.2.1 设 $\begin{cases} x = \int_0^{t^2} \sin u^2 \mathrm{d}u \\ y = \cos t^4 \end{cases}$, 求 $\dfrac{\mathrm{d}^2 y}{\mathrm{d}x^2}$.

解: 因 $\dfrac{\mathrm{d}x}{\mathrm{d}t} = \sin(t^4) \cdot 2t$, $\dfrac{\mathrm{d}y}{\mathrm{d}t} = -\sin(t^4) \cdot 4t^3$,

故 $\dfrac{\mathrm{d}y}{\mathrm{d}x} = \dfrac{\dfrac{\mathrm{d}y}{\mathrm{d}t}}{\dfrac{\mathrm{d}x}{\mathrm{d}t}} = -\dfrac{4t^3 \sin t^4}{2t \sin t^4} = -2t^2$ ，进一步可得

$$\frac{\mathrm{d}^2 y}{\mathrm{d}x^2} = \frac{\left(y_x'\right)_t'}{x_t'} = \frac{\left(-2t^2\right)_t'}{2t \sin^4 t} = \frac{-4t}{2t \sin^4 t} = -\frac{2}{\sin^4 t}$$

注意：对于被积函数不含参变量（求导变量）的变限积分函数 $\int_{\psi(x)}^{\varphi(x)} f(t)\mathrm{d}t$ ，如果函数 $f(x)$ 连续， $\varphi(x),\psi(x)$ 均可导，则根据复合函数的求导法则可得 $\dfrac{\mathrm{d}}{\mathrm{d}x}\left[\int_{\psi(x)}^{\varphi(x)} f(t)\mathrm{d}t\right] = f\left[\varphi(x)\right]\varphi'(x) - f\left[\psi(x)\right]\psi'(x)$.

例 4.2.2 设 $f(x)$ 具有导数，证明 $\dfrac{\mathrm{d}}{\mathrm{d}x}\int_a^x (x-t)f'(t)\mathrm{d}t = f(x) - f(a)$.

证明：因为 $\int_a^x (x-t)f'(t)\mathrm{d}t = \int_a^x xf'(t)\mathrm{d}t - \int_a^x tf'(t)\mathrm{d}t$ ，在右端第一个积分中，由于积分变量为 t ，变量 x 与积分变量无关，可视为常量，故可把 x 提到积分号外，即 $\int_a^x (x-t)f'(t)\mathrm{d}t = x\int_a^x f'(t)\mathrm{d}t - \int_a^x tf'(t)\mathrm{d}t$. 然后，直接利用乘法的求导公式求其导数得到

$$\frac{\mathrm{d}}{\mathrm{d}x}\int_a^x (x-t)f'(t)\mathrm{d}t = \int_a^x f'(t)\mathrm{d}t + xf'(x) - xf'(x) = \int_a^x f'(t)\mathrm{d}t = f(x) - f(a)$$

例 4.2.3 设函数 $f(x)$ 连续， $\varphi(x) = \int_0^1 f(xt)\mathrm{d}t$ ，且 $\lim\limits_{x\to 0} \dfrac{f(x)}{x} = A$（ A 为常数），求 $\varphi'(x)$ 并讨论其在点 $x=0$ 处的连续性.

解：由 $\lim\limits_{x\to 0} \dfrac{f(x)}{x} = A$ 可推导出重要隐含条件 $f(0) = 0$ ， $f'(0) = A$ ，此外还可导出 $\varphi(0) = \int_0^1 f(0)\mathrm{d}t = 0$. 令 $u = xt$ ，则 $\varphi(x) = \dfrac{\int_0^x f(u)\mathrm{d}u}{x}$（ $x \neq 0$ ），且有 $\varphi'(x) = \dfrac{xf(x) - \int_0^x f(u)\mathrm{d}u}{x^2}$（ $x \neq 0$ ）. 又由导数定义有

$$\varphi'(0) = \lim_{x\to 0} \frac{\varphi(x) - \varphi(0)}{x - 0} = \lim_{x\to 0} \frac{\varphi(x)}{x} = \lim_{x\to 0} \frac{\int_0^x f(u)\mathrm{d}u}{x^2} = \lim_{x\to 0} \frac{f(x)}{2x} = \frac{A}{2}$$

而

$$\lim_{x\to 0}\varphi'(x)=\lim_{x\to 0}\frac{xf(x)-\int_0^x f(u)\mathrm{d}u}{x^2}=\lim_{x\to 0}\frac{f(x)}{x}-\lim_{x\to 0}\frac{\int_0^x f(u)\mathrm{d}u}{x^2}=A-\frac{A}{2}=\frac{A}{2}=\varphi'(0)$$

故 $\varphi'(x)$ 在点 $x=0$ 处连续.

例 4.2.4 求定积分 $\int_0^1\left(\int_x^{\sqrt{x}}\frac{\sin y}{y}\mathrm{d}y\right)\mathrm{d}x$.

解：令 $g(x)=\int_x^{\sqrt{x}}\frac{\sin y}{y}\mathrm{d}y$ ，显然 $g(0)=g(1)=0$ ，且

$$\mathrm{d}g(x)=g'(x)\mathrm{d}x=\frac{\mathrm{d}}{\mathrm{d}x}\left(\int_x^{\sqrt{x}}\frac{\sin y}{y}\mathrm{d}y\right)\mathrm{d}x=\left(\frac{\sin\sqrt{x}}{2x}-\frac{\sin x}{x}\right)\mathrm{d}x$$

故而

$$\int_0^1\left(\int_x^{\sqrt{x}}\frac{\sin y}{y}\mathrm{d}y\right)\mathrm{d}x=\int_0^1 g(x)\mathrm{d}x=xg(x)\Big|_0^1-\int_0^1 x\mathrm{d}g(x)=-\int_0^1 x\mathrm{d}g(x)$$

$$=-\int_0^1 x\left(\frac{\sin\sqrt{x}}{2x}-\frac{\sin x}{x}\right)\mathrm{d}x=-\frac{1}{2}\int_0^1\sin\sqrt{x}\mathrm{d}x+\int_0^1\sin x\mathrm{d}x$$

令 $t=\sqrt{x}$ ，则 $\mathrm{d}x=2t\mathrm{d}t$. 再使用分部积分法得到

$$\int_0^1\sin\sqrt{x}\mathrm{d}x=2\int_0^1 t\sin t\mathrm{d}t=(-2t\cos t)\Big|_0^1+2\int_0^1\cos t\mathrm{d}t=2(\sin 1-\cos 1)$$

故而，$\int_0^1\left(\int_x^{\sqrt{x}}\frac{\sin y}{y}\mathrm{d}y\right)\mathrm{d}x=-\frac{1}{2}\cdot 2(\sin 1-\cos 1)+(1-\cos 1)=1-\sin 1$

4.3 定积分有关问题解法

4.3.1 利用定积分计算平面曲线的弧长

利用定积分，除了可以计算平面面积和立方体体积以外，还可以计算曲线弧的弧长.利用定积分计算平面曲线的弧长的常见情形有如下三种：

（1）设平面曲线的直角坐标方程为 $y=f(x)$ ，其中，$f(x)$ 在 (a,b) 上具有一阶连续导数，则曲线对应于 $x=a$ 与 $x=b$ 之间的弧长为

$$s = \int_a^b \sqrt{1 + \left[f'(x) \right]^2} \, \mathrm{d}x.$$

（2）设平面曲线的参数方程为 $\begin{cases} x = x(t) \\ y = y(t) \end{cases}$，其中，$x(t)$ 与 $y(t)$ 在区间 $[\alpha, \beta]$ 上具有连续导数，则此曲线对应于 $t = \alpha$ 与 $t = \beta$ 之间的弧长为

$$s = \int_\alpha^\beta \sqrt{\left[x'(t) \right]^2 + \left[y'(t) \right]^2} \, \mathrm{d}t.$$

（3）设平面曲线的极坐标方程为，$\rho = \rho(\theta)(a \leq \theta \leq \beta)$ 其中，$\rho(\theta)$ 在区间 $[a,b]$ 上具有连续导数，则对应于 $\theta = a$ 与 $\theta = \beta$ 之间的弧长为

$$s = \int_\alpha^\beta \sqrt{\left[\rho(\theta) \right]^2 + \left[\rho'(\theta) \right]^2} \, \mathrm{d}\theta.$$

例 4.3.1 求对数螺线 $r = \mathrm{e}^{a\theta} \ (a > 0)$ 自 $\theta = 0$ 到 $\theta = \varphi$ 的一段弧长.

解：此时弧微分为 $\mathrm{d}s = \sqrt{r^2(\theta) + \left[r'(\theta) \right]^2} \, \mathrm{d}\theta$，将 $r(\theta) = \mathrm{e}^{a\theta}$，$r'(\theta) = a\mathrm{e}^{a\theta}$ 代入弧微分公式可得

$$s = \int_0^\varphi \sqrt{r^2(\theta) + \left[r'(\theta) \right]^2} \, \mathrm{d}\theta = \int_0^\varphi \sqrt{\left(\mathrm{e}^{a\theta} \right)^2 + \left(a\mathrm{e}^{a\theta} \right)^2} \, \mathrm{d}\theta$$

$$= \int_0^\varphi \sqrt{1 + a^2} \, \mathrm{e}^{a\theta} \, \mathrm{d}\theta = \sqrt{1 + a^2} \cdot \frac{1}{a} \int_0^\varphi \mathrm{e}^{a\theta} \, \mathrm{d}(a\theta) = \frac{\sqrt{1 + a^2}}{a} \cdot \left(\mathrm{e}^{a\theta} - 1 \right)$$

注意：计算曲线的弧长时，主要是根据曲线的方程，选择相应的公式写出弧微分 $\mathrm{d}s$，继而求出弧长.

4.3.2 利用定积分计算平面图形的面积

根据定积分的几何意义可知，在直角坐标系下，由曲线 $y = f(x)(y \geq 0)$ 与直线 $x = a$、$x = b(a < b)$ 以及 x 轴所围成的曲边梯形的面积为 $A = \int_a^b f(x) \mathrm{d}x$；若不要求 $y \geq 0$，那么所围的面积为 $A = \int_a^b |f(x)| \mathrm{d}x$.一般地，如图 4-5（a）所示，由连续曲线 $y = f(x)$、$y = g(x)[g(x) \leq f(x)]$ 及直线 $x = a$、$x = b(a < b)$ 所围成的平面图形面积为 $A = \int_a^b [f(x) - g(x)] \mathrm{d}x$；如图 4-5（b）所示，由两条连续曲线 $x = \varphi(y)$、$x = \psi(y)[\psi(y) \leq \varphi(y)]$ 及直线

$y=c$、$y=d(c<d)$ 所围成的曲边梯形的面积为 $A=\int_c^d\left[\varphi(y)-\psi(y)\right]\mathrm{d}y$.

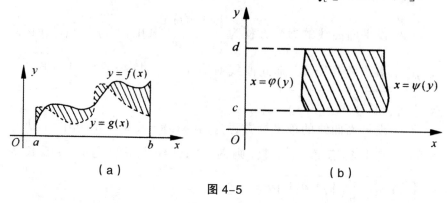

（a）　　　　　　　　　　　（b）

图 4-5

在极坐标系下，若函数 $r=r(\theta)$ 在区间 $[\alpha,\beta]$ 上连续，且 $r(\theta)\geqslant 0$，那么，要计算由曲线 $r=r(\theta)$ 与矢径 $\theta=\alpha$ 及 $\theta=\beta$ 所围成的图形（图 4-6）所示，则可取 θ 为积分变量，其变化区间是 $[\alpha,\beta]$．在 $[\alpha,\beta]$ 的任一小区间 $[\theta,\theta+\mathrm{d}\theta]$ 上，用半径为 $r=r(\theta)$、中心角为 $\mathrm{d}\theta$ 的圆扇形 OAB 去近似代替相应的窄曲边扇形 OAC，从而得到 $\Delta A\approx\dfrac{1}{2}r^2(\theta)\mathrm{d}\theta$，即曲边扇形的面积微元为 $\mathrm{d}A=\dfrac{1}{2}r^2(\theta)\mathrm{d}\theta$，于是，所求曲边扇形的面积为 $A=\dfrac{1}{2}\int_\alpha^\beta r^2(\theta)\mathrm{d}\theta$.

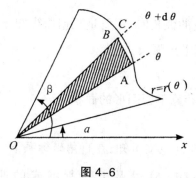

图 4-6

例 4.3.2　如图 4-7 所示，求心脏线 $\rho=a(1+\cos\varphi)$ 与圆 $\rho=a$ 所围成的图形的各部分的面积，即 A_1，A_2，A_3 的面积.

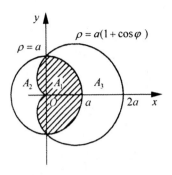

图 4-7

解：由图可知，A_1 部分既在圆内，又心脏线内，其面积为

$$S_{A_1} = 2 \int_{\frac{\pi}{2}}^{\pi} \frac{1}{2} \rho^2(\varphi) \mathrm{d}\varphi + \frac{\pi}{2} a^2 = a^2 \int_{\frac{\pi}{2}}^{\pi} (1 + \cos\varphi)^2 \mathrm{d}\varphi + \frac{\pi}{2} a^2$$

$$= \frac{\pi}{2} a^2 + a^2 \int_{\frac{\pi}{2}}^{\pi} \left[1 + 2\cos\varphi + \frac{1 + \cos 2\varphi}{2} \right] \mathrm{d}\varphi = \frac{\pi}{2} a^2 + a^2 \left(\frac{3}{2}\varphi + 2\sin\varphi + \frac{1}{4}\sin 2\varphi \right) \Big|_{\frac{\pi}{2}}^{\pi}$$

$$= \frac{\pi}{2} a^2 + a^2 \left(\frac{3}{4}\pi - 2 \right) = a^2 \left(\frac{5}{4}\pi - 2 \right)$$

A_2 部分是圆内且在心脏线外的部分，其面积即是圆面积与 A_1 部分面积之差，即

$$S_{A_2} = \pi a^2 - S_{A_1} = \pi a^2 - a^2 \left(\frac{5}{4}\pi - 2 \right) = a^2 \left(2 - \frac{\pi}{4} \right)$$

A_3 部分是圆外且在心脏线之内的部分，其面积为

$$S_{A_3} = 2 \int_0^{\frac{\pi}{2}} \frac{1}{2} \left[a^2 (1 + \cos\varphi)^2 - a^2 \right] \mathrm{d}\varphi = a^2 \int_0^{\frac{\pi}{2}} \left[1 + 2\cos\varphi + \cos^2\varphi - 1 \right] \mathrm{d}\varphi$$

$$= a^2 \int_0^{\frac{\pi}{2}} (2\cos\varphi + \cos^2\varphi) \mathrm{d}\varphi = a^2 \left(2 + \frac{\pi}{4} \right)$$

第 5 章

多元函数的微分

在很多实际问题中,客观事物的变化是受多方面因素制约的,反映在数学上则必须研究依赖多个自变量的函数,即多元函数。多元函数微分学是一元函数的微分学的推广,所以多元函数微分学与一元函数微分学有许多相似的地方,但也有许多不同的地方,在学习这部分内容时,应特别注意它们的不同之处。

5.1　多元函数的极限与连续问题解法

5.1.1　多元函数的极限问题解法

定义 5.1.1　设二元函数 $f(P)=f(x,y)$ 的定义域为 D，$P_0(x_0,y_0)$ 是 D 的聚点. 如果存在常数 A，对于任意给定的正数 ε，总存在正数 δ，使得当点 $P(x,y)\in D\cap \overset{\circ}{U}(P_0,\delta)$ 时，都有

$$|f(P)-A|=|f(x,y)-A|<\varepsilon$$

成立，那么就称常数 A 为函数 $f(x,y)$ 当 $(x,y)\to(x_0,y_0)$ 时的极限，记作

$$\lim_{(x,y)\to(x_0,y_0)}f(x,y)=A \text{ 或 } f(x,y)\to A\big((x,y)\to(x_0,y_0)\big)$$

也记作

$$\lim_{P\to P_0}f(P)=A \text{ 或 } f(P)\to A(P\to P_0)$$

定义 5.1.2　设 n 元函数 $u=f(P)$ 的定义域为 D，$P_0(x_1^0,x_2^0,\cdots,x_n^0)$ 是 D 的聚点. 如果对任意给定的正数 ε，总存在正数 δ，使得当点 $P(x_1,x_2,\cdots,x_n)\in D\cap \overset{\circ}{U}(P_0,\delta)$ 时，即当

$$0<|P-P_0|=\sqrt{\left(x_1-x_1^0\right)^2+\left(x_2-x_2^0\right)^2+\cdots+\left(x_n-x_n^0\right)^2}<\delta$$

时，总有 $|f(P)-A|<\delta$ 成立，则称常数 A 为函数 $u=f(P)$ 当 $P\to P_0$ 时的极限. 记作

$$\lim_{P\to P_0}f(P)=A \text{ 或 } f(P)\to A(P\to P_0)$$

多元函数的极限问题远比一元函数复杂，特别是求多元函数的多重极限问题更要当心. 若求二元函数 $f(x,y)$ 在点 (x_0,y_0) 处极限，则动点 $P(x,y)$ 可沿任意路线或方式趋于点 (x_0,y_0)，因而在计算二元函数极限时，不能限制动点 $P(x,y)$ 趋于 (x_0,y_0) 的方式. 只有动点以任何方式趋

于 (x_0, y_0) 时,函数 $f(x,y)$ 的极限值都存在且相等,才能断定 $f(x,y)$ 在点 (x_0, y_0) 存在极限.

但是通常计算多元函数的极限问题时,多用到某些技巧.请看以下例题.

例 5.1.1 求(1) $\lim\limits_{\substack{x\to+\infty\\y\to+\infty}}\left(\dfrac{xy}{x^2+y^2}\right)^x$;(2) $\lim\limits_{\substack{x\to0\\y\to0}}\dfrac{x^2y}{x^2+y^2}$.

解:(1)当 $x>0, y>0$ 时, $x^2+y^2\geq2xy>0$.故有 $0<\dfrac{xy}{x^2+y^2}\leq\dfrac{1}{2}$,且

$$0\leq\left(\frac{xy}{x^2+y^2}\right)^x\leq\left(\frac{1}{2}\right)^x$$

由于 $\lim\limits_{x\to+\infty}\left(\dfrac{1}{2}\right)^x=0$,故 $\lim\limits_{\substack{x\to+\infty\\y\to+\infty}}\left(\dfrac{xy}{x^2+y^2}\right)^x=0$.

(2)仿上有 $\left|\dfrac{xy}{x^2+y^2}\right|<\dfrac{1}{2}$,又 $\lim\limits_{(x,y)\to(0,0)}x=0$,故

$$\lim\limits_{\substack{x\to0\\y\to0}}\frac{x^2y}{x^2+y^2}=\lim\limits_{x\to0}\left(x\cdot\frac{xy}{x^2+y^2}\right)=0$$

有些时候我们还可实施坐标变换,特别是通过极坐标变换: $x=r\cos\theta, y=r\sin\theta$,通常可以把求 $(x,y)\to(0,0)$ 的二元函数极限问题化为求 $\rho\to0$ 极限问题.

例 5.1.2 求(1) $\lim\limits_{\substack{x\to0\\y\to0}}\dfrac{xy^2}{x^2+y^2+y^4}$;(2) $\lim\limits_{\substack{x\to0\\y\to0}}\left(x^2+y^2\right)^{x^2y^2}$.

解:(1)考虑极坐标变换 $x=r\cos\theta, y=r\sin\theta$,故这时 $(x,y)\to(0,0)$ 等价于 $r\to0$,又 $\left|\dfrac{xy^2}{x^2+y^2+y^4}\right|=\left|\dfrac{r^3\cos\theta\sin^2\theta}{r^2+r^4\sin^4\theta}\right|=r\left|\dfrac{\cos\theta\sin^2\theta}{1+r^2\sin^4\theta}\right|\leq r$,故

$$\lim\limits_{\substack{x\to0\\y\to0}}\frac{xy^2}{x^2+y^2+y^4}=\lim\limits_{r\to0}r\left(\frac{\cos\theta\sin^2\theta}{1+r^4\sin^4\theta}\right)=0$$

（2）仍用极坐标变换有

$$\left(x^2+y^2\right)^{x^2y^2}=\exp\left\{x^2y^2\ln\left(x^2+y^2\right)\right\}=\exp\left\{r^4\cos^2\theta\sin^2\theta\ln r^2\right\}$$

由 $\sin^2\theta\cos^2\theta$ 是有界量，又 $r\to0$ 时，$r^4\ln r^2\to0$，则

$$\lim_{\substack{x\to0\\y\to0}}\left(x^2+y^2\right)^{x^2y^2}=\lim_{r\to0}\exp\left\{r^4\cos^2\theta\sin^2\theta\ln r^2\right\}=\mathrm{e}^0=1$$

注：（2）还可由下面方法求解：

$$0<\left|xy\ln\left(x^2+y^2\right)\right|\leqslant\frac{1}{2}\left(x^2+y^2\right)\ln\left(x^2+y^2\right)$$

令 $x^2+y^2=0$，则 $(x,y)\to(0,0)$ 时，$\rho\to0^+$，又 $\lim_{\rho\to0^+}\rho\ln\rho=0$，亦可求得极限值.

5.1.2 多元函数连续性问题的解法

在多元函数极限的基础上，就不难说明多元函数的连续性了.

定义 5.1.3 设二元函数 $f(P)=f(x,y)$ 的定义域为 D，$P_0\left(x_0,y_0\right)$ 为 D 的聚点，且 $P_0\in D$. 如果

$$\lim_{(x,y)\to(x_0,y_0)}f(x,y)=f\left(x_0,y_0\right)$$

那么称函数 $f(x,y)$ 在点 $P_0\left(x_0,y_0\right)$ 连续.

设函数 $f(x,y)$ 在 D 上有定义，D 内的每一点都是函数定义域的聚点. 如果函数 $f(x,y)$ 在 D 的每一点都连续，那么就称函数 $f(x,y)$ 在 D 上连续，或者称 $f(x,y)$ 是 D 上的连续函数.

以上关于二元函数的连续性概念，可相应地推广到 n 元函数 $u=f(P)$ 上去.

定义 5.1.4 设 n 元函数 $u=f(P)$ 的定义域为 D，$P_0\in D$ 且 P_0 是 D 的聚点. 如果

$$\lim_{P\to P_0}f(P)=f\left(P_0\right)$$

则称函数 $u=f(P)$ 在点 P_0 连续. 如果函数 $u=f(P)$ 在 D 的每一点都连

续,那么就称函数 $u=f(P)$ 在 D 上连续,或者称 $u=f(P)$ 是 D 上的连续函数.

类似于一元函数,我们容易证明,多元基本初等函数都是在其各自定义域上的连续函数.

定义 5.1.5 设函数 $f(x,y)$ 的定义域为 D,$P_0(x_0,y_0)$ 是 D 的聚点.如果函数 $f(x,y)$ 在点 $P_0(x_0,y_0)$ 不连续,那么称 $P_0(x_0,y_0)$ 为函数 $f(x,y)$ 的间断点.

同理,若 n 元函数 $u=f(P)$ 的定义域 D 的聚点 P_0 使得该函数在 P_0 不连续,则称 P_0 为该函数的间断点.

根据定义,若 n 元函数 $u=f(P)$ 的定义域的聚点 P_0 是该函数的间断点,则必属于下列三种情形之一:

(1) $u=f(P)$ 在点 P_0 无定义.

(2) $u=f(P)$ 在点 P_0 有定义但极限 $\lim\limits_{P\to P_0} f(P)$ 不存在.

(3) $u=f(P)$ 在点 P_0 有定义且 $\lim\limits_{P\to P_0} f(P)$ 存在,但 $\lim\limits_{P\to P_0} f(P)=f(P_0)$.

定理 5.1.1 每一个多元初等函数在其定义区域内连续,特别在定义域的每个内点连续.所谓定义区域是指包含在定义域内的区域或闭区域.

有界闭区域上的多元连续函数也具有与闭区间上一元连续函数类似的性质,可以总结为如下几个重要的定理.

定理 5.1.2(有界性定理) 如果多元函数 $u=f(P)$ 在有界闭区域 D 上连续,则该函数在 D 上有界,即存在常数 $M>0$ 使得对于任意 $P\in D$,都有 $|f(P)|\le M$.

定理 5.1.3(最大值与最小值定理) 如果多元函数 $u=f(P)$ 在有界闭区域 D 上连续,则该函数在 D 上取得它的最大值和最小值,即存在 D 上的点 P_1 和 P_2,使得 $f(P_1)$ 和 $f(P_2)$ 分别为函数在 D 上的最大值和最小值.

定理 5.1.4(介值定理) 如果多元函数 $u=f(P)$ 在有界闭区域 D 上连续,则该函数在 D 上必取得介于最大值 M 和最小值 m 之间的任何值,即对于任何 $c\in[m,M]$,存在 $P_0\in D$ 使得 $f(P_0)=c$.

例 5.1.3 设函数 $f(x,y)$ 在 $(0,0)$ 处连续,且极限 $I = \lim\limits_{x \to 0} \dfrac{f(x,y)}{x^2 + y^2}$ 存在,试讨论函数 $f(x,y)$ 在 $(0,0)$ 处的可微性.

解: 由函数 $f(x,y)$ 在 $(0,0)$ 处连续及 I 为 $\dfrac{0}{0}$ 型极限,知 $f(0,0) = \lim\limits_{\substack{x \to 0 \\ y \to 0}} f(x,y) = 0$,而在 $(0,0)$ 处的偏导数为

$$f'_x(0,0) = \lim_{x \to 0} \frac{f(x,0) - f(0,0)}{x} = \lim_{x \to 0} \frac{f(x,0)}{x^2} \cdot x = 0$$

其中 $\lim\limits_{x \to 0} \dfrac{f(x,0)}{x^2} = \lim\limits_{\substack{x \to 0 \\ y=0}} \dfrac{f(x,y)}{x^2 + y^2} = I$ 存在. 同理 $f'_y(0,0) = 0$.

下面考虑可微性. 当 $x \to 0, y \to 0$ 时,有

$$\frac{\Delta f - \left[f'_x(0,0)x + f'_y(0,0)y \right]}{\rho} = \frac{f(x,y) - 0}{x^2 + y^2} \sqrt{x^2 + y^2} \to 0$$

故 $f(x,y)$ 在 $(0,0)$ 处可微.

注:判断二元函数 $z = f(x,y)$ 在点 (x_0, y_0) 的可微性,通常是先求出偏导数 $f'_x(x_0, y_0), f'_x(x_0, y_0)$,再判断极限,有

$$\lim_{\rho \to 0} \frac{\Delta z - \left[f'_x(x_0, y_0)\Delta x + f'_,(x_0, y_0)\Delta y \right]}{\rho}$$

(其中 $\rho = \sqrt{(x - x_0)^2 + (y - y_0)^2}$)是否为 0,从而得到函数在该点可微,或不可微.

例 5.1.4 设函数 $f(x,y) = |x - y| \varphi(x,y), \varphi(x,y)$ 在点 $(0,0)$ 的某邻域 $\mathsf{U}(0,0)$ 内连续,试讨论函数 $f(x,y)$ 在点 $(0,0)$ 处偏导存在性及可微性.

解: $\dfrac{f(\Delta x, 0) - f(0,0)}{\Delta x} = \dfrac{|\Delta x| \varphi(\Delta x, 0)}{\Delta x} \to \begin{cases} \varphi(0,0), \Delta x \to 0^+ \\ -\varphi(0,0), \Delta x \to 0^- \end{cases}$

同理

$$\frac{f(0, \Delta y) - f(0,0)}{\Delta y} \to \begin{cases} \varphi(0,0), \Delta y \to 0^+ \\ -\varphi(0,0), \Delta y \to 0^- \end{cases}$$

因此,当 $\varphi(0,0) \neq 0$ 时,$f(x,y)$ 在 $(0,0)$ 处偏导数均不存在,从而不可微.

当 $\varphi(0,0)=0$ 时, $f'_x(0,0)=f'_y(0,0)=0$.

$$\left| \frac{\Delta f - \left[f'_x(0,0)\Delta x + f'_y(0,0)\Delta y \right]}{\sqrt{(\Delta x)^2 + (\Delta y)^2}} \right| = \frac{\left| f(\Delta x, \Delta y) - f(0,0) \right|}{\sqrt{(\Delta x)^2 + (\Delta y)^2}}$$

$$\leqslant \frac{|\Delta x| + |\Delta y|}{\sqrt{(\Delta x)^2 + (\Delta y)^2}} \left| \varphi(\Delta x, \Delta y) \right|$$

$$\leqslant 2 \left| \varphi(\Delta x, \Delta y) \right| \to 0 \, (\, x \to 0 \, , \, y \to 0 \, 时\,)$$

故当 $\varphi(0,0)=0$ 时, $f(x,y)$ 在 $(0,0)$ 处可微.

5.2 多元函数的偏导数与全微分问题解法

5.2.1 多元函数的偏导数问题解法

下面我们以二元函数 $z = f(x,y)$ 为例给出偏导数的概念.

定义 5.2.1 设二元函数 $z = f(x,y)$ 在点 (x_0, y_0) 的某一邻域内有定义,固定 $y = y_0$,将 $f(x,y_0)$ 看作 x 的一元函数,并在 x_0 求导数,即求极限 $\lim\limits_{\Delta x \to 0} \dfrac{f(x_0 + \Delta x, y_0) - f(x_0, y_0)}{\Delta x}$.

如果这个导数存在,则称其为二元函数 $z = f(x,y)$ 在点 (x_0, y_0) 关于变元 x 的偏导数,记为 $\left. \dfrac{\partial z}{\partial x} \right|_{(x_0, y_0)}$ 或 $\left. \dfrac{\partial f}{\partial x} \right|_{\substack{x=x_0 \\ y=y_0}}$ 或 $f'_x(x_0, y_0)$.

同理,如果固定 $x = x_0$,极限 $\lim\limits_{\Delta y \to 0} \dfrac{f(x_0, y_0 + \Delta y) - f(x_0, y_0)}{\Delta y}$ 存在,则称此极限为函数 $f(x,y)$ 在 (x_0, y_0) 处关于 y 的偏导数,记为 $\dfrac{\partial f(x_0, y_0)}{\partial y}$,或 $\left. \dfrac{\partial f}{\partial y} \right|_{\substack{x=x_0 \\ y=y_0}}$,或 $f'_y(x_0, y_0)$.

如果 $z = f(x, y)$ 在区域 D 内每一点 (x, y) 都具有对 x 或 y 的偏导数，显然此偏导数是变量 x, y 的二元函数，称此二元函数为函数 $f(x, y)$ 在 D 内对 x 或 y 的偏导函数，简称偏导数，记为 $\dfrac{\partial f}{x}$，z_x，$f_x(x, \ y)$，$f'_x(x, y)$，$\dfrac{\partial f}{y}$，z_y，$f_y(x, \ y)$，$f'_y(x, \ y)$．

由偏导数的定义可知，求函数 $f(x, y)$ 的偏导数 $f'_x(x, y)$，就是在函数 $f(x, y)$ 中视 y 为常数，只对 x 求导数，即 $f_x(x, y) = \dfrac{\mathrm{d}}{\mathrm{d}x} f(x, y) \Big|_{y不变}$；同理，$f_y(x, y) = \dfrac{\mathrm{d}}{\mathrm{d}y} f(x, y) \Big|_{x不变}$．由此可知，求偏导数实际上是一元函数求导问题．

显然，函数 $f(x, y)$ 在 (x_0, y_0) 处的偏导数 $f_x(x_0, y_0)$ 与 $f_y(x_0, y_0)$ 为

$$f_x(x_0, y_0) = f_x(x, y)\Big|_{(x_0, y_0)} = f_x(x, y_0)\Big|_{x = x_0}$$

$$f_y(x_0, y_0) = f_y(x, y)\Big|_{(x_0, y_0)} = f_y(x, y_0)\Big|_{y = y_0}$$

偏导数的概念还可推广到二元以上的函数．例如，三元函数 $u = f(x, y, z)$ 在点 (x, y, z) 处对 x 的偏导数定义为

$$f_x(x, y, z) = \lim_{\Delta x \to 0} \frac{f(x_0 + \Delta x, y, z) - f(x, y, z)}{\Delta x}$$

其中，(x, y, z) 是函数 $u = f(x, y, z)$ 的定义域的内点．它们的求法也仍旧是一元函数的微分法问题．

定理 5.2.1　如果函数 $z = f(x, y)$ 的二阶混合偏导数 $\dfrac{\partial^2 z}{\partial x \partial y}$ 与 $\dfrac{\partial^2 z}{\partial y \partial x}$ 在区域 D 内连续，则它们在 D 内必相等，即 $\dfrac{\partial^2 z}{\partial x \partial y} = \dfrac{\partial^2 z}{\partial y \partial x}$．

5.2.1.1　复合函数的偏导数计算法

对一些具体函数的偏导数计算，只须根据公式按部就班考虑即可．但是这儿提醒大家注意下面三点．

（1）弄清函数的复合关系．

（2）对某个自变量求偏导，应注意须经过一切有关的中间变量而归

结到相应的自变量.

（3）计算复合函数的高阶偏导数,要注意:对一阶偏导数来说仍保持原来的复合关系.

例 5.2.1 已知 $F = f(x-y, y-z, t-z)$,求 $F'_x + F'_y + F'_z + F'_t$.

解:令 $u = x-y, v = y-z, w = t-z$,则 $F'_x = f'_u$, $F'_y = -f'_u + f'_v$, $F'_z = -f'_v - f'_w$, $F'_t = f'_w$,故 $F'_x + F'_y + F'_z + F'_t = 0$.

例 5.2.2 设 $x^2 = vw, y^2 = wu, z^2 = uv$ 及 $f(x,y,z) = F(u,v,w)$. 试证 $xf'_x + yf'_y + zf'_z = uF'_u + vF'_v + wF'_w$.

证明:由题设 $x^2 = vw, y^2 = wu, z^2 = uv$ 可有

$$u = \frac{yz}{x}, v = \frac{xz}{y}, w = \frac{xy}{z} \qquad (5\text{-}2\text{-}1)$$

或

$$u = -\frac{yz}{x}, v = -\frac{xz}{y}, w = -\frac{xy}{z} \qquad (5\text{-}2\text{-}2)$$

对于 f 求偏导且注意式 (5-2-1) 有

$$
\begin{aligned}
&xf'_x + yf'_y + zf'_z \\
&= x\left(F'_u u'_x + F'_v v'_x + F'_w w'_x\right) + y\left(F'_u u'_y + F'_v v'_y + F'_w w'_y\right) + z\left(F'_u u'_z + F'_v v'_z + F'_w w'_z\right) \\
&= \left[x\left(-\frac{yz}{x^2}\right) + y\frac{z}{x} + z\frac{y}{x}\right]F'_u + \left[x\frac{z}{y} + y\left(-\frac{xz}{y^2}\right) + z\frac{x}{y}\right]F'_v + \left[x\frac{z}{y} + y\frac{x}{z} + z\left(-\frac{xy}{z^2}\right)\right]F'_w \\
&= uF'_u + vF'_v + wF'_w
\end{aligned}
$$

类似地,对于依据式（5-2-2）亦有此结论.

5.2.1.2 隐函数的偏导数计算法

（1）对所给函数方程两边求导.

例 5.2.3 设 $z = z(x,y)$ 由关系式 $x^2 + y^2 + z^2 = xf\left(\dfrac{y}{x}\right)$ 定义,其中 $f(t)$ 可微,求 z'_x 、z'_y .

解：将所给关系式两边对 x 求导，有

$$2x + 2z \cdot \frac{\partial z}{\partial x} = f\left(\frac{y}{x}\right) + xf'\left(\frac{y}{x}\right) \cdot \left(-\frac{y}{x^2}\right)$$

故

$$\frac{\partial z}{\partial x} = \frac{1}{2z}\left[f\left(\frac{y}{x}\right) - \frac{y}{x}f'\left(\frac{y}{x}\right) - 2x\right]$$

类似地，可求得

$$\frac{\partial z}{\partial y} = \frac{1}{2z}\left[f'\left(\frac{y}{x}\right) - 2y\right]$$

（2）先求出函数关系表达式再求导．

有些函数可以求出其表达式，这样再求导就方便了．

例 5.2.4　设 $xu - yv = 0,\ yu + xv = 1$．求 u'_x，u'_y，v'_x，v'_y．

解：由题设有 $u = \dfrac{y}{x^2 + y^2}, v = \dfrac{x}{x^2 + y^2}$．故

$$\frac{\partial u}{\partial x} = \frac{-2xy}{\left(x^2 + y^2\right)^2}, \frac{\partial u}{\partial y} = \frac{x^2 - y^2}{\left(x^2 + y^2\right)^2}, \text{且} \frac{\partial v}{\partial x} = \frac{y^2 - x^2}{\left(x^2 + y^2\right)^2}, \frac{\partial v}{\partial y} = \frac{-2xy}{\left(x^2 + y^2\right)^2}.$$

（3）确定新函数，再两边求导．

例 5.2.5　设二元函数 $g(u,v)$ 可微，由 $z = g\left(\dfrac{x}{z}, \dfrac{y}{z}\right)$ 确定函数 $z = f(x,y)$，求 z'_x、z'_y．

解：令 $F(x,y,z) = g\left(\dfrac{x}{z}, \dfrac{y}{z}\right) - z, u = \dfrac{x}{z}, v = \dfrac{y}{z}$，则有 $F'_x = g'_u \cdot u'_x + g'_v \cdot v'_x = \dfrac{g'_u}{z}$，

$F'_y = g'_u \cdot u'_y + g'_v \cdot v'_y = \dfrac{g'_v}{z}$，以及 $F'_z = g'_u \cdot u'_z + g'_v \cdot v'_z - z'_z = -\dfrac{xg'_u + yg'_v}{z^2} - 1$，从而

$$\frac{\partial z}{\partial x} = \frac{\dfrac{g'_u}{z}}{\dfrac{xg'_u}{z^2} + \dfrac{yg'_v}{z^2} + 1}, \frac{\partial z}{\partial y} = \frac{\dfrac{g'_v}{z}}{\dfrac{xg'_u}{z^2} + \dfrac{yg'_v}{z^2} + 1}$$

即

$$\frac{\partial z}{\partial x} = \frac{zg'_u}{xg'_u + yg'_v + z^2}, \frac{\partial z}{\partial y} = \frac{zg'_v}{xg'_u + yg'_v + z^2}$$

（4）对关系两边求导后，化为方程组问题.

例 5.2.6 已知函数 $u=u(x,y),v=v(x,y)$ 由 $\begin{cases} x=\operatorname{ch}u\cos v \\ y=\operatorname{sh}u\sin v \end{cases}$ 确定，求

u_x',v_x'.

解：将原方程组两边对 x 求导有 $\begin{cases} \operatorname{sh}u\cos v\cdot u_x'-\operatorname{ch}u\sin v\cdot v_x'=1 \\ \operatorname{ch}u\sin v\cdot u_x'+\operatorname{sh}u\cos v\cdot v_x'=0 \end{cases}$，故

$$u_x'=\frac{\partial u}{\partial x}=\frac{\operatorname{sh}u\cos v}{\operatorname{sh}^2u\cos^2v+\operatorname{ch}^2u\sin^2v}, \ v_x'=\frac{\partial v}{\partial x}=\frac{-\operatorname{ch}u\sin v}{\operatorname{sh}^2u\cos^2v+\operatorname{ch}^2u\sin^2v}\ .$$

5.2.1.3 复合隐函数的求导法

人们较多地遇到的求偏导问题是关于复合隐函数的. 即这里既涉及隐函数，又有函数复合，它们的求导方法可将上述两种函数求导方法兼容即可.

例 5.2.7 设 $u=\dfrac{x+y}{y+z}$，其中 z 是由方程 $ze^y=xe^x+ye^y$ 所定义的函数，求 u_x'.

解：$\dfrac{\partial u}{\partial x}=\dfrac{1}{y+z}\left(1+\dfrac{\partial z}{\partial x}\right)+\dfrac{x+z}{(y+z)^2}\left(-\dfrac{\partial z}{\partial x}\right)=\dfrac{1}{y+z}+\dfrac{y-x}{(y+z)^2}\dfrac{\partial z}{\partial x}$，再将

$ze^z=xe^x+ye^y$ 两边对 x 求导有 $z_x'\cdot e^z+ze^z\cdot z_x'=e^x+xe^x$，故 $z_x'=\dfrac{e^x(x+1)}{e^y(z+1)}$，

代入 u_x' 可有 $\dfrac{\partial u}{\partial x}=\dfrac{1}{y+z}+\dfrac{e^x(x+1)(y-x)}{e^y(z+1)(y+z)^2}$.

显然，前边用了复合函数求导法，后面用了隐函数求导法.

例 5.2.8 已知 $F(x,x+y,x+y+z)=0$，其中 F 偏导数连续，求 z_x'.

解：将 z 视为 $z(x,y)$ 且将题设等式两边对 x 求导得

$$F_1'+F_2'+F_3'\cdot\left(1+z_x'\right)=0$$

这里 F_1',F_2',F_3' 系 F 分别对 $x,x+y,x+y+z$ 求导. 故 $z_x'=-\dfrac{F_1'+F_2'+F_3'}{F_3'}$.

例 5.2.9 设 $f(x,y,z)=xy^2z^3$，而满足方程 $F(x,y,z)=x^2+y^2+z^2-3xyz=0$，求 f_x'.

解：视 y 为 x,z 的函数且满足方程，则 $\dfrac{\partial y}{\partial x}=-\dfrac{F_x'}{F_y'}=-\dfrac{2x-3yz}{2y-3xz}$，从而

$$\frac{\partial f}{\partial x} = y^2 z^3 + 2xyz^3 \frac{\partial y}{\partial x} = \frac{yz^3 \left(2y^2 + 3xyz - 4x^2\right)}{2y - 3xz}$$

注：同样地可以视 z 为 x,y 的函数亦可仿上方法求解．

例 5.2.10 设 $ur\cos\theta = 1,\ v = \tan\theta$，且 $F(r,\theta) = G(u,v)$．试证 $rF_r' = -uG_u'$，且 $F_\theta' = uvG_u' + \left(1 + v^2\right)G_v'$．

证明： 由 $F_r' = G_u'u_r' + G_v'v_r'$，而 $u_r' = -\dfrac{1}{r^2\cos\theta} = -\dfrac{u}{r}$，又 $v_r' = 0$；故

$$rF_r' = rG_u'\left(-\frac{u}{r}\right) = -uG_u'$$

而

$$F_\theta' = G_v'v_\theta' + G_u'u_\theta'$$

又

$$v_\theta' = \sec^2\theta = 1 + \tan^2\theta = 1 + v^2,\quad u' = \frac{\sin\theta}{r\cos^2\theta} = uv$$

故

$$F_\theta' = \left(1 + v^2\right)G_v' + uvG_u'$$

5.2.1.4 偏导数与坐标变换问题算法

某些含有偏导数的函数式（或方程）实施坐标变换后，常可使其化简．

例 5.2.11 将方程 $x\dfrac{\partial u}{\partial y} - y\dfrac{\partial u}{\partial x} = 0$ 化为极坐标形式．

解： 令 $r = \sqrt{x^2 + y^2}, \varphi = \tan^{-1}\left(\dfrac{y}{x}\right)$，由 $\dfrac{\partial r}{\partial x} = \dfrac{x}{r}, \dfrac{\partial r}{\partial y} = \dfrac{y}{r}; \dfrac{\partial\varphi}{\partial x} = -\dfrac{y}{r^2}$，$\dfrac{\partial\varphi}{\partial y} = \dfrac{x}{r^2}$，故 $\dfrac{\partial u}{\partial x} = \dfrac{x}{r}\dfrac{\partial u}{\partial r} - \dfrac{y}{r^2}\dfrac{\partial u}{\partial\varphi}, \dfrac{\partial u}{\partial y} = \dfrac{y}{r}\dfrac{\partial u}{\partial r} + \dfrac{x}{r^2}\dfrac{\partial u}{\partial\varphi}$．代入题设方程得 $u_\varphi' = 0$．

例 5.2.12 用 $x = r\cos\theta, y = r\sin\theta$ 变换 $w = \left(\dfrac{\partial u}{\partial x}\right)^2 + \left(\dfrac{\partial u}{\partial y}\right)^2$，使式中 w 的自变量由 (x,y) 变为 (r,θ)．

解： 设 $u = u(x,y)$，其中 $x = r\cos\theta, y = r\sin\theta$，则

$$\frac{\partial u}{\partial r} = \frac{\partial u}{\partial x}\frac{\partial x}{\partial r} + \frac{\partial u}{\partial y}\frac{\partial y}{\partial r} = \frac{\partial u}{\partial x}\cos\theta + \frac{\partial u}{\partial y}\sin\theta$$

$$\frac{\partial u}{\partial \theta} = \frac{\partial u}{\partial x}\frac{\partial x}{\partial \theta} + \frac{\partial u}{\partial y}\frac{\partial y}{\partial \theta} = r\frac{\partial u}{\partial x}\left(-\sin\theta\right) + r\frac{\partial u}{\partial y}\cos\theta$$

即

$$\frac{1}{r}\frac{\partial u}{\partial \theta} = -\frac{\partial u}{\partial x}\sin\varphi + \frac{\partial u}{\partial y}\cos\theta$$

$$(1)^2 + (3)^2 : w = \left(\frac{\partial u}{\partial x}\right)^2 + \left(\frac{\partial u}{\partial y}\right)^2 = \left(\frac{\partial u}{\partial r}\right)^2 + \frac{1}{r^2}\left(\frac{\partial u}{\partial \theta}\right)^2$$

5.2.1.5　全导数与全微分问题算法

我们先来看复合函数全导数的算法,这只需按照前面表中的法则计算即可.

例 5.2.13　设 $w = F(x, y, z)$,又 $z = f(x, y), y = \varphi(x)$,求 $\dfrac{\mathrm{d}w}{\mathrm{d}x}$.

解:

$$\frac{\mathrm{d}w}{\mathrm{d}x} = \frac{\partial F}{\partial x} + \frac{\partial F}{\partial y}\frac{\mathrm{d}y}{x} + \frac{\partial F}{\partial z}\frac{\mathrm{d}z}{x}$$

$$= \frac{\partial F}{\partial x} + \frac{\partial F}{\partial y}\varphi'(x) + \frac{\partial F}{\partial z}\frac{\partial f}{\partial x} + \frac{\partial F}{\partial z}\frac{\partial f}{\partial y}\varphi'(x)$$

隐函数(包括复合隐函数)求导法则灵活,这往往视题设条件可行.

例 5.2.14　设 $f(x, y) = \begin{cases} \dfrac{xy}{\sqrt{x^2+y^2}}, & (x,y) \neq (0,0) \\ 0, & (x,y) = (0,0) \end{cases}$,求 $f(x, y)$ 在 $(0,0)$ 点处沿 $l = i + j$ 的方向导数.

解: 在直角坐标系沿 $l=i+j$ 的方向导数即在极坐标系沿 $\theta = \dfrac{\pi}{4}$ 的方向导数,故

$$\left.\frac{\partial f}{\partial l}\right|_{(0,0)} = \lim_{\substack{\theta=\frac{t}{4} \\ \rho\to 0}}\frac{f(x,y)-f(0,0)}{\rho} = \lim_{\substack{x\to 0 \\ y\to 0}}\frac{xy/\sqrt{x^2+y^2}-0}{\sqrt{x^2+y^2}} = \lim_{\theta=\frac{\pi}{4}}\frac{\rho^2\cos\theta\sin\theta}{\rho^2} = \frac{1}{2}$$

下面的例子还与曲线切线有关.

例 5.2.15 求函数 $u = y\sqrt{x^2 + y^2 + z^2}$ 在点 $M(1,2,-2)$ 处沿曲线 $x = t, y = 2t^2, z = -2t^4$ 在这点切线方向的方向导数.

解：点 $M(1,2,-2)$ 对于曲线方程中参数 $t=1$. 又

$$\frac{dx}{dt}\bigg|_{t=1} = 1 \quad \frac{dy}{dt}\bigg|_{t=1} = 4 \quad \frac{dz}{dt}\bigg|_{t=1} = -8$$

故曲线在点 M 处切线 l 的方向余弦为

$$\{\cos\alpha, \cos\beta, \cos\gamma\} = \left\{\frac{1}{9}, \frac{4}{9}, -\frac{8}{9}\right\}, \text{再注意到}$$

$$\frac{\partial u}{\partial x}\bigg|_M = -\frac{xy}{\left(x^2 + y^2 + z^2\right)^{\frac{3}{2}}}\bigg|_M = -\frac{2}{27}, \frac{\partial u}{\partial y}\bigg|_M = \frac{x^2 + y^2}{\left(x^2 + y^2 + z^2\right)^{\frac{3}{2}}}\bigg|_M = \frac{5}{27}$$

$$\frac{\partial u}{\partial z}\bigg|_M = -\frac{yz}{\left(x^2 + y^2 + z^2\right)^{\frac{3}{2}}}\bigg|_M = \frac{4}{27}$$

综上

$$\frac{\partial u}{\partial l}\bigg|_M = \frac{\partial u}{\partial x}\bigg|_M \cos\alpha + \frac{\partial u}{\partial y}\bigg|_M \cos\beta + \frac{\partial u}{\partial z}\bigg|_M \cos\gamma$$

$$= -\frac{2}{27} \cdot \frac{1}{9} + \frac{5}{27} \cdot \frac{4}{9} + \frac{4}{27}\left(-\frac{8}{9}\right)$$

$$= -\frac{14}{243}$$

5.2.1.6 高阶偏导数问题解法

多元函数的高阶偏导数计算是在计算其一阶偏导数的基础上进行的. 它的算法大抵有下面几种.

（1）按偏导数定义求高阶偏导数.

这类问题多是讨论某些特殊点处的偏导数时才考虑,这些特殊点多系分段函数的分界点.

例 5.2.16 设 $f(x,y) = \begin{cases} x^2 \tan^{-1} \dfrac{x}{y} - y^2 \tan^{-1} \dfrac{x}{y}, & xy \neq 0 \\ 0, & xy = 0 \end{cases}$，求 f''_{xy} 和 f''_{yx}．

解：当 $xy \neq 0$ 时，$f'_x = 2x \tan^{-1} \dfrac{y}{x} - y$；

当 $x = y = 0$ 时，$f'_x = \lim\limits_{\Delta x \to 0} \dfrac{f(0 + \Delta x, 0) - f(0,0)}{\Delta x} = 0$；

当 $x = 0, y \neq 0$ 时，$f'_x = \lim\limits_{\Delta x \to 0} \dfrac{f(0 + \Delta x, y) - f(0,y)}{\Delta x} = -y$；

当 $x \neq 0, y = 0$ 时，$f'_x = \lim\limits_{\Delta x \to 0} \dfrac{f(0 + \Delta x, 0) - f(0,0)}{\Delta x} = 0$；

综上

$$f'_x = \begin{cases} 2x \tan^{-1} \dfrac{y}{x} - y, & xy \neq 0 \\ -y, & x = 0, y \neq 0 \\ 0, & x = 0, y = 0 \text{ 或 } x \neq 0, y = 0 \end{cases}$$

当 $xy \neq 0$ 时，$f''_{xy} = \left(f'_x\right)'_y = \dfrac{x^2 - y^2}{x^2 + y^2}$；

当 $x = 0, y = 0$ 时，$f'_{xy} = \lim\limits_{\Delta y \to 0} \dfrac{f_x(0, 0 + \Delta y) - f_x(0,0)}{\Delta y} = -1$；

当 $x = 0, y \neq 0$ 时，仿上有 $f''_{xy} = -1$；

当 $x \neq 0, y = 0$ 时，$f''_{xy} = 1$．

综上

$$f_{xy} = \begin{cases} \dfrac{x^2 - y^2}{x^2 + y^2}, & xy \neq 0 \\ -1, & x = 0 \\ 1, & x \neq 0, y = 0 \end{cases}$$

类似地，可有：

$$f''_{xy} = \begin{cases} \dfrac{x^2 - y^2}{x^2 + y^2}, & xy \neq 0 \\ 1, & y = 0 \\ -1, & y \neq 0, x = 0 \end{cases}$$

注：此例亦说明 f_{xy}'' 与 f_{xx}'' 一般不相等，这一点须当心．

（2）复合函数高阶偏导数解法．

复合函数高阶偏导数求法如前所说，关键是注意复合关系．

例 5.2.17 若 $f''(t)$ 连续，$z = \dfrac{1}{x}f(xy) + yf(x+y)$，求 z_{xy}''．

解：由设有 $\dfrac{\partial z}{\partial x} = \dfrac{1}{x}f'(xy) \cdot y - \dfrac{1}{x^2}f(xy) + yf'(x+y)$，

且 $\dfrac{\partial^2 z}{\partial x \partial y} = \dfrac{\partial}{\partial y}\left(\dfrac{\partial z}{\partial x}\right) = yf''(xy) + f'(x+y) + yf''(x+y)$．

例 5.2.18 若（1）$z = xf\left(\dfrac{y}{x}\right) + g\left(\dfrac{y}{x}\right)$；（2）$z = f\left(x, \dfrac{y}{x}\right)$，求 $\dfrac{\partial^2 z}{\partial^2 y}$，这里 f, g 二次可微．

解：（1）由 $\dfrac{\partial z}{\partial y} = xf'\left(\dfrac{y}{x}\right) \cdot \dfrac{1}{x} + g'\left(\dfrac{y}{x}\right) \cdot \dfrac{1}{x} = f'\left(\dfrac{y}{x}\right) + \dfrac{1}{x}g'\left(\dfrac{y}{x}\right)$，则

$$\dfrac{\partial^2 z}{\partial^2 y} = \dfrac{1}{x}f''\left(\dfrac{y}{x}\right) + \dfrac{1}{x^2}g''\left(\dfrac{y}{x}\right)$$

（2）由题设有 $\dfrac{\partial z}{\partial y} = f_2'\left(x, \dfrac{x}{y}\right) \cdot \left(-\dfrac{x}{y^2}\right) = -\dfrac{x}{y^2}f_2'\left(x, \dfrac{x}{y}\right)$，则

$$\dfrac{\partial^2 z}{\partial^2 y} = \dfrac{2x}{y^3}f_2'\left(x, \dfrac{x}{y}\right) + \dfrac{x^2}{y^4}f_{22}'\left(x, \dfrac{x}{y}\right)$$

（3）隐函数的高阶偏导数问题解法．

隐函数的高阶偏导数问题与复合函数高阶偏导数问题解法一样，关键是先求其一阶偏导数．

例 5.2.19 若 $xyz = x + y + z$．求 z_{xx}'', z_{yy}''．

解：由题设可有 $z = \dfrac{x+y}{xy-1}$．故 $\dfrac{\partial z}{\partial x} = \dfrac{(xy-1) - (x+y)y}{(xy-1)^2} = -\dfrac{1+y^2}{(xy-1)^2}$，且

$$\dfrac{\partial^2 z}{\partial x^2} = \dfrac{-(1+y^2)(-2)y}{(xy-1)^3} = \dfrac{2y(1+y^2)}{(xy-1)^3}$$

由 x, y 的轮换对称性有 $\dfrac{\partial z}{\partial y} = \dfrac{-(1+x^2)}{(xy-1)^2}, \dfrac{\partial^2 z}{\partial y^2} = \dfrac{2x(1+x^2)}{(xy-1)^3}$．

这里是先将 z 的表达式求出再求偏导，同时解题过程中还用了变元的轮换对称性，这在解多元函数偏导数或其他问题中经常使用．

例 5.2.20 求由 $\dfrac{x^2}{a^2}+\dfrac{y^2}{b^2}+\dfrac{z^2}{c^2}=1$ 确定的隐函数 z 的二阶导数 z''_{xx}, z''_{yy}

和 z''_{xy} .

解：令 $F=\dfrac{x^2}{a^2}+\dfrac{y^2}{b^2}+\dfrac{z^2}{c^2}-1=0$ ，有 $F'_x=\dfrac{2x}{a^2}, F'_y=\dfrac{2y}{b^2}, F'_z=\dfrac{2z}{c^2}$ ，

故 $\dfrac{\partial z}{\partial x}=-\dfrac{F'_x}{F'_z}=-\dfrac{c^2 x}{a^2 z}$ ，则 $\dfrac{\partial^2 z}{\partial x^2}=-\dfrac{c^2}{a^2}\left(z-x\dfrac{\partial z}{\partial x}\right)/z^2=-\dfrac{c^2\left(a^2 z^2+c^2 x^2\right)}{a^4 z^3}$.

由对称性可有

$$\dfrac{\partial^2 z}{\partial y^2}=-\dfrac{c^2\left(b^2 z^2+c^2 y^2\right)}{b^4 z^3}$$

类似地，有

$$\dfrac{\partial^2 z}{\partial x\partial y}=-\dfrac{c^2}{a^2}\left(-x\dfrac{\partial z}{\partial y}\right)/z^2=-\dfrac{c^4 xy}{a^2 b^2 c^3}$$

例 5.2.21 设 $F\left(x,y,x-z,y^2-w\right)=0$ ，其中 F 有二阶连续偏导数，且

$F'_4\neq 0$. 求 w''_{yy} .

解：由题设方程两边对 y 求导有 $F'_2+F'_4\left(2y-w'_y\right)=0$ ，故

$$w'_y=2y+\dfrac{F'_2}{F'_4} \text{ 且 } \dfrac{\partial^2 w}{\partial y^2}=2+\left(F'_4\dfrac{\partial F'_2}{\partial y}-F'_2\dfrac{\partial F'_4}{\partial y}\right)/F'_4 \qquad (5\text{-}2\text{-}3)$$

而

$$\dfrac{\partial F'_2}{\partial y}=F''_{22}+F''_{24}\left(2y-\dfrac{\partial w}{\partial y}\right)=F''_{22}-F''_{24}\dfrac{F'_2}{F'_4}$$

且

$$\dfrac{\partial F'_4}{\partial y}=F''_{42}+F''_{44}\left(2y-\dfrac{\partial w}{\partial y}\right)=F''_{42}-F''_{44}\dfrac{F'_2}{F'_4}$$

将上两式代入式 (5-2-3) 可有

$$\dfrac{\partial^2 w}{\partial y^2}=2+\dfrac{1}{\left(F'_4\right)^3}\left[\left(F'_4\right)^2 F''_{22}-2F''_{24}F'_2 F'_4+\left(F'_2\right)^2 F''_{44}\right]$$

（4）高阶偏导数的坐标变换问题.

高阶偏导数的坐标变换问题与多元函数的积分以及偏微分方程的求解问题等均有联系 . 前面我们已经看到, 调和函数经过某些变换后仍为

调和函数；某些非调和函数经过某种变换后亦可变为调和函数．

例 5.2.22　已知 $x^2 \dfrac{\partial^2 y}{\partial x^2} + y^2 \dfrac{\partial^2 u}{\partial y^2} + x \dfrac{\partial u}{\partial x} + y \dfrac{\partial u}{\partial y} = 0$，试求变换 $x = \mathrm{e}^s,\ y = \mathrm{e}^t$ 后的方程．

解：由 $x = \mathrm{e}^s, y = \mathrm{e}^t$ 有 $s = \ln x, t = \ln y$．则

$$\frac{\partial u}{\partial x} = \frac{\partial u}{\partial s}\frac{\partial s}{\partial x} + \frac{\partial u}{\partial t}\frac{\partial t}{\partial x} = \frac{1}{x}\frac{\partial u}{\partial s}, \frac{\partial u}{\partial y} = \frac{1}{y}\frac{\partial u}{\partial t}$$

且

$$\frac{\partial^2 u}{\partial x^2} = \frac{\partial}{\partial x}\left(\frac{1}{x}\frac{\partial u}{\partial s}\right) = -\frac{1}{x^2}\frac{\partial u}{\partial s} + \frac{1}{x^2}\frac{\partial^2 u}{\partial s^2}$$

同理 $\dfrac{\partial^2 u}{\partial v^2} = -\dfrac{1}{y^2}\dfrac{\partial u}{\partial t} + \dfrac{1}{y^2}\dfrac{\partial^2 u}{\partial t^2}$，代入原方程化简得 $\dfrac{\partial^2 u}{\partial s^2} + \dfrac{\partial^2 u}{\partial^2 t} = 0$．

（5）高阶全导数和全微分问题．

例 5.2.23　设 $y = y(x)$ 是由方程 $F(x, y) = 0$ 决定的隐函数，求 $\dfrac{\mathrm{d}^2 y}{\mathrm{d}x^2}$．

解：由隐函数全导数公式及 $F(x, y) = 0$ 有 $\dfrac{\mathrm{d}y}{\mathrm{d}x} = -\dfrac{F'_x}{F'_y}$，且

$$\frac{\mathrm{d}^2 y}{\mathrm{d}x^2} = -\frac{\left(F''_{xx} + F''_{xy}y'_x\right)F'_y - F'_x\left(F''_{yx} + F''_{yy}y'_x\right)}{\left(F'_y\right)^2}$$

$$= -\frac{1}{\left(F'_y\right)^2}\left[F''_{xx}F'_y - F''_{xy}F'_x + \left(F''_{xy}F'_y - F''_{yy}F'_x\right)y'_x\right]$$

$$= -\frac{1}{\left(F'_y\right)^3}\left[F''_{xx}\left(F'_y\right)^2 - 2F''_{xy}F'_x y'_x + F''_{yy}\left(F'_x\right)^2\right]$$

例 5.2.24　设 $z = f(x, y)$ 为由方程 $x = \mathrm{e}^{u+v}$，$y = \mathrm{e}^{u-v}$，$z = uv$ 所定义的函数，求当 $u = 0$，$v = 0$ 时 $\mathrm{d}^2 z$．

解：由题设有 $u = \dfrac{1}{2}(\ln x + \ln y), v = \dfrac{1}{2}(\ln x + \ln y)$．

故 $z = uv = \dfrac{1}{4}\ln xy \ln \dfrac{x}{y}$，则 $\dfrac{\partial z}{\partial x} = \dfrac{\ln x}{2x}, \dfrac{\partial z}{\partial y} = -\dfrac{\ln y}{2y}$，且有

$$\frac{\partial^2 z}{\partial x^2} = \frac{1 - \ln x}{2x^2}, \frac{\partial^2 z}{\partial y^2} = \frac{\ln y - 1}{2y^2}, \frac{\partial z}{\partial x \partial y} = \frac{\partial z}{\partial y \partial x} = 0$$

故当 $u=0,v=0$ 即 $x=1,y=1$ 时,$\mathrm{d}^2z=\dfrac{1}{2}(x^2-y^2)$.

5.2.2 全微分问题解法

本节考虑二元函数因自变量的微小变化导致函数变化多少的问题。设函数 $z=f(x,y)$ 在点 $P(x,y)$ 的某邻域内有定义,$P(x+\Delta x,y+\Delta y)$ 为该邻域内任意一点,则称

$$\Delta z=f(x+\Delta x,y+\Delta y)-f(x,y)$$

为函数在点 $P(x,y)$ 处的全增量.

二元函数在一点的全增量是 Δx 与 Δy 的函数.一般说来,Δz 是 Δx 与 Δy 的较复杂的函数,当自变量的增量 Δx 与 Δy 很小时,自然希望能像可微的一元函数那样,用 Δx 与 Δy 的线性函数来近似代替 Δz ,即希望

$$\Delta z=A\Delta x+B\Delta y+o(\rho)$$

其中,A、B 不依赖于 Δx 、Δy 和 $\rho=\sqrt{(\Delta x)^2+(\Delta y)^2}$.这样就产生了全微分的概念.

5.2.2.1 全微分的定义

定义 5.2.2 设函数 $\left[0,\dfrac{\pi}{4}\right]$ 在 θ 的某邻域内有定义,给 O 以改变量 A 与 $\rho_1=0,\rho_2=2R\sin\theta$,便得到函数 $\begin{cases}0\leqslant\theta\leqslant\dfrac{\pi}{4}\\[2mm]0\leqslant\rho\leqslant2R\sin\theta\end{cases}$ 的全改变量

$$\iint\limits_{D}f(x,y)\mathrm{d}x\mathrm{d}y=\int_0^{\frac{\pi}{4}}\mathrm{d}\theta\int_0^{2R\sin\theta}f(\rho\cos\theta,\rho\sin\theta)\rho\mathrm{d}\rho$$

若 $I=\int_0^{+\infty}\mathrm{e}^{-x^2}\mathrm{d}x$ 可以表示为 $\int\mathrm{e}^{-x^2}\mathrm{d}x$,

其中,$H=\iint\limits_{D}\mathrm{e}^{-x^2-y^2}\mathrm{d}x\mathrm{d}y$ 仅与点 D 有关,而与 $H=\iint\limits_{D}\mathrm{e}^{-x^2-y^2}\mathrm{d}x\mathrm{d}y$

$=\int_0^{+\infty}\mathrm{d}x\int_0^{+\infty}\mathrm{e}^{-x^2}\cdot\mathrm{e}^{-y^2}\mathrm{d}y$ 无关,$H=\int_0^{+\infty}\mathrm{e}^{-x^2}\mathrm{d}x\int_0^{+\infty}\mathrm{e}^{-y^2}\mathrm{d}y$ (当 $=I^2$ 时,H 为

$x = \rho\cos\theta, y = \rho\sin\theta$ 的高阶无穷小），则称函数 D 在点 $D:\begin{cases} 0 \leqslant \theta \leqslant \dfrac{\pi}{2} \\ 0 \leqslant \rho \leqslant +\infty \end{cases}$ 处

可微，并称线性主部 $H = \displaystyle\int_0^{\frac{\pi}{2}} \mathrm{d}\theta \int_0^{+\infty} \mathrm{e}^{-\rho^2}\rho\,\mathrm{d}\rho$ 为函数 $= \dfrac{\pi}{2}\cdot\lim\limits_{b\to\infty}\displaystyle\int_0^b \mathrm{e}^{-\rho^2}\rho\,\mathrm{d}\rho$ 在点

$= \dfrac{\pi}{2}\cdot\lim\limits_{b\to\infty}\left(-\dfrac{1}{2}\mathrm{e}^{-b^2} + \dfrac{1}{2}\right)$ 处的全微分，记作 $= \dfrac{\pi}{4}$.

如果函数在区域 $I^2 = \dfrac{\pi}{4}$，$I = \displaystyle\int_0^{+\infty} \mathrm{e}^{-x^2}\,\mathrm{d}x = \dfrac{\sqrt{\pi}}{2}$ 内各点处都可微分，那么称这函数在 D 内可微分.

例 5.2.25 计算函数 $u = x + \sin\dfrac{y}{2} + \mathrm{e}^{yz}$ 的全微分.

解：因为

$$\frac{\partial u}{\partial x} = 1$$

$$\frac{\partial u}{\partial y} = \frac{1}{2}\cos\frac{y}{2} + z\mathrm{e}^{yz}$$

$$\frac{\partial u}{\partial z} = y\mathrm{e}^{yz}$$

所以

$$\mathrm{d}z = \mathrm{d}x + \left(\frac{1}{2}\cos\frac{y}{2} + z\mathrm{e}^{yz}\right)\mathrm{d}y + y\mathrm{e}^{yz}\mathrm{d}z$$

例 5.2.26 讨论二元函数

$$f(x,y) = \begin{cases} \dfrac{x^2 y}{x^2 + y^2}, & x^2 + y^2 \neq 0 \\ 0, & x^2 + y^2 = 0 \end{cases}$$

在点 $(0,0)$ 处的连续性、偏导存在性和可微性.

解：先讨论连续性. 因为

$$\lim_{(x,y)\to(0,0)}\left|f(x,y)\right| = \lim_{(x,y)\to(0,0)}\left|\frac{x^2 y}{x^2 + y^2}\right| = \lim_{(x,y)\to(0,0)}|y|\left|\frac{x^2}{x^2 + y^2}\right| \leqslant \lim_{(x,y)\to(0,0)}|y| = 0$$

则

$$\lim_{(x,y)\to(0,0)} f(x,y) = 0 = f(0,0)$$

所以函数 $f(x,y)$ 在点（0，0）处连续.

再讨论偏导存在性.根据偏导数的定义可得

$$f_x(0,0) = \lim_{\Delta x \to 0} \frac{f(0+\Delta x,0) - f(0,0)}{\Delta x} = 0$$

同理可得

$$f_y(0,0) = 0$$

所以函数 $f(x,y)$ 在点（0，0）处的两个偏导数都存在.

最后讨论可微性.选取 $\Delta x = \Delta y$ 路径使 $\rho \to 0$ ，则有

$$\lim_{\rho \to 0} \frac{\Delta z - [f_x(0,0)\Delta x + f_y(0,0)\Delta y]}{\rho} = \lim_{\substack{\Delta x \to 0 \\ \Delta y \to 0}} \frac{\Delta x^2 \Delta y}{(\Delta x^2 + \Delta y^2)^{\frac{3}{2}}} \neq 0$$

所以函数 $f(x,y)$ 在点（0，0）处不可微.

5.2.2.2　全微分在近似计算中的应用

当函数 $y = f(x)$ 在 x_0 处可微时，从前面知道，函数的微分 $\mathrm{d}y = f'(x)\Delta x$ 是函数的改变量 $\Delta y = f(x_0 + \Delta x) - f(x_0)$ 的主部，从而知道当 $|\Delta x|$ 充分小时有 $\Delta y \approx \mathrm{d}y$ ，即有近似公式

$$f(x_0 + \Delta x) - f(x_0) \approx f'(x_0)\Delta x$$
$$f(x_0 + \Delta x) \approx f(x_0) + f'(x_0)\Delta x$$

在图 5-1 中，M_0、M 的坐标依次是 $(x_0, f(x_0))$ 与 $(x_0 + \Delta x, f(x_0 + \Delta x))$，$M_0P$ 是曲线 $y = f(x)$ 在点 M_0 处的切线，$QP = \tan\alpha\Delta x = f'(x)\Delta x = \mathrm{d}y$. 表明由线段 PQ 代替线段 QM. 特别，在式中取 $x_0 = 0$ ，记 $x = \Delta x$ ，当 $|x|$ 充分小时，有

$$f(x) \approx f(0) + f'(0)x$$

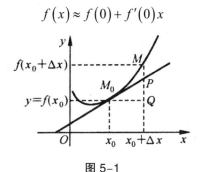

图 5-1

利用上式可推出一系列近似公式,即当 $|x|$ 充分小时有

$$\sin x \approx x; \tan x \approx x; \ln(1+x) \approx x; \ \mathrm{e}^x \approx 1+x$$

$$(1+x)^n \approx 1+nx; (1+x)^{\frac{1}{n}} \approx 1+\frac{x}{n}$$

例如,设 $f(x)=(1+x)^{\frac{1}{n}}$,当 $|x|$ 充分小时,因为 $f'(x)=\frac{1}{n}(1+x)^{\frac{1}{n}-1}$,

$f(0)=1$,$f'(0)=\frac{1}{n}$,从而由 $f(x) \approx f(0)+f'(0)x$,得 $(1+x)^{\frac{1}{n}} \approx 1+\frac{x}{n}$.

其余公式读者可以自行推证.

例 5.2.27 一直角三角形金属薄片是巡航导弹制导的重要部件,如图 5-2 所示,两直角边的边长为 3 厘米、4 厘米,它的斜边有严格的控制要求,改变量不能超过 0.15 厘米.金属薄片在外界影响下会发生形变,变形之后仍可近似认为是直角三角形,它的一直角边由 3 厘米增大到 3.05 厘米,另一直角边由 4 厘米增大到 4.08 厘米.求此斜边的近似改变量,问该金属薄片符合要求吗?

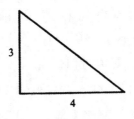

图 5-2

解:设直角三角形的两直角边依次为 x,y,斜边为 r,则

$$r=\sqrt{x^2+y^2}$$

记 r、x 和 y 的增量依次为 Δr、Δx 和 Δy,有

$$\Delta r \approx \mathrm{d}r = r_x \Delta x + r_y \Delta y = \frac{x}{\sqrt{x^2+y^2}}\Delta x + \frac{y}{\sqrt{x^2+y^2}}\Delta y$$

由题设知,$x=3$,$y=4$,$\Delta x=0.05$,$\Delta y=0.08$,代入上式,得

$$\Delta r = \frac{3}{\sqrt{3^2+4^2}} \times 0.05 + \frac{4}{\sqrt{3^2+4^2}} \times 0.08 = 0.094$$

即金属薄片的斜边增加了 0.094 厘米,在控制范围内,所以该金属薄片符合要求.

5.3 多元函数的极、最值问题解法

在实际问题中,我们会遇到大量求多元函数的最大值、最小值的问题.与一元函数的情形类似,多元函数的最大值、最小值与极大值、极小值有着密切的联系.

5.3.1 多元函数的极值问题解法

定理 5.3.1 设函数 $z = f(x, y)$ 在点 (x_0, y_0) 的某邻域内有定义,对于该邻域内任何异于 (x_0, y_0) 的点 (x, y) 恒有不等式,如果

$$f(x, y) < f(x_0, y_0)$$

则称函数 $f(x, y)$ 在点 (x_0, y_0) 取得极大值,如图 5-3 所示.

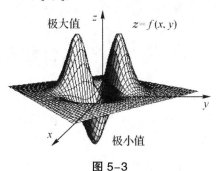

图 5-3

定理 5.3.2(极值存在的必要条件) 设函数 $z = f(x, y)$ 在点 (x_0, y_0) 的两个偏导数存在,若 (x_0, y_0) 是 $f(x, y)$ 的极值点,则

$$f_x(x_0, y_0) = 0, \ f_y(x_0, y_0) = 0$$

定理 5.3.3(极值存在的充分条件) 设函数 $z = f(x, y)$ 在点 (x_0, y_0) 的某邻域内有一阶到二阶的连续偏导数,且 $f_x(x_0, y_0) = 0$, $f_y(x_0, y_0) = 0$.令

$$f_{xx}(x_0,y_0)=A,\ f_{xy}(x_0,y_0)=B,\ f_{yy}(x_0,y_0)=C$$

（1）当 $AC-B^2>0$ 时，函数 $f(x,y)$ 在 (x_0,y_0) 处有极值，且当 A>0 时有极小值 $f(x_0,y_0)$；当 A<0 时有极大值 $f(x_0,y_0)$；

（2）当 $AC-B^2<0$ 时，函数 $f(x,y)$ 在 (x_0,y_0) 处没有极值；

（3）当 $AC-B^2=0$ 时，无法判定．

例 5.3.1 求函数 $f(x,y)=\left(y+\dfrac{1}{3}x^3\right)e^{x+y}$ ．

解： 令 $\begin{cases} f_x=\left(x^2+y+\dfrac{1}{3}x^3\right)e^{x+y}=0 \\ f_y=\left(1+y+\dfrac{1}{3}x^3\right)e^{x+y}=0 \end{cases}$ ，得 $x=-1,\ y=-\dfrac{2}{3}$，或 $x=1$，$y=-\dfrac{4}{3}$．

在点 $x=-1,\ y=-\dfrac{2}{3}$ 处，$A=f_{xx}=-e^{-\frac{3}{5}}$，$B=f_{xy}=e^{-\frac{3}{5}}$，$C=f_{yy}=e^{-\frac{3}{5}}$，$\Delta=B^2-AC>0$ 故 $\left(-1,-\dfrac{2}{3}\right)$ 不是 $f(x,y)$ 的极值点．

在点 $x=1,\ y=-\dfrac{4}{3}$ 处，$A=f_{xx}=3e^{-\frac{1}{3}}>0$，$b=f_{xy}=e^{-\frac{1}{3}}$，$C=f_{yy}=e^{-\frac{1}{3}}$，$\Delta=B^2-AC=-e^{-\frac{2}{3}}<0$，故 $f(x,y)$ 在点 $\left(1,-\dfrac{4}{3}\right)$ 取得极小值 $f\left(1,-\dfrac{4}{3}\right)=-e^{-\frac{1}{3}}$．

例 5.3.2 求由方程 $2x^2+y^2+z^2+2xy-2x-2y-4z+4=0$ 所确定的函数 $z=z(x,y)$ 的极值．

解： 方程两边分别对 x、y 求偏导得

$$\begin{cases} 4x+2zz_x+2y-2-4z_x=0 \\ 2y+2zz_y+2x-2-4z_y=0 \end{cases}, \begin{cases} z_x=\dfrac{2x+y-1}{2-z}=0 \\ z_y=\dfrac{x+y-1}{2-z}=0 \end{cases}$$

得驻点 $x=0,y=1$．代入原方程解得 $z_1=z_1(0,1)=1,z_2=z_2(0,1)=3$．又

$$z_{xx}=\frac{2(2-z)+(2x+y-1)z_x}{(2-z)^2},\ z_{xy}=\frac{2(2-z)+(2x+y-1)z_y}{(2-z)^2}$$

$$z_{yy} = \frac{(2-z)+(x+y-1)z_y}{(2-z)^2}$$ 在点 $M_1(0,1,1)$ 处

$$\Delta_1 = B_1^2 - A_1C_1 = \left(z_{xy}^2 - z_{xx}z_{yy}\right)_{M_1}$$

$$= \left(\frac{1}{2-z_1}\right)^2 - \frac{2}{2-z_1}\frac{1}{2-z_1} = -1 < 0$$

又 $A_1 = z_{xx}|_{M_1} = \dfrac{2}{2-z_1} = 2 > 0$，故隐函数 $z_1(x,y)$ 取得极小值 $z_1(0,1)=1$.

在点 $M_2(0,1,3)$ 处

$$\Delta_2 = \left(z_{xy}^2 - z_{xx}z_{yy}\right)_{M_2} = \left(\frac{1}{2-z_2}\right)^2 - \frac{2}{2-z_2}\frac{1}{2-z_2} = -1 < 0.$$

又 $A_2 = z_{xx}|_{M_2} = \dfrac{2}{2-z_2} = -2 < 0$，故隐函数 $z_1(x,y)$ 取得极大值 $z_1(0,1)=3$

例 5.3.3 求抛物线 $y = x^2$ 与直线 $x - y - 2 = 0$ 之间的最短距离.

解：设 $M(x,y)$ 为抛物线上任一点，则目标函数为点 M 到直线的距离：$d = \dfrac{|x-y-2|}{\sqrt{2}}$，约束条件为 $y=x^2$，作拉格朗日函数

$$L(x,y,\lambda) = (x-y-2)^2 + \lambda\left(y-x^2\right)$$

解方程组

$$\begin{cases} L_x = 2(x-y-2) - 2\lambda x = 0 \\ L_y = -2(x-y-2) + \lambda = 0 \\ L_\lambda = y - x^2 = 0 \end{cases}$$

得唯一驻点 $x_0 = \dfrac{1}{2}, y_0 = \dfrac{1}{4}$. 由问题知，抛物线与直线的最短距离 $d_{\min}$ 存在，故 $d_{\min} = d\left(x_0, y_0\right) = \dfrac{1}{\sqrt{2}}|x_0 - y_0 - 2| = \dfrac{7}{8}\sqrt{2}$.

例 5.3.4 抛物面 $z = x^2 + y^2$ 被平面 $x + y + z = 1$ 截成一椭圆，求原点到这椭圆的最长与最短距离.

解：设 $M(x,y,z)$ 为椭圆上任一点，则原点到椭圆上这点的距离：$d = \sqrt{x^2+y^2+z^2}$，问题可转化为求函数 $g(x,y,z) = x^2+y^2+z^2$ 在条件 $x^2 + y^2 - z = 0, x+y+z-1=0$ 之下的最大值、最小值.

用拉格朗日乘数法,令

$$F(x,y,z,\lambda,\mu) = x^2 + y^2 + z^2 + \lambda\left(x^2 + y^2 - z\right) + \mu(x+y+z-1)$$

由 方 程 组 $\begin{cases} F_x = 2x + 2\lambda x + \mu = 0 \\ F_y = 2y + 2\lambda y + \mu = 0 \\ F_z = 2z - \lambda + \mu = 0 \\ F_\lambda = x^2 + y^2 - z = 0 \\ F_\mu = x + y + z - 1 = 0 \end{cases}$ 的 前 两 式 得 $x=y$,代入后两式得

$\begin{cases} z = 2x^2 \\ z = 1 - 2x \end{cases}$.

解得可能最值点:$x = y = \dfrac{-1 \pm \sqrt{3}}{2}, z = 2 \pm \sqrt{3}$. 即

$$M_1\left(\frac{-1+\sqrt{3}}{2}, \frac{-1+\sqrt{3}}{2}, 2-\sqrt{3}\right), \quad M_2\left(\frac{-1-\sqrt{3}}{2}, \frac{-1-\sqrt{3}}{2}, 2+\sqrt{3}\right)$$

可求得 $g(M_1) = 9 - 5\sqrt{3}$,$g(M_2) = 9 + 5\sqrt{3}$.

由题意,原点到椭圆的最长距离与最短距离存在,且必在 M_1、M_2 处取得,因此,最长距离和最短距离分别为

$$d_{\max} = \sqrt{g(M_2)} = \sqrt{9+5\sqrt{3}}, \quad d_{\min} = \sqrt{g(M_1)} = \sqrt{9-5\sqrt{3}}$$

5.3.2 多元函数的最值问题解法

与一元函数类似,我们可以利用函数的极值来求函数的最大值和最小值.如果函数 $f(x,y)$ 在有界闭区域 D 上连续,则 $f(x,y)$ 在 D 上必定取得最大值和最小值,且函数的最大值点和最小值点必在函数的极值点或边界点上,因此只需求出 $f(x,y)$ 在各驻点和不可导点的函数值以及在边界上的最大值和最小值,然后进行比较即可,可见二元函数的最值问题要比一元函数复杂得多.

假设函数 $f(x,y)$ 在有界闭区域 D 上连续,偏导数存在且驻点只有有限个,则求二元函数的最值有以下步骤:

（1）求出 $f(x,y)$ 在 D 内的所有驻点处的函数值；

（2）求出 $f(x,y)$ 在 D 边界上的最值；

（3）将以上求得的函数值进行比较,最大的为最大值,最小的为最小值.

在实际问题中,如果根据问题的性质可以判断出函数 $f(x,y)$ 的最值一定在 D 的内部取得,而函数 $f(x,y)$ 在 D 内只有一个驻点,则可以肯定该驻点处的函数值就是函数 $f(x,y)$ 在 D 上的最值.

例 5.3.5 求函数 $z=x^2-y^2$ 在区域 $D=\left\{(x,y)\mid x^2+4y^2\leqslant4\right\}$ 上的最大值与最小值.

解：在 D 内,由 $\begin{cases}z_x=2x=0\\z_y=-2y=0\end{cases}$ 得驻点 $(0,0)$. 在 D 边界上求最值,可转化为"求 $z=x^2-y^2$ 在约束条件 $x^2+4y^2-4=0$ 下的极值". 作函数

$$L(x,y,\lambda)=x^2-y^2+\lambda\left(x^2+4y^2-4\right)$$

由方程组 $\begin{cases}L_x=2x+2\lambda x=0\\L_y=-2y+8\lambda y=0\\L_\lambda=x^2+4y^2-4=0\end{cases}$,解得 $\lambda_1=-1$, $x_1=\pm2$, $y_1=0$ 和 $\lambda_2=\dfrac{1}{4}$,

$x_2=0$, $y_2=\pm1$. 比较 $z(0,0)=0$, $z(\pm2,0)=4$, $z(0,\pm1)=-1$ 的值,可得最大值 $z_{\max}=4$, 最小值 $z_{\min}=-1$.

例 5.3.6 设有一小山,取它的底面所在的平面为 xOy 坐标面,其底部所占的区域为 $D=\left\{(x,y)\mid x^2+y^2-xy\leqslant75\right\}$,小山的高度函数为

$$h(x,y)=75-x^2-y^2+xy$$

（1）$M_0\left(x_0,y_0\right)$ 设为区域 D 上一点,问 $h(x,y)$ 在该点沿平面上什么方向的方向导数最大？若记此方向导数的最大值为 $g\left(x_0,y_0\right)$,试写出 $g\left(x_0,y_0\right)$ 的表达式.

（2）现欲利用此小山开展攀岩活动,为此需要在山脚下寻找一上山坡度最大的点作为攀登的起点,也就是说,要在 D 的边界线 $x^2+y^2-xy=75$ 上找出使（1）中 $g(x,y)$ 达到最大值的点,试确定攀登起点的位置.

解：（1）因为函数在一点处其梯度方向的方向导数最大,且方向导

数的最大值为函数在该点处的梯度的模.而

$$\operatorname{grad} h\left(x_0, y_0\right)=\left(y_0-2 x_0, x_0-2 y_0\right)$$

故

$$g\left(x_0, y_0\right)=\left|\operatorname{grad} h\left(x_0, y_0\right)\right|$$

$$=\sqrt{\left(y_0-2 x_0\right)^2+\left(x_0-2 y_0\right)^2}=\sqrt{5 x_0^2+5 y_0^2-8 x_0 y_0}$$

（2）作拉格朗日函数 $L(x, y, \lambda)=5 x^2+5 y^2-8 x y+\lambda\left(x^2+y^2-x y-75\right)$ ，由方程组

$$\begin{cases} L_x=10 x-8 y+\lambda(2 x-y)=0 & （5\text{-}3\text{-}1） \\ L_y=10 y-8 x+\lambda(2 y-x)=0 & （5\text{-}3\text{-}2） \\ L_\lambda=x^2+y^2-x y-75=0 & （5\text{-}3\text{-}3） \end{cases}$$

由式 (5-3-1)+ 式 (5-3-2) 得：$(x+y)(2+\lambda)=0$ ，从而 $x=-y$ 或 $\lambda=-2$.

若 $x=-y$ ，则由式 (5-3-3) 得 $x=\pm 5, y=\pm 5$.

若 $\lambda=-2$ ，则由式 (5-3-1) 得 $x=y$ ，再由式 (5-3-3) 得 $x=\pm 5\sqrt{3}, y=\pm 5\sqrt{3}$.

这样得到 4 个可能极值点

$$M_1(5,-5), \ M_2(-5,5), \ M_3\left(5\sqrt{3}, 5\sqrt{3}\right), \ M_4\left(-5\sqrt{3},-5\sqrt{3}\right)$$

$$f\left(M_1\right)=f\left(M_2\right)=450, \ f\left(M_3\right)=f\left(M_4\right)=150$$

由实际上最大值的存在性，点 M_1 , M_2 即为最大值点，故 $M_1(5,-5)$ ，$M_2(-5,5)$ 都可作为攀岩的起点.

第 6 章

多元函数的积分

多元函数积分的数学概念的本质与定积分类似,都是对所求量的无限细分而求和的极限,区别在于积分域的差异:定积分与曲线积分、二重积分与曲面积分、三重积分,积分域分别是区间与曲线弧、平面区域与曲面域、立体域.需要重视的是,第二类曲线与曲面积分与第一类的实质区别,被积函数是向量值函数的分量形式,被积表达式是向量函数与积分域微元向量的数量积,积分域是有定向的.因此对于第二类积分,无法比较大小,无积分中值定理可言,积分对称性还要考虑积分域的方向,等等.

多元积分计算过程中涉及的知识点不少,包括因划域需要的几何基本知识,积分的代数性质、分析性质和几何性质,各类积分的基本计算方法和步骤等.相应试题是一种知识和分析能力及计算能力的综合性的考核.

6.1 二重积分的应用及其有关问题解法

6.1.1 二重积分的应用

例 6.1.1   利用二重积分求双纽线 $r_2=2a_2\cos 2\theta$（$a>0$）所围成的平面区域 D 的面积.

解：记号 D_1 表示双纽线位于第一象限的部分,根据对称性,有

$$A_D = 4\iint\limits_{D_1}\mathrm{d}\sigma = 4\int_0^{\frac{\pi}{4}}\mathrm{d}\sigma\int_0^{\sqrt[q]{2\cos 2\theta}} r\mathrm{d}r = 4a^2\int_0^{\frac{\pi}{4}}\cos 2\theta \mathrm{d}\theta = 2a^2$$

例 6.1.2   求由曲面 $z=x^2+2y^2$, $z=6-2x^2-y^2$ 所围立体的体积.

解：用二重积分求立体体积的立体图.

由 $\begin{cases} z = x^2 + 2y^2 \\ z = 6 - 2x^2 - y^2 \end{cases}$ 消去 z,得到

$$x^2 + y^2 = 2$$

立体在 xOy 面上的投影域为 D_{xy}

$$x^2 + y^2 \leqslant 2$$

立体的上顶为 $z=6-2x^2-y^2$,下顶为: $z=x^2+2y^2$,故

$$V = \iint\limits_{D_{xy}}\left[\left(6-2x^2-y^2\right)-\left(x^2+2y^2\right)\right]\mathrm{d}x\mathrm{d}y$$

$$= \iint\limits_{D_{xy}}\left(6-3\left(x^2+y^2\right)\right)\mathrm{d}x\mathrm{d}y$$

$$= \int_0^{2\pi}\mathrm{d}\theta\int_0^{\sqrt{2}}\left(6-3r^2\right)r\mathrm{d}r = 6\pi$$

例 6.1.3   求由圆柱面 $x^2+y^2=9$,平面 $4y+3z=12$ 和 $4y-3z=12$ 所围成立体的表面积.

分析：平面 $4y+3z=12$ 和 $4y-3z=12$ 是关于 xOy 面对称的两个平面．它们分别为所围立体的上顶和下底，立体的侧面为圆柱面 $x^2+y^2=9$ 被两平面截下的部分由对称性，只要计算上顶的面积和侧面 $z>0$ 部分的面积再分别乘以 2 即可．

解：立体在 xOy 面上的投影域 D_{xy}：$x^2+y^2 \leqslant 9$，设上顶面积为 S_1，侧面 $z>0$ 部分面积为 S_2，则由上顶平面方程 $4y+3z=12$，即 $z=\dfrac{12-4y}{3}$，得 $z'_x=0,z'_y=-\dfrac{4}{3}$，故上顶面积

$$S_1 = \iint\limits_{D_{xy}} \sqrt{1+z_x'^2+z_y'^2}\,\mathrm{d}x\mathrm{d}y$$

$$= \frac{5}{3}\iint\limits_{x^2+y^2\leqslant 9} \mathrm{d}x\mathrm{d}y = 15\pi$$

立体侧面方程为

$$x^2+y^2=9$$

由 $\begin{cases} x^2+y^2=9 \\ 4y+3z=12 \end{cases}$ 消去 x，得到 $4y+3z=12$（$-3 \leqslant y \leqslant 3$），故得 $x^2+y^2=9$ 在 yOz 面上的投影域 D_{yz}：$4y+3z \leqslant 12$，$-3 \leqslant y \leqslant 3$．由于 $z>0$ 的侧面积 S_2 可分为 $x>0$ 及 $x<0$ 两块，且完全对称，而由 $x=\sqrt{9-y^2}$，得 $x'_y=\dfrac{-y}{\sqrt{9-y^2}}$，$x'_z=0$，故

$$S_2 = 2\iint\limits_{D_{yz}} \sqrt{1+x_y'^2+x_z'^2}\,\mathrm{d}y\mathrm{d}z = 2\iint\limits_{D_{yx}} \frac{3}{\sqrt{9-y^2}}\mathrm{d}y\mathrm{d}z$$

$$= 6\int_{-3}^{3} \frac{\mathrm{d}y}{\sqrt{9-y^2}}\int_{0}^{\frac{12-4y}{3}} \mathrm{d}z = 8\int_{-3}^{3} \frac{3-y}{\sqrt{9-y^2}}\mathrm{d}y$$

$$= 24\arcsin\frac{y}{3}\Big|_{-3}^{3} = 24\pi$$

因此，整个立体表面积

$$S=2S_1+2S_2=30\pi+48\pi=78\pi$$

（1）计算曲面面积的关键是首先要搞清求的是哪张曲面的面积，其次是将曲面往哪个坐标面投影及确定投影域．

（2）在求出投影域后，请注意是否有重叠部分，若有，则应乘上 2 倍，否则很容易漏解一部分，就如本题中计算 S_2 时的情况．

例 6.1.4 求两个底圆半径相等的直交圆柱面 $x^2+y^2=R^2$ 与 $x^2+z^2=R^2$ 所围成的立体的体积和表面积．

解：（1）设所围立体位于第一象限部分在 xOy 面的投影区域为 D，根据对称性，有

$$V = 8\iint\limits_{D} \sqrt{R^2-x^2}\,dxdy = 8\int_0^R \sqrt{R^2-x^2}\,dx\int_0^{\sqrt{R^2-x^2}} dy = 8\int_0^R \left(R^2-x^2\right)dx = \frac{16R^3}{3}$$

（2）设所围立体位于第一卦限且在圆柱面 $x^2+z^2=R^2$ 上的部分为 S，则根据对称性，有

$$S = 16\iint\limits_{S_1} dS = 16\iint\limits_{D} \sqrt{1+\left(\frac{\partial z}{\partial x}\right)^2+\left(\frac{\partial z}{\partial y}\right)^2}\,dxdy$$

$$= 16\iint\limits_{D} \sqrt{1+\left(\frac{-2x}{2\sqrt{R^2-x^2}}\right)^2}\,dxdy = 16R\iint\limits_{D} \frac{dxdy}{\sqrt{R^2-x^2}}$$

$$= 16R\int_0^R \frac{dx}{\sqrt{R^2-x^2}}\int_0^{\sqrt{R^2-x^2}} dy = 16R\int_0^R dx = 16R^3$$

例 6.1.5 设半径为 R 的球面 Σ 的球心在定球面 $x^2+y^2+z^2=a^2$（$a>0$）上，则当 R 取何值时，球面 Σ 在定球面内部的哪部分面积最大？

分析：本题应先将球面 Σ 在定球面内部的面积求出，它应是 R 的函数，再求该函数的最大值．

解：不失一般性，可设 Σ 的球心在 $(0,0,a)$ 处，由

$$\begin{cases} x^2+y^2+z^2=a^2, \\ x^2+y^2+\left(z-a\right)^2=R^2 \end{cases} \text{消去 } z，得$$

$$x^2+y^2 = R^2-\frac{R^4}{4a^2}$$

故得 Σ 在 xOy 面上的投影域为

$$D_{xy} : x^2 + y^2 \leqslant R^2 - \frac{R^4}{4a^2}$$

因为 Σ 在定球面内部的方程为

$$z = a - \sqrt{R^2 - x^2 - y^2}$$

且

$$z'_x = \frac{x}{\sqrt{R^2 - x^2 - y^2}} , \quad z'_y = \frac{y}{\sqrt{R^2 - x^2 - y^2}}$$

所以 Σ 在定球面内部的面积

$$S(R) = \iint_{D_{xy}} \sqrt{1 + z'^2_x + z'^2_y}\,dxdy = \iint_{x^2 + y^2 \leqslant R^2 - \frac{R^4}{4a^2}} \frac{R}{\sqrt{R^2 - x^2 - y^2}}\,dxdy$$

$$= R \int_0^{2\pi} d\theta \int_0^{\sqrt{R^2 - \frac{R^4}{4a^2}}} \frac{r}{\sqrt{R^2 - r^2}}\,dr = 2\pi R^2 - \frac{\pi R^3}{a}$$

由 $S'(R) = 4\pi R - \frac{3\pi R^2}{a} = 0$，得 $(0, 2a)$ 内唯一驻点

$$R = \frac{4a}{3}$$

故当 $R = \frac{4a}{3}$ 时，Σ 在定球面内部面积最大.

6.1.2　二重积分的解法

例 6.1.6　计算 $\iint_D (x + y)\,dxdy$，其中 D 是区域

$$\frac{(x-1)^2}{9} + \frac{(y-2)^2}{4} \leqslant 1$$

分析：这是一个中心在 $(1, 2)$，长、短半轴分别为 3 和 2 的椭圆. 若用直角坐标或用极坐标计算都不是太简单，故考虑用广义极坐标计算.

解：作平移加压缩的广义极坐标变换．设

$$\begin{cases} x = 1 + 3r\cos\theta \\ y = 2 + 2r\sin\theta \end{cases}$$

则 $|J| = 2 \cdot 3 \cdot r = 6r$ ，故

$$\iint\limits_{D}(x+y)\mathrm{d}x\mathrm{d}y = \int_0^{2\pi}\mathrm{d}\theta\int_0^1(3+3r\cos\theta+2r\sin\theta)6r\mathrm{d}r$$

$$= 6\int_0^{2\pi}\left(\frac{3}{2}+\cos\theta+\frac{2}{3}\sin\theta\right)\mathrm{d}\theta$$

点评：这是将直角坐标系下的椭圆 D 变换成广义极坐标系下的圆 D': $r \leqslant 1$.

例 6.1.7　证明等式

$$\iint\limits_{D}f(xy)\mathrm{d}x\mathrm{d}y = \frac{\ln 2}{2}\int_1^2 f(u)\,\mathrm{d}u$$

其中，D 是由直线 $y=x$、$y=2x$ 与双曲线 $xy=1$, $xy=2$ 所围的位于第一象限的闭区域．

证明：令 $u=xy$, $v=\dfrac{y}{x}$ ，则区域 D 一对一地变换成区域 $D'=\{(u,v)|1 \leqslant u \leqslant 2, 1 \leqslant v \leqslant 2\}$，所以

$$\iint\limits_{D}f(xy)\mathrm{d}x\mathrm{d}y = \iint\limits_{D}f(u)\left|\frac{\partial(x,y)}{\partial(u,v)}\right|\mathrm{d}u\mathrm{d}v = \frac{1}{2}\int_1^2 f(u)\,\mathrm{d}u\int_1^2\frac{1}{v}\mathrm{d}v = \frac{\ln 2}{2}\int_1^2 f(u)\,\mathrm{d}u$$

例 6.1.8　求球体 $x^2+y^2+z^2 \leqslant R^2$ 被圆柱面 $x^2+y^2=Rx(R>0)$ 所截得的（含在圆柱面内的部分）立体的体积 [图 6–1（a）]．

解：设柱面与 xOy 面所交所围的区域在第一象限的部分为 D，由于对称性，有

$$V = 4\iint\limits_{D}\sqrt{R^2-x^2-y^2}\mathrm{d}\sigma$$

化为极坐标系下的积分为

$$V = 4\iint\limits_{D}\sqrt{R^2-\rho^2}\,\rho\mathrm{d}\rho\mathrm{d}\theta$$

其中 D 的图形如图 6-1（b）所示．

$$D:\begin{cases}0\leqslant\theta\leqslant\dfrac{\pi}{2}\\[2mm]0\leqslant\rho\leqslant R\cos\theta\end{cases}$$

于是

$$V=4\int_0^{\frac{\pi}{2}}\mathrm{d}\theta\int_0^{R\cos\theta}\sqrt{R^2-\rho^2}\,\rho\mathrm{d}\rho=4\int_0^{\frac{\pi}{2}}\left[-\frac{1}{3}(R^2-\rho^2)^{\frac{3}{2}}\right]_0^{R\cos\theta}\mathrm{d}\theta$$

$$=\frac{4}{3}R^3\int_0^{\frac{\pi}{2}}(1-\sin^3\theta)\mathrm{d}\theta=\frac{2}{3}R^3\left(\pi-\frac{4}{3}\right)$$

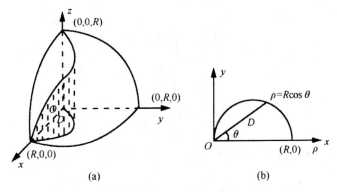

图 6-1

6.2　三重积分的应用及其有关问题解法

6.2.1　三重积分的应用

按下面公式可求占据空间域 T 的物体体积

$$V=\iiint\limits_T\mathrm{d}x\mathrm{d}y\mathrm{d}z$$

若物体的密度为变量，即 $\gamma=\gamma(x,y,z)$，则可按下面公式计算物体
质量

$$M = \iiint_T \gamma(x, y, z)\,dxdydz$$

按下面公式可求物体重心的坐标

$$\bar{x} = \frac{1}{M}\iiint_T \gamma x\,dxdydz$$

$$\bar{y} = \frac{1}{M}\iiint_T \gamma y\,dxdydz$$

$$\bar{z} = \frac{1}{M}\iiint_T \gamma z\,dxdydz$$

当 $\gamma=1$ 时,得

$$\bar{x} = \frac{1}{V}\iiint_T x\,dxdydz$$

$$\bar{y} = \frac{1}{M}\iiint_T y\,dxdydz$$

$$\bar{z} = \frac{1}{M}\iiint_T z\,dxdydz$$

对坐标钠的转动惯量(几何的)分别等于:

$$I_x = \iiint_T (y^2 + z^2)\,dxdydz$$

$$I_y = \iiint_T (z^2 + x^2)\,dxdydz$$

$$I_z = \iiint_T (x^2 + y^2)\,dxdydz$$

例 6.2.1　求平面 $x=0$,$z=0$,$y=1$,$y=3$,$x+2z=3$ 所截棱柱体重心的坐标。

解:求研究物体的体积.

$$V = \iiint_T dxdydz = \int_0^3 dx\int_1^3 dy\int_0^{(3-x)/2} dz$$

$$= \int_0^3 dx\int_1^3 dy = \int_0^3 (3-x)\,dx$$

$$= \left[3x - \frac{1}{2}x^2\right]_0^3 = \frac{9}{2}$$

于是

$$\begin{aligned}
\overline{x} &= \frac{2}{9} \iiint\limits_{T} x \mathrm{d}x\mathrm{d}y\mathrm{d}z \\
&= \frac{2}{9} \int_0^3 x \mathrm{d}x \int_1^3 \mathrm{d}y \int_0^{(3-x)/2} \mathrm{d}z \\
&= \frac{2}{9} \int_0^3 x \mathrm{d}x \int_1^3 \frac{3-x}{2} \mathrm{d}y = \frac{2}{9} \int_0^3 (3-x)\mathrm{d}x \\
&= \frac{2}{9}\left[3x^2 - \frac{1}{3}x^3\right]_0^3 = 1
\end{aligned}$$

$$\begin{aligned}
\overline{y} &= \frac{2}{9} \iiint\limits_{T} y \mathrm{d}x\mathrm{d}y\mathrm{d}z \\
&= \frac{2}{9} \int_0^3 \mathrm{d}x \int_1^3 y \mathrm{d}y \int_0^{(3-x)/2} \mathrm{d}z \\
&= \frac{1}{9} \int_0^3 \mathrm{d}x \int_1^3 y(3-x)\mathrm{d}y = \frac{4}{9} \int_0^3 (3-x)\mathrm{d}x \\
&= \frac{4}{9}\left[3x - \frac{1}{2}x^2\right]_0^3 = 2
\end{aligned}$$

$$\begin{aligned}
\overline{z} &= \frac{2}{9} \iiint\limits_{T} z \mathrm{d}x\mathrm{d}y\mathrm{d}z \\
&= \frac{2}{9} \int_0^3 \mathrm{d}x \int_1^3 \mathrm{d}y \int_0^{(3-x)/2} z\mathrm{d}z \\
&= \frac{2}{9} \int_0^3 \frac{(3-x)^2}{8} \mathrm{d}x \int_1^3 \mathrm{d}y = \frac{1}{18}\left[\frac{-(3-x)^3}{3}\right]_0^3 = \frac{1}{2}
\end{aligned}$$

6.2.2 三重积分的解法

三重积分的计算,与二重积分的计算类似,其基本思路也是化为累次积分.

定理 6.2.1 若函数 $f(x,y,z)$ 在长方体 $V = [a,b] \times [c,d] \times [e,h]$ 上的三重积分存在,且对任意 $x \in [a,b]$,二重积分 $\iint\limits_{D} f(x,y,z)\mathrm{d}y\mathrm{d}z$ 存在,其中 $D = [c,d] \times [e,h]$,则积分 $\int_a^b \mathrm{d}x \iint\limits_{D} f(x,y,z)\mathrm{d}y\mathrm{d}z$ 也存在,且

$$\iiint\limits_{V} f(x,y,z)\mathrm{d}x\mathrm{d}y\mathrm{d}z = \int_a^b \mathrm{d}x \iint\limits_{D} f(x,y,z)\,\mathrm{d}y\mathrm{d}z$$

对于一般区域上的三重积分的计算,也可类似计算.

例 6.2.2 计算三重积分 $\iiint\limits_V (xy+z^2)\,\mathrm{d}x\mathrm{d}y\mathrm{d}z$,其中

$$V=[-2,5]\times[-3,3]\times[0,1]$$

解:由定理 6.2.1 知,

$$\iiint\limits_V (xy+z^2)\,\mathrm{d}x\mathrm{d}y\mathrm{d}z=\int_{-2}^{5}\mathrm{d}x\iint\limits_D (xy+z^2)\,\mathrm{d}y\mathrm{d}z$$

其中 $D=[-3,3]\times[0,1]$.再由二重积分的计算,得

$$\iiint\limits_V (xy+z^2)\,\mathrm{d}x\mathrm{d}y\mathrm{d}z=\int_{-2}^{5}\mathrm{d}x\iint\limits_D (xy+z^2)\,\mathrm{d}y\mathrm{d}z=\int_{-2}^{5}\mathrm{d}x\int_{-3}^{3}\mathrm{d}y\int_0^1 (xy+z^2)\mathrm{d}z$$

$$=\int_{-2}^{5}\mathrm{d}x\int_{-3}^{3}\left(xy+\frac{1}{3}\right)\mathrm{d}y=\int_{-2}^{5}2\mathrm{d}x=14$$

6.3 曲线积分的应用及其有关问题解法

6.3.1 曲线积分的应用

例 6.3.1 设质点 P 所受的作用力为 $\vec{F}$,其大小反比于点 P 到坐标原点 O 的距离,比例系数为 k,其方向垂直于 P,O 之连线,且与 x 轴正向夹角不大于 $\frac{\pi}{2}$,试求质点 P 由点 $A\left(0,\frac{\pi}{2}\right)$ 经曲线 $y=\left(\frac{\pi}{2}\right)\cos x$ 到点 $B\left(\frac{\pi}{2},0\right)$ 时,力 $\vec{F}$ 所做的功.

解:设力 $\vec{F}=\{F_x,F_y\}$,点 P 坐标为 (x,y),$\angle POB=\alpha$,则

$$\cos\alpha=\frac{x}{\sqrt{x^2+y^2}},\ \sin\alpha=\frac{y}{\sqrt{x^2+y^2}},\ \left|\vec{F}\right|=\frac{k}{\sqrt{x^2+y^2}}$$

$$\vec{F}=F_x\vec{i}+F_y\vec{j}=\left|\vec{F}\right|\sin\alpha\vec{i}+\left|\vec{F}\right|(-\cos\alpha)\vec{j}$$

$$=\frac{ky}{x^2+y^2}\vec{i}-\frac{kx}{x^2+y^2}\vec{j}$$

有向曲线弧段 $L=\overparen{AB}$ 的方程:$y=\left(\frac{\pi}{2}\right)\cos x$,$x$ 从 0 变到 $\frac{\pi}{2}$.

所以,力 $\vec{F}$ 所做的功 $W = \int_L F_x \mathrm{d}x + F_y \mathrm{d}y = k\int_L \dfrac{y\mathrm{d}x - x\mathrm{d}y}{x^2 + y^2}$,作曲线 $L_1:y=$

$\sqrt{\left(\dfrac{\pi}{2}\right)^2 - x^2}$, x 从 $\pi/2$ 变到 0 ,则 L 与 L_1 构成一个取逆时针方向的闭路,
记 D 是所围的闭域.

令 $P = \dfrac{y}{x^2 + y^2}$, $Q = \dfrac{x}{x^2 + y^2}$, $\dfrac{\partial P}{\partial y} = \dfrac{x^2 - y^2}{\left(x^2 + y^2\right)^2} = \dfrac{\partial Q}{\partial x}\left(x^2 + y^2 \neq 0\right)$,利用格

林公式,得 $k\displaystyle\int_{L+L_1} \dfrac{y\mathrm{d}x - x\mathrm{d}y}{x^2 + y^2} = \iint\limits_D \mathrm{d}\sigma = 0$, L_1 的参数方程为

$$\begin{cases} x = (\pi/2)\cos t \\ y = (\pi/2)\sin t \end{cases}$$

t 从 0 变到 $\dfrac{\pi}{2}$,则

$$k\int_{L_1} \frac{y\mathrm{d}x - x\mathrm{d}y}{x^2 + y^2} = k\int_0^{\frac{\pi}{2}} \left(\frac{2}{\pi}\right)^2 \left[\frac{\pi}{2}\sin t\left(-\frac{\pi}{2}\sin t\right) - \frac{\pi}{2}\cos t \cdot \frac{\pi}{2}\cos t\right]\mathrm{d}t = -k\int_0^{\frac{\pi}{2}}\mathrm{d}t = -\frac{k}{2}\pi$$

所以,功 $W = -k\displaystyle\int_{L_1} \dfrac{y\mathrm{d}x - x\mathrm{d}y}{x^2 + y^2} = \dfrac{k}{2}\pi$.

例 6.3.2 质点 P 沿着以 AB 为直径的半圆周,从点 $A(1,2)$ 运动到
点 $B(3,4)$ 的过程中受变力 $\vec{F}$ 作用, $\vec{F}$ 的大小等于点 P 与原点 O 之间
的距离,其方向垂直于线段 OP 且与 y 轴正向的夹角小于 $\pi/2$,求变力 $\vec{F}$
对质点 P 所做的功.

解: 按题意,变力 $\vec{F} = -y\vec{i} + x\vec{j}$,已知 $|\vec{F}| = |OP| = |OP|$,且 $\triangle PCD \cong$
$\triangle POE$, $|DP| = |EP|$, $|CD| = |OE|$.

因为圆心坐标为 $(2,3)$,半径 $r = \sqrt{2}$,所以圆弧 $\overset{\frown}{AB}$ 的参数方程为

$$\begin{cases} x = 2 + \sqrt{2}\cos t \\ y = 3 + \sqrt{2}\sin t \end{cases}$$

t 从 $-\dfrac{3}{4}\pi$ 变到 $\dfrac{\pi}{4}$,所以所求的功

$$W = \int_{\overset{\frown}{AB}} \vec{F} \cdot \mathrm{d}\vec{l} = \int_{\overset{\frown}{AB}} -y\mathrm{d}x + x\mathrm{d}y$$

$$= \int_{-3\pi/4}^{\frac{\pi}{4}} \left[-(3+2)\sin t \left(-\sqrt{2}\sin t \right) + \left(2 + \sqrt{2}\cos t \right) \left(\sqrt{2}\cos t \right) \right] dt$$

$$= \int_{-3\pi/4}^{\frac{\pi}{4}} \left(3\sqrt{2}\sin t + 2\sin^2 t + 2\sqrt{2}\cos t + 2\cos^2 t \right) dt$$

$$= \left[-3\sqrt{2}\cos t + 2\sqrt{2}\sin t + 2t \right]_{-\frac{3}{4}\pi}^{\frac{\pi}{4}} = 2(\pi - 1)$$

6.3.2 曲线积分的解法

6.3.2.1 第一类曲线积分的解法

假设 f 是曲线 L 上的连续函数,而曲线 L 有参数方程

$$x = x(t), \ y = y(t), \ z = z(t) \ (a \leq t \leq \beta)$$

其中三个函数 $x = x(t)$, $y = y(t)$, $z = z(t)$ 在区间 $[\alpha, \beta]$ 有连续导数. 分割区间 $[\alpha, \beta]$

$$\alpha = t_0 < t_1 < \cdots < t_n = \beta$$

这时曲线 L 就被分成若干小弧段 ΔL_1, $\Delta L_2, \cdots$, ΔL_n ,其中每一小段曲线的长度为

$$\Delta l_i = \int_{t_{i-1}}^{t_i} \sqrt{[x'(t)]^2 + [y'(t)]^2 + [z'(t)]^2} \, dt$$

又根据积分中值定理,得

$$\Delta l_i = \int_{t_{i-1}}^{t_i} \sqrt{[x'(t)]^2 + [y'(t)]^2 + [z'(t)]^2} \, dt = \sqrt{[x'(\tau_i)]^2 + [y'(\tau_i)]^2 + [z'(\tau_i)]^2} \Delta t_i \quad (6\text{-}3\text{-}1)$$

其中, $\tau_i \in [t_{i-1}, t_i]$. 又在 ΔL_i 上取点 P_i ,构造积分和

$$\sum_i f(P_i) \Delta l_i = \sum_i f(P_i) \sqrt{[x'(\tau_i)]^2 + [y'(\tau_i)]^2 + [z'(\tau_i)]^2} \Delta t_i \quad (6\text{-}3\text{-}2)$$

由于 f 在 L 上连续,由曲线积分存在的充分条件可知, $\int_L f dl$ 存在,因此,这里的 P_i 可以在 ΔL_i 上任取,于是可以令 $P_i = (x(\tau_i), y(\tau_i), z(\tau_i))$. 由此,积分和式(6-3-2)就转化为下面的形式

$$\sum_i f(P_i) \Delta l_i = \sum_i f((x(\tau_i), y(\tau_i), z(\tau_i))) \cdot \sqrt{[x'(\tau_i)]^2 + [y'(\tau_i)]^2 + [z'(\tau_i)]^2} \Delta t_i \quad (6\text{-}3\text{-}3)$$

由于 $x(t), y(t), z(t)$ 在区间 $[\alpha, \beta]$ 连续,所以当 $\max \Delta t_i \to 0$ 时,有 $\max \Delta l_i \to 0$. 又由于曲线积分存在,因此当 $\max \Delta t_i \to 0$ 时,等式(6-3-3)

左端的和式 $\sum\limits_i f(P_i)\Delta l_i$ 趋向于曲线积分 $\int_L f\mathrm{d}l$.

此外,由于函数 $f(x(t),y(t),z(t))\sqrt{[x'(t)]^2+[y'(t)]^2+[z'(t)]^2}$ 连续,因此当 $\max \Delta t_i \to 0$ 时,等式(6-3-3)右端的和式趋向于积分

$$\int_\alpha^\beta f(x(t),y(t),z(t))\sqrt{[x'(t)]^2+[y'(t)]^2+[z'(t)]^2}\,\mathrm{d}t$$

于是,在等式(6-3-3)两端取极限,就得到

$$\int_L f\mathrm{d}l = \int_\alpha^\beta f(x(t),y(t),z(t))\sqrt{[x'(t)]^2+[y'(t)]^2+[z'(t)]^2}\,\mathrm{d}t \qquad (6\text{-}3\text{-}4)$$

这就是曲线积分的计算公式.

例 6.3.3 计算 $\int_L x\mathrm{d}s$,其中 L 为

(1) $y=x^2$ 上由原点 O 到 $B(1,1)$ 的一段弧;

(2)折线 OAB, A 为 $(1,0)$, B 为 $(1,1)$,如图 6-2 所示.

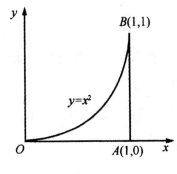

图 6-2

解:(1) $\mathrm{d}s = \sqrt{1+4x^2}\,\mathrm{d}x$,

$$\int_L x\mathrm{d}s = \int_0^1 x\sqrt{1+4x^2} = \frac{1}{12}(5\sqrt{5}-1)$$

(2)在 AB 上,$x=1$,$\mathrm{d}s=\mathrm{d}y$,在 OA 上 $y=0$,$\mathrm{d}s=\mathrm{d}x$,那么有

$$\int_L x\mathrm{d}s = \int_{OA} x\mathrm{d}s + \int_{OA} x\mathrm{d}s = \int_0^1 x\mathrm{d}x + \int_0^1 \mathrm{d}y = \frac{3}{2}$$

如果空间曲线 L 的参数方程为

$$x = x(t),\quad y = y(t),\quad z = z(t)$$

其中

$$a \leqslant t \leqslant \beta$$

从而有

$$\int_L f(x, y, z)\,\mathrm{d}s = \int_\alpha^\beta f[x(t),\ y(t),\ z(t)]\sqrt{(x'(t))^2 + (y'(t))^2 + (z'(t))^2}\,\mathrm{d}t$$

例 6.3.4 计算曲线积分 $\int_L (x^2 + y^2 + z^2)\mathrm{d}l$，其中 L 是螺旋线 $x = R\cos t$，$y = R\sin t$，$z = kt$ 在 $0 \leqslant t \leqslant 2\pi$ 的弧段.

解：L 的弧长元素是

$$\mathrm{d}l = \sqrt{(-R\sin t)^2 + (R\cos t)^2 + k^2}\,\mathrm{d}t = \sqrt{R^2 + k^2}\,\mathrm{d}t$$

因此

$$\int_L (x^2 + y^2 + z^2)\mathrm{d}l = \int_0^{2\pi} (R^2 + k^2 t^2)\sqrt{R^2 + k^2}\,\mathrm{d}t = 2\pi\left(R^2 + \frac{4}{3}\pi^2 k^2\right)\sqrt{R^2 + k^2}$$

6.3.2.2　第二类曲线积分的解法

（1）直接计算法（参数形式）. 若曲线为 $L\left(\overparen{AB}\right) : x = \varphi(t), y = \psi(t), \overparen{AB}$ 的起点为 A，对应的终点为 B，起点 A 与终点 B 对应的参数分别为 α，β（β 不一定比 α 大，但在对弧长的线积分中下限 $\alpha <$ 上限 β），则

$$\int_L P\mathrm{d}x + Q\mathrm{d}y = \int_\alpha^\beta \left\{ P\left[\varphi(t), \psi(t)\right]\varphi'(t) + Q\left[\varphi(t), \psi(t)\right]\psi'(t) \right\}\mathrm{d}t$$

特殊地，$y = \varphi(t)$，则视 x 为参数 $\begin{cases} x = x \\ y = \varphi(t) \end{cases}$；$x = \psi(t)$，则视 y 为参数 $\begin{cases} y = y \\ x = \psi(t) \end{cases}$.

（2）利用格林公式求解. 特别注意用格林公式时的条件：

①曲线的封闭性，若不是封闭，则用"加边法"构成封闭曲线；

②曲线的正向，公式中左边 L 的方向为正方向；

③连续性，$\dfrac{\partial P}{\partial y}, \dfrac{\partial Q}{\partial x}$ 在 L 及 L 围成的区域 D 上是连续的.

以上 3 点，要逐一检查，缺一不可.

特别提醒使用格林公式：

①当第二曲线积分的被积函数复杂时,可以考虑用格林公式;

②当积分曲线比较复杂时,也应考虑使用.

（3）加边法.

当曲线 L 不封闭时,要采用格林公式,要添加曲线(直线) L_1,使 $L+L_1$ 为闭合曲线(注意 L_1 的方向)再使用格林公式,即

$$\int_L P\mathrm{d}x + Q\mathrm{d}y = \oint_{L+L_1} P\mathrm{d}x + Q\mathrm{d}y - \int_{L_1} P\mathrm{d}x + Q\mathrm{d}y$$

$$= \iint_D \left(\frac{\partial Q}{\partial x} - \frac{\partial P}{\partial y}\right)\mathrm{d}x\mathrm{d}y - \int_{L_1} P\mathrm{d}x + Q\mathrm{d}y$$

关于 L_1 上的积分计算,采用直接法.

（4）用积分与路径无关条件求解.

若有 $\dfrac{\partial Q}{\partial x} \equiv \dfrac{\partial P}{\partial y}$ (积分与路径无关条件),则

$$\int_L P\mathrm{d}x + Q\mathrm{d}y = \int_{A(x_0,y_0)}^{B(x_1,y_1)} P\mathrm{d}x + Q\mathrm{d}y$$

如图 6-3 所示.

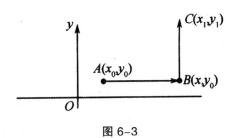

图 6-3

$$\int_{x_0}^{x_1} P(x, y_0)\mathrm{d}x + \int_{y_0}^{y_1} P(x_1, y)\mathrm{d}y$$

特别地, $\oint_L P\mathrm{d}x + Q\mathrm{d}y = 0$.

（5）挖洞法.

若在 D 内存在 P 或 Q 无定义,或其偏导数不连续(或不存在)的点,则需要"挖洞"去掉该点.

如图 6-4 所示区域,而第二曲线积分为 $\displaystyle\int_L \frac{x\mathrm{d}y - y\mathrm{d}x}{x^2 + y^2}$, L 为不过原点的任一连续曲线,但原点在 L 所围成的区域 D 内.则选取 L_1,与 L 同方向,则

$$\int_L P\mathrm{d}x + Q\mathrm{d}y = \int_{L_1} P\mathrm{d}x + Q\mathrm{d}y$$

其中，L_1 为 $x^2 + y^2 = \varepsilon^2$，方向如图 6-4 所示，且 ε 充分小.

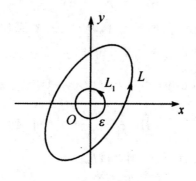

图 6-4

特别地，若 L 的表达式简单，则可用直接法计算.

例 6.3.5　计算曲线积分 $I = \oint_L x^2 y^3 \mathrm{d}x + z\mathrm{d}y + y\mathrm{d}z$，其中 L 是抛物面 $z = 4 - x^2 - y^2$ 与平面 $z = 3$ 的交线，从 z 轴的正向往负向看，方向为逆时针.

解：L 的方程为

$$\begin{cases} z = 3 \\ z = 34 - x^2 - y^2 \end{cases}$$

求解方程可得

$$\begin{cases} z = 3 \\ x^2 + y^2 = 1 \end{cases}$$

令 L 的参数方程为

$$\begin{cases} x = \cos t \\ y = \sin t \quad (0 \leqslant t \leqslant 2\pi) \\ z = 3 \end{cases}$$

从而可得

$$I = \int_0^{2\pi} [\cos^2 t \sin^3 t(-\sin t) + 3\cos t + 0] \mathrm{d}t$$

$$= -\int_0^{2\pi} \sin^4 t(1 - \sin^2 t) \mathrm{d}t + 3\int_0^{2\pi} \cos t \mathrm{d}t$$

$$= -4\int_0^{\frac{\pi}{2}} (\sin^4 t - \sin^6 t) \mathrm{d}t + 0$$

$$= -4\left(\frac{1\times 3}{2\times 4}\times\frac{\pi}{2} - \frac{1\times 3\times 5}{2\times 4\times 6}\times\frac{\pi}{2}\right)$$

$$= -\frac{\pi}{8}$$

例 6.3.6　求 $\oint_L y^2 \mathrm{d}x - x^2 \mathrm{d}y$，其中 L 是半径为 1，中心在点 $(1,1)$ 的圆周，且沿逆时针方向，如图 6-5 所示．（$\oint_L$ 表示曲线积分的路径为闭曲线，此时可取闭曲线上任一点为起点，它同时又为终点）．

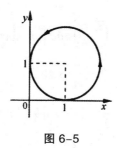

图 6-5

解：L 的参数方程为

$$x - 1 = \cos t, \ y - 1 = \sin t$$

即

$$x = 1 + \cos t, y = 1 + \sin t\ (0 \leqslant t \leqslant 2\pi)$$

因此

$$\oint_L y^2 \mathrm{d}x - x^2 \mathrm{d}y = -\int_0^{2\pi} (2 + \sin t + \cos t + \sin^3 t + \cos^3 t)\ \mathrm{d}t = -4\pi$$

6.4 曲面积分的应用及其有关问题解法

6.4.1 曲面积分的应用

例 6.4.1 求曲面

$x^2 + y^2 + z^2 = a^2$，$x^2 + y^2 + z^2 = b^2$，$x^2 + y^2 = z^2 \left(z > 0, 0 < a < b \right)$ 所围成的空间立体体积（图 6-6）.

解：利用球面坐标

$$v = \iiint\limits_{\Omega} \mathrm{d}v$$

$$= \int_0^{2\pi} \mathrm{d}\theta \int_0^{\frac{\pi}{4}} \mathrm{d}\varphi \int_a^b r2\sin\varphi \mathrm{d}r$$

$$= 2\pi \cdot \left[-\cos\varphi \right]_0^{\frac{\pi}{4}} \cdot \left[\frac{1}{3} r^3 \right]_a^b$$

$$= \frac{1}{3}\pi \left(2 - \sqrt{2} \right) \left(b^3 - a^3 \right)$$

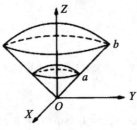

图 6-6

例 6.4.2 曲面 $x^2 + y^2 = 2 - z$ 及 $z = \sqrt{x^2 + y^2}$ 所围成立体 Ω，其密度 $\mu = 1$，求 Ω 关于 z 轴的转动惯量（图 6-7）.

解：两曲面的交线在 XOY 平面上的投影为

$$\begin{cases} x^2 + y^2 = 1 \\ z = 0 \end{cases}$$

采用柱面坐标系：

$$I_z = \iiint\limits_{\Omega}\left(x^2 + y^2\right)\mathrm{d}v$$

$$I_z = \iiint\limits_{\Omega}\left(x^2 + y^2\right)\mathrm{d}v$$

$$= \iiint\limits_{\Omega} r^2 \cdot r\mathrm{d}r\mathrm{d}\theta\mathrm{d}z$$

$$= \int_0^{2\pi}\mathrm{d}\theta\int_0^1 r^3\mathrm{d}r\int_r^{2-r^2}\mathrm{d}z$$

$$= 2\pi\int_0^1 r^3\left(2 - r^2 - r\right)\mathrm{d}r$$

$$= \frac{4}{15}\pi$$

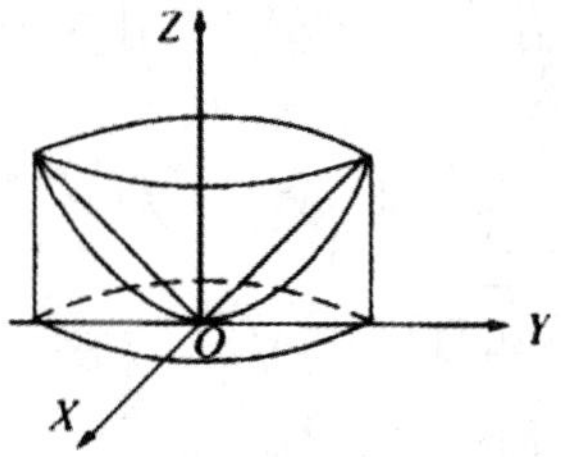

图 6-7

例 6.4.3 求曲面 $z = \sqrt{x^2 + y^2}$ 和 $z = x^2 + y^2$ 所围成的立体的体积．

解：两曲面的交线 $\begin{cases} x^2 + y^2 = 1 \\ z = 1 \end{cases}$，于是

$$V = \iint\limits_{x^2+y^2\leqslant 1}\left[\sqrt{x^2 + y^2} - \left(x^2 + y^2\right)\right]\mathrm{d}x\mathrm{d}y$$

$$= \int_0^{2\pi}\mathrm{d}\theta\int_0^1\left(r - r^2\right)r\mathrm{d}r$$

$$= 2\pi\left(\frac{1}{3}r^3 - \frac{1}{4}r^4\right)\Big|_0^1$$

$$= \frac{\pi}{6}$$

6.4.2 曲面积分的解法

6.4.2.1 第一类曲面积分的解法

（1）化成二重积分计算．根据曲面三的图形，合理选择投影面．如将

$\sum$ 投影在 xOy 面,得投影区域 D_{xy} 从 $\sum$ 中解出单值函数 $z = z(x,y)$,将被积函数 $f(x,y,z)$ 中的 z 用 $z(x,y)$ 替换,用 $\sqrt{1+z_x^2+z_y^2}\mathrm{d}x\mathrm{d}y$ 替换 $\mathrm{d}S$,即

$$\iint\limits_{\sum} f(x,y,z)\mathrm{d}S = \iint\limits_{D_{xy}} f(x,y,z(x,y))\sqrt{1+z_x^2+z_y^2}\mathrm{d}x\mathrm{d}y$$

若不是单值函数,则必须将曲面分块,使每块与平行于坐标轴的直线只交于一点.

(2)应用曲面的对称性及被积函数的奇偶性简化运算.

(3)利用轮换对称性计算.

若曲面 $\sum$ 关于 x,y,z 具有轮换对称性,则

$$\iint\limits_{\sum} f(x,y,z)\mathrm{d}S = \iint\limits_{\sum} f(y,z,x)\mathrm{d}S = \iint\limits_{\sum} f(z,x,y)\mathrm{d}S$$

$$= \frac{1}{3}\iint\limits_{\sum}\left[f(x,y,z)+f(y,z,x)+f(z,x,y)\right]\mathrm{d}S$$

(4)将曲面 $\sum$ 的表达式直接代入.

(5)化成对坐标的曲面积分计算.

例 6.4.4 求抛物面壳 $z = \dfrac{1}{2}(x^2+y^2)$ 其中 $0 \leqslant z \leqslant 1$ 的质量,该壳的面密度为 $\rho(x,y,z) = z$.

解:由题意知

$$M = \iint\limits_{S} \rho(x,y,z)\mathrm{d}S = \iint\limits_{S} z\mathrm{d}S = \iint\limits_{D_{xy}} z\sqrt{1+z_x'^2+z_y'^2}\mathrm{d}\sigma$$

$$= \iint\limits_{D_{xy}} \frac{1}{2}(x^2+y^2)\sqrt{1+x^2+y^2}\mathrm{d}\sigma$$

其中,D_{xy} 为圆域:$x^2+y^2 \leqslant 2$. 利用极坐标,可得

$$M = \frac{1}{2}\iint\limits_{D} r^2\sqrt{1+r^2}\mathrm{d}r\mathrm{d}\theta = \frac{1}{2}\int_0^{2\pi}\mathrm{d}\theta\int_0^{\sqrt{2}} r^3\sqrt{1+r^2}\mathrm{d}r = \frac{\pi}{2}\int_0^2 t\sqrt{1+t}\mathrm{d}t = \frac{2(1+6\sqrt{3})}{15}\pi$$

例 6.4.5 设 S 是锥面 $z^2 = k^2(x^2+y^2)$ $(z \geqslant 0)$ 被柱面 $x^2+y^2 = 2ax(a>0)$ 所截的曲面,如图 6-8 所示,计算曲面积分 $\iint\limits_{S}(y^2z^2+z^2x^2+x^2y^2)\mathrm{d}S$.

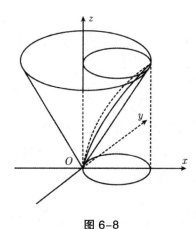

图 6-8

解：所给曲面 S 的面积元素为

$$dS = \sqrt{1 + z_x'^2 + z_y'^2}\,dxdy = \sqrt{1 + k^2}\,dxdy$$

并且 S 在平面 xOy 上的投影区域 D 是圆

$$x^2 + y^2 \leq 2ax$$

所以

$$\iint\limits_S (y^2z^2 + z^2x^2 + x^2y^2)dS = \sqrt{1 + k^2}\iint\limits_D [k^2(x^2 + y^2)^2 + x^2y^2]\,dxdy$$

$$= 2\sqrt{1 + k^2}\int_0^{\frac{\pi}{2}}d\varphi\int_0^{2a\cos\varphi} r^5(k^2 + \cos^2\varphi\sin^2\varphi)dr$$

$$= \frac{\pi}{24}a^6(80k^2 + 7)\sqrt{1 + k^2}$$

6.4.2.2　第二类曲面积分的性质与解法

第二类曲面积分的计算一定注意曲面的方向(侧)，具体计算方法如下：

（1）高斯公式．

①若 P，Q，R 在闭曲面 $\sum$ 所围空间区域 Ω 中有连续的一阶偏导数，则

$$\oiint\limits_{\sum} Pdydz + Qdxdz + Rdxdy = \iiint\limits_{\Omega}\left(\frac{\partial P}{\partial x} + \frac{\partial Q}{\partial y} + \frac{\partial R}{\partial z}\right)dv$$

其中 $\sum$ 取外侧.

②若 P，Q，R 较复杂，$\sum$ 非闭，则要加面，即添加辅助曲面 $\sum_1$，则

$$\iint\limits_{\sum} = \iint\limits_{\sum} + \iint\limits_{\sum_1} - \iint\limits_{\sum_1} = \iint\limits_{\sum + \sum_1} - \iint\limits_{\sum_1} = \iiint\limits_{U}\left(\frac{\partial P}{\partial x} + \frac{\partial Q}{\partial y} + \frac{\partial R}{\partial z}\right)\mathrm{d}v - \iint\limits_{\sum_1}$$

需要指出的是，$\sum_1$ 的方向，$\sum_1$ 与 $\sum$ 一起取外侧.

（2）分面投影法. 这种投影法是将有向曲面 $\sum$ 分别投影到 xOy 面，yOz 面，加 z 面上分别得 D_{xy}，D_{yz}，D_{xz}，则

$$\iint\limits_{\sum} R(x,y,z)\mathrm{d}x\mathrm{d}y \underline{\quad z = z(x,y) \quad} \pm\iint\limits_{D_{xy}} R(x,y,z(x,y))\mathrm{d}x\mathrm{d}y$$

$$\iint\limits_{\sum} R(x,y,z)\mathrm{d}x\mathrm{d}y \underline{\quad x = x(y,z) \quad} \pm\iint\limits_{D_{xy}} R(x(y,z),y,z)\mathrm{d}y\mathrm{d}z$$

$$\iint\limits_{\sum} R(x,y,z)\mathrm{d}x\mathrm{d}y \underline{\quad y = y(x,z) \quad} \pm\iint\limits_{D_{xy}} R(x,y(x,z),z)\mathrm{d}x\mathrm{d}z$$

曲面 $\sum$ 取上、前、右侧时，右边式子取"+"；

曲面 $\sum$ 取下、后、左侧时，右边式子取"–".

特别地，当曲面与坐标面垂直时，投影区域变成线，则面积为 0，可以简化积分计算.

（3）合一投影法. 这种投影法是将定向曲面 $\sum$ 只投影到某个坐标面上.

设有向曲面 $\sum$ 在 xOy 面的投影区域为 D_{xy}，则

$$\iint\limits_{\sum} P\mathrm{d}y\mathrm{d}z + Q\mathrm{d}x\mathrm{d}z + R\mathrm{d}x\mathrm{d}y = \pm\iint\limits_{\sum}\left(-Pz_x - Qz_y + R\right)\mathrm{d}x\mathrm{d}y$$

式中，当 $\sum$ 取上侧时，等式右端取"+"号，当 $\sum$ 取下侧时了等式右边取"–"号.

若将 $\sum$ 投影到 yOz 或 xOz 面，可得类似公式.

（4）利用两类曲面积分的联系计算.

$$\iint\limits_{\sum} P\mathrm{d}y\mathrm{d}z + Q\mathrm{d}x\mathrm{d}z + R\mathrm{d}x\mathrm{d}y = \pm\iint\limits_{\sum}\left(P\cos\alpha + Q\cos\beta + R\cos\gamma\right)\mathrm{d}S$$

当曲面 $\sum$ 为平面时，由于 $\sum$ 上任意一点的法向量的方向余弦为常数，此时用此式较为方便.

6.5 数形结合与对称性方法

在计算多元积分时,巧用对称性往往可以起到事半功倍的效果,而对称性正是数形结合方法的一种完美体现.前面已经有一些多元积分例子,在计算过程中应用对称性简化计算.

在高等数学中,常见的积分对称性有:"偶倍奇零";轮换对称性;关于直线 $y=x$ 对称.

关于"偶倍奇零"原则,适用于第一型积分,见表 6-1.

表 6-1

积分域图形关于 $x=0$ 对称	f 关于变量 x 为偶(奇)函数	积分为"偶倍奇零"
$[-a,a]$:对称于 y 轴	$f(-x)=\pm f(x)$	$I_1=\int_{-a}^{a}f(x)\mathrm{d}x=\begin{cases}2\int_0^a f\mathrm{d}x\\0\end{cases}$
D:对称于 y 轴	$f(-x,y)=\pm f(x,y)$	$I_2=\iint_D f(x,y)\,\mathrm{d}\sigma=\begin{cases}2\iint_{D_1}f\mathrm{d}\sigma\\0\end{cases}$
L:对称于 y 轴	$f(-x,y)=\pm f(x,y)$	$I_3=\int_L f(x,y)\,\mathrm{d}S=\begin{cases}2\int_{L_1}f\mathrm{d}S\\0\end{cases}$
Ω:对称于 yOz 面	$f(-x,y,z)=\pm f(x,y,z)$	$I_4=\iiint_\Omega f(x,y,z)\,\mathrm{d}v=\begin{cases}2\iiint_{\Omega_1}f\mathrm{d}v\\0\end{cases}$
Γ:对称于 yOz 面	$f(-x,y,z)=\pm f(x,y,z)$	$I_5=\int_\Gamma f(x,y,z)\,\mathrm{d}S=\begin{cases}2\int_{\Gamma_1}f\mathrm{d}S\\0\end{cases}$
Σ:对称于 yOz 面	$f(-x,y,z)=\pm f(x,y,z)$	$I_6=\iint_\Sigma f(x,y,z)\,\mathrm{d}S=\begin{cases}2\iint_{\Sigma_1}f\mathrm{d}S\\0\end{cases}$

注：①对于二维的积分 I_2、I_3，还有积分域及被积函数关于 y 性质的类似描述．

②对于三维的积分 I_4、I_5、I_6，还有积分域及被积函数分别关于 y 与 z 性质的类似描述．

所有对称性分别取决于关于点、直线或平面为对称的两个对称点的坐标的关系特征．

（1）xOy 平面上曲线 $L:L(x,y)=0$ 的对称性（表 6-2）．

表 6-2

对称于	$L(x,y)=0$ 的特征	L 的采用部分
原点 O	$L(x,y)=L(-x,-y)=0$	L_2：L 的 $x \geq 0$ 部分
轴 x	$L(x,y)=L(x,-y)=0$	L_1：L_2 的 $y \geq 0$ 部分
轴 y	$L(x,y)=L(-x,y)=0$	
直线 $y=x$	$L(x,y)=L(y,x)=0$	L_2：L 的 $x \geq y$ 部分
直线 $y=-x$	$L(x,y)=L(-y,-x)=0$	L_1：L_2 的 $y \geq 0$ 部分
平面有界闭区域 D 的对称性 $\Leftrightarrow$ 边界曲线 ∂D 的对称性		D_2：D 的相应对称区域之半

（2）$O-xyz$ 空间上曲面 $S:S(x,y,z)=0$ 的对称性（表 6-3）．

表 6-3

对称于	$S(x,y,z)=0$ 的特征	S 的采用部分
原点 O	$S(x,y,z)=S(-x,-y,-z)=0$	
x 轴	$S(x,y,z)=S(x,-y,-z)=0$	S_2：S 的 $x \geq 0$ 部分
y 轴	$S(x,y,z)=S(-x,y,-z)=0$	S_1：S_2 的 $y \geq 0$ 部分
z 轴	$S(x,y,z)=S(-x,-y,z)=0$	
直线 $y=x$	$S(x,y,z)=S(y,x,z)=0$	S_2：S 的 $x \geq y$ 部分
直线 $y=-x$	$S(x,y,z)=S(-y,-x,z)=0$	S_2：S 的 $x \geq -y$ 部分
yOz 平面	$S(x,y,z)=S(-x,y,z)=0$	S_2：S 的 $x \geq 0$ 部分

续表

对称于	$S(x,y,z)=0$ 的特征	S 的采用部分
zOy 平面	$S(x,y,z)=S(x,-y,z)=0$	S_2：S 的 $y \geq 0$ 部分
xOy 平面	$S(x,y,z)=S(x,y,-z)=0$	S_2：S 的 $z \geq 0$ 部分
空间有界闭区域 Ω 的对称性 $\Leftrightarrow$ 边界曲线 $\partial\Omega$ 的对称性		Ω_2：Ω 的相应对称区域之半
空间曲线 $\Gamma: \begin{cases} F(x,y,z)=0 \\ G(x,y,z)=0 \end{cases}$ 的对称性 $\Leftrightarrow$ 曲线 F 与 G 相交部分的同类对称性		Γ_2：Γ 的相应对称曲线之半

（3）$O-xyz$ 空间上函数 $f(x,y,z)$ 的奇偶性. 函数的奇偶性约定：设函数 $f(x,y,z)$ 在所论区域 D 中, 分别关于原点 O、x 轴、y 轴或 z 轴, 直线 $y=x$ 或 $y=-x$, 坐标平面 yOz, zOy 或 xOy 为对称, 而 $P(x,y,z)$ 和 $P'(x',y',z')$ 是 D 中的任两个对称点.

若 $f(P)=f(P')$, 则称 $f(x,y,z)$ 在相应对称性意义下为偶函数；

若 $f(P)=-f(P')$, 则称 $f(x,y,z)$ 在相应对称性意义下为奇函数.

对于函数 $f(x,y)$, $f(x)$ 的奇偶性也作类似的约定.

（4）多元积分的对称性. 先约定一些记号.

① 设 D 统一表示为：或定积分的积分区间, 或（平面 / 空间）第一型曲线积分的积分路线, 或二、三重积分的积分区域, 或第一型曲面积分的积分曲面.

② 当 D 具有上述对称性之一时, 在 xOy 平面情形, 记 D_2 如表 6-2 中的 L_2 或 D_2；在 $O-xyz$ 空间, 记 D_2 为表 6-3 中的 S_2 或 Ω_2 或 Γ_2, L_+ 表示正向平面曲线, Γ_+ 表示正向空间曲线, S_+ 表示正侧曲面.

③ $f(P)\left(P\in D\subset \mathbf{R}^k, k=1,2,3\right)$ 是 D 上 的 一、二 或 三 元 函 数. $\displaystyle\int_D f(P)\mathrm{d}w$ 表示函数 $f(P)$ 在 D 上的上述相应的定积分,（平面 / 空间）第一型曲线积分, 二、三重积分, 或第一型曲面积分.

关于积分的对称性见表 6-4 所列的结论.

表 6-4

D 的对称性	$f(P)$ 在 D 上奇偶性	积分表示
具有各种对称性之一	奇性	$\displaystyle\int_D f(P)\,\mathrm{d}w = 0$
	偶性	$\displaystyle\int_D f(P)\,\mathrm{d}w = 2\int_{D_2} f(P)\,\mathrm{d}w$
对称于原点 O,x 轴,或 y 轴	奇性	第二型曲线积分 $\displaystyle\int_{L_+/\Gamma_+} f(P)\,\mathrm{d}x(/\mathrm{d}y) = 2\int_{L_{2+}/\Gamma_{2+}} f(P)\,\mathrm{d}x(/\mathrm{d}y)$
	偶性	$\displaystyle\int_{L_+/\Gamma_+} f(P)\,\mathrm{d}x(/\mathrm{d}y) = 0$
对称于原点 O,x 轴,y 轴或 yOz 平面	奇性	第二型曲面积分 $\displaystyle\int_{S_+} f(P)\,\mathrm{d}y\mathrm{d}z = 2\int_{S_{2+}} f(P)\,\mathrm{d}y\mathrm{d}z$
	偶性	$\displaystyle\int_{S_+} f(P)\,\mathrm{d}y\mathrm{d}z = 0$
对 $\displaystyle\int_{S_+} f(P)\,\mathrm{d}x\mathrm{d}y$ 和 $\displaystyle\int_{S_+} f(P)\,\mathrm{d}z\mathrm{d}x$,结论类似		
对称轴 $y = \pm x$	无奇偶性要求	$\displaystyle\iint_D f(x,y)\,\mathrm{d}x\mathrm{d}y = \iint_D f(\pm y,\pm x)\,\mathrm{d}x\mathrm{d}y$ $= \dfrac{1}{2}\iint_D \left[f(x,y) + f(\pm y,\pm x)\right]\mathrm{d}x\mathrm{d}y$
	奇性	$\displaystyle\iint_D f(x,y)\,\mathrm{d}x\mathrm{d}y = 0$
	偶性	$\displaystyle\iint_D f(x,y)\,\mathrm{d}x\mathrm{d}y = \iint_{D_2} f(x,y)\,\mathrm{d}x\mathrm{d}y$
三重积分情形结论类似		
轮换替代,D 总不变	对三重积分,第一型空间曲线积分 $\displaystyle\int_D f(x,y,z)\,\mathrm{d}w = \int_D f(y,z,x)\,\mathrm{d}w = \int_D f(z,x,y)\,\mathrm{d}w$ $= \dfrac{1}{3}\int_D \left[f(x,y,z) + f(y,z,x) + f(z,x,y)\right]\mathrm{d}w$	

例 6.5.1 设圆域 $D: x^2 + y^2 \leq 2y$,计算二重积分 $I = \iint\limits_D \left(ax^2 + by^2\right)\mathrm{d}\sigma$.

解 1:积分区域 D 关于 y 轴对称,其第一象限部分用极坐标表示为

$D_1: 0 \leq r \leq 2\sin\theta, 0 \leq \theta \leq \pi/2$. 被积函数关于 x 为偶函数,因此

$$I = 2\iint\limits_{D_1}\left(ax^2 + by^2\right)\mathrm{d}\sigma = 2\int_0^{\pi/2}\left(a\cos^2\theta + b\sin^2\theta\right)\mathrm{d}\theta\int_0^{2\sin\theta}r^3\mathrm{d}r$$

$$= 8\int_0^{\pi/2}\left(a\cos^2\theta + b\sin^2\theta\right)\sin^4\theta\mathrm{d}\theta$$

$$= 8\int_0^{\pi/2}\left[a\cos^4\theta + (b-a)\sin^6\theta\right]\mathrm{d}\theta$$

$$= 8\left[a\cdot\frac{3}{4}\cdot\frac{1}{2}\cdot\frac{\pi}{2} + (b-a)\cdot\frac{5}{6}\cdot\frac{3}{4}\cdot\frac{1}{2}\cdot\frac{\pi}{2}\right] = \frac{1}{4}(a+5b)\pi$$

解 2:作坐标平移 $u = x, v = y - 1$,则 D 在 uv 平面上为 $D_0: u^2 + v^2 \leq 1$,
且有 $\mathrm{d}u\mathrm{d}v = \mathrm{d}x\mathrm{d}y$. 于是

$$I = 2\iint\limits_{D_0}\left[au^2 + b(v+1)^2\right]\mathrm{d}u\mathrm{d}v = 2\iint\limits_{D_0}\left(au^2 + bv^2 + 2bv + b\right)\mathrm{d}u\mathrm{d}v$$

由区域 D_0 的对称性,函数 $2bv$ 的奇性,及轮换对称性,分别可得

$$\iint\limits_{D_0}2bv\mathrm{d}u\mathrm{d}v = 0, \iint\limits_{D_0}u^2\mathrm{d}u\mathrm{d}v = \iint\limits_{D_0}v^2\mathrm{d}u\mathrm{d}v = \frac{1}{2}\iint\limits_{D_0}\left(u^2 + v^2\right)\mathrm{d}u\mathrm{d}v$$

所以

$$I = \frac{a+b}{2}\iint\limits_{D_0}\left(u^2 + v^2\right)\mathrm{d}u\mathrm{d}v + b\iint\limits_{D_0}\mathrm{d}u\mathrm{d}v$$

$$= \frac{a+b}{2}\int_0^{2\pi}\mathrm{d}\theta\int_0^1 r^3\mathrm{d}r + b\pi = \frac{a+b}{2}\frac{\pi}{2} + b\pi$$

$$= \frac{1}{4}(a+5b)\pi$$

例 6.5.2 求 $I = \iiint\limits_{\Omega}\left|z - x^2 - y^2\right|\mathrm{d}v$ 的值. 其中 $\Omega = 0 \leq z \leq 1, x^2 + y^2 \leq 1$.

解:为消去被积函数中的绝对值,须把 Ω 分成 Ω_1 及 Ω_2,如图 6-9 所
示. 则有

$$I = \iiint\limits_{\Omega_1} |z - x^2 - y^2| \mathrm{d}v + \iiint\limits_{\Omega_2} |z - x^2 - y^2| \mathrm{d}v$$

$$= \int_0^{2\pi} \mathrm{d}\theta \int_0^1 \rho \mathrm{d}\rho \int_{\rho^2}^1 \left(z - \rho^2\right) \mathrm{d}z + \int_0^{2\pi} \mathrm{d}\theta \int_0^1 \rho \mathrm{d}\rho \int_1^{\rho^2} \left(\rho^2 - z\right) \mathrm{d}z$$

$$= \frac{\pi}{3}$$

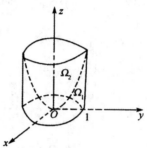

图 6-9

例 6.5.3 求 $\int_L \left(x^2 + y\right) \mathrm{d}s$，其中 L 是球面 $x^2 + y^2 + z^2 = R^2$ 与平面 $x + y + z = 0$ 的交线，且 $R > 0$.

解：根据轮换对称性有

$$\int_L x^2 \mathrm{d}s = \int_L y^2 \mathrm{d}s = \int_L z^2 \mathrm{d}s = \frac{1}{3}\int_L \left(x^2 + y^2 + z^2\right)\mathrm{d}s$$

$$= \frac{1}{3}\int_L R^2 \mathrm{d}s = \frac{1}{3}R^2 \int_L \mathrm{d}s = \frac{2}{3}\pi R^3$$

$$\int_L y \mathrm{d}s = \int_L x \mathrm{d}s = \int_L z \mathrm{d}s = \frac{1}{3}\int_L \left(x + y + z\right)\mathrm{d}s = \frac{1}{3}\int_L 0 \mathrm{d}s = 0$$

所以

$$\int_L \left(x^2 + y\right)\mathrm{d}s = \frac{2}{3}\pi R^3$$

例 6.5.4 设曲面：$\Sigma : z = \sqrt{x^2 + y^2}$，$z \leqslant 1$，计算曲面积分 $I = \iint\limits_{\Sigma} \left(3x^2 - 2xy + y^2 - 3z\right)\mathrm{d}S$.

解：由对称性，$\iint\limits_{\Sigma} 2xy \mathrm{d}S = 0$，$\iint\limits_{\Sigma} x^2 \mathrm{d}S = \iint\limits_{\Sigma} y^2 \mathrm{d}S = \iint\limits_{\Sigma} \frac{x^2 + y^2}{2} \mathrm{d}S$.

在 xOy 平面上的投影为 $D : x^2 + y^2 \leqslant 1$. 因为 $z = \sqrt{x^2 + y^2}$，有

$$dS = \sqrt{1 + z_x^2 + z_y^2} = \sqrt{2}dxdy$$

所以

$$I = \iint_{\Sigma} 2(x^2 + y^2)dS - \iint_{\Sigma} 3\sqrt{x^2 + y^2}dS$$

$$= \iint_{x^2+y^2 \leq 1} \left[2(x^2 + y^2) - 3\sqrt{x^2 + y^2} \right]\sqrt{2}dxdy$$

$$= \sqrt{2}\int_0^{2\pi} d\theta \int_0^1 (2r^3 - 3r^2)dr$$

$$= -\sqrt{2}\pi$$

第 7 章

级　数

　　级数又名无穷级数,是表示函数及进行数值计算的基础工具,是高等数学的重要组成部分,在数学理论及科学研究应用中扮演着十分重要的角色．无穷级数是数与函数的重要表达形式之一,是研究微积分理论及其应用的强有力的工具．研究无穷级数及其和,可以说是研究数列及其极限的另一种形式,尤其在研究极限的存在性及计算极限方面显示出很大的优越性．

7.1 无穷级数敛散性的判断方法

无穷级数是研究函数的性质、表示函数以及进行数值计算的有力工具,有很广泛的应用性.本章主要讲述了无穷级数的一些基本的概念、性质和敛散性的判定方法,幂级数的基本性质及敛散域的求法.

7.1.1 无穷级数的概念与性质

本节要求了解无穷级数的基本概念,掌握级数的部分和数列的极限判别级数的敛散性,收敛级数的性质.

7.1.1.1 无穷级数的定义

定义 7.1.1 给定数列 $u_1, u_2, \cdots, u_n, \cdots$,把它们各项依次相加得到

$$u_1 + u_2 + \cdots + u_n + \cdots \tag{7-1-1}$$

称式(7-1-1)是由这个数列生成的无穷级数(以下简称级数),记作 $\sum\limits_{n=1}^{\infty} u_n$.即

$$\sum_{n=1}^{\infty} u_n = u_1 + u_2 + \cdots + u_n + \cdots \tag{7-1-2}$$

u_1 称为级数的第一项,u_2 称为级数的第二项,$\cdots$,u_n 称为级数的一般项.

式(7-1-2)由无穷多个数相加,也称为数项级数.

问题 1:这样的无数多个数相加是否有和呢?

问题 2:这样的无数多个数相加求和,能用有限项的加法法则运算吗?

问题 3：怎样求和呢？

为了回答上述问题，先给出级数的部分和的定义．

7.1.1.2 收敛级数的基本性质

由级数收敛的定义可知，级数的收敛问题，实质上就是其部分和数列有无极限的问题，因此可以用数列极限的相关结论来推证级数的一些重要性质．

性质 7.1.1 若级数 $\sum\limits_{n=1}^{\infty} u_n$ 收敛，c 为任一非零常数，则级数 $\sum\limits_{n=1}^{\infty} cu_n$ 也收敛，且有

$$\sum_{n=1}^{\infty} cu_n = c\sum_{n=1}^{\infty} u_n$$

性质 7.1.2 若级数 $\sum\limits_{n=1}^{\infty} u_n$ 和 $\sum\limits_{n=1}^{\infty} v_n$ 分别收敛于 q 和 p，则级数 $\sum\limits_{n=1}^{\infty} (u_n \pm v_n)$ 也收敛，且有

$$\sum_{n=1}^{\infty} (u_n \pm v_n) = \sum_{n=1}^{\infty} u_n + \sum_{n=1}^{\infty} v_n = q + p$$

推论： 若级数 $\sum\limits_{n=1}^{\infty} u_n$ 和 $\sum\limits_{n=1}^{\infty} v_n$ 均收敛，则对任何非零常数 c_1、c_2，级数 $\sum\limits_{n=1}^{\infty} (c_1 u_n \pm c_2 v_n)$ 也收敛，且有

$$\sum_{n=1}^{\infty} (c_1 u_n \pm c_2 v_n) = c_1 \sum_{n=1}^{\infty} u_n \pm c_2 \sum_{n=1}^{\infty} v_n$$

性质 7.1.3 在级数的前面添上或去掉有限项，级数的收敛性不变．

性质 7.1.4 若级数 $\sum\limits_{n=1}^{\infty} u_n$ 收敛，则对级数的项任意加括号后，所得的级数仍收敛且其和不变．

性质 7.1.4 反过来未必成立，即若加括号后级数收敛，则原级数却不一定收敛．例如，级数

$$1-1+1+\cdots+(-1)^{n-1}+\cdots$$

加括号后

$$(1-1)+(1-1)+(1-1)+\cdots+(1-1)+1$$

收敛于零,但级数 $1-1+1+\cdots+(-1)^{n-1}+\cdots$ 发散.

性质 7.1.5(级数收敛的必要条件） 若级数 $\sum\limits_{n=1}^{\infty} u_n$ 收敛,则 $\lim\limits_{n\to+\infty} u_n = 0$.

证明：设该级数部分和为 s_n,于是 $u_n = s_n - s_{n-1}$,由于 $\sum\limits_{n=1}^{\infty} u_n$ 收敛于 s,所以有

$$\lim_{n\to+\infty} u_n = \lim_{n\to+\infty} \left(s_n - s_{n-1}\right) = s - s = 0$$

即,若 $\sum\limits_{n=1}^{\infty} u_n$ 收敛,则 $\lim\limits_{n\to+\infty} u_n = 0$.

若 $\lim\limits_{n\to+\infty} u_n \neq 0$ 或不存在,则级数 $\sum\limits_{n=1}^{\infty} u_n$ 一定发散.

例如,级数 $\dfrac{1}{2} - \dfrac{2}{3} + \dfrac{3}{4} + \cdots + (-1)^{n-1} \dfrac{n}{n+1} + \cdots$,当 $n \to +\infty$ 时,其一般项 $u_n = (-1)^{n-1} \dfrac{n}{n+1}$,不趋于 0,所以级数是发散的.

如果 $\lim\limits_{n\to+\infty} u_n = 0$,那么级数 $\sum\limits_{n=1}^{\infty} u_n$ 收敛吗？

例如,调和级数 $\sum\limits_{n=1}^{\infty} \dfrac{1}{n}$,虽然 $\lim\limits_{n\to+\infty} \dfrac{1}{n} = 0$,但它是发散级数.

若 $\lim\limits_{n\to+\infty} u_n = 0$,级数 $\sum\limits_{n=1}^{\infty} u_n$ 不一定收敛.

例 7.1.1　证明 $\sum\limits_{n=1}^{\infty} (-1)^{n-1}$ 是发散级数.

证明：因为 $\lim\limits_{n\to+\infty} u_n = \lim\limits_{n\to+\infty} (-1)^{n-1}$ 不存在,所以级数 $\sum\limits_{n=1}^{\infty} (-1)^{n-1}$ 发散.

例 7.1.2　判别级数 $\sum\limits_{n=1}^{\infty} \dfrac{n-1}{n}$ 的敛散性.

证明：因为 $\lim\limits_{n\to+\infty} \dfrac{n-1}{n} = 1$,所以原级数是发散的.

7.1.2　无穷级数的部分和与敛散性

定义 7.1.2　设 s_n 是级数 $\sum\limits_{n=1}^{\infty} u_n$ 的前 n 项和，即

$$s_n = u_1 + u_2 + \cdots + u_n$$

称 s_n 为级数 $\sum\limits_{n=1}^{\infty} u_n$ 部分和．

根据上述定义，级数 $\sum\limits_{n=1}^{\infty} u_n$ 的部分和指的是级数 $\sum\limits_{n=1}^{\infty} u_n$ 的前 n 个数相加，当 n 取值不同，如 $n=1,2,3,\cdots$ 就可以得出

$$s_1 = u_1, \quad s_2 = u_1 + u_2, \quad s_3 = u_1 + u_2 + u_3, \cdots, \quad s_n = u_1 + u_2 + \cdots + u_n$$

构成一个和数列 $\{s_n\}$，称为级数 $\sum\limits_{n=1}^{\infty} u_n$ 的部分和数列．

级数的部分和与级数的和的内在的联系在于，当 n 越大时，s_n 就越接近于级数的和，因此，$n \to +\infty$ 时，部分和 s_n 的值是级数 $\sum\limits_{n=1}^{\infty} u_n$ 的和；当 $n \to +\infty$ 时，部分和 s_n 的值其实是 s_n 在 $n \to +\infty$ 时的极限，即 $\lim\limits_{n \to \infty} s_n = s$（$s$ 为常数）．因此可得出级数 $\sum\limits_{n=1}^{\infty} u_n$ 求和的计算方法

$$\sum_{n=1}^{\infty} u_n = \lim_{n \to \infty} s_n = s$$

如果极限 $\lim\limits_{n \to \infty} s_n$ 存在，则称级数 $\sum\limits_{n=1}^{\infty} u_n$ 收敛，且收敛于 s；若 $\lim\limits_{n \to \infty} s_n$ 不存在，则称级数 $\sum\limits_{n=1}^{\infty} u_n$ 发散．

当级数 $\sum\limits_{n=1}^{\infty} u_n$ 收敛于 s 时，其和 s 部分和 s_n 的差 $R_n = s - s_n = u_n + 1 + u_n + 2 + \cdots$ 称为该级数的余项．

用 s_n 作为 s 的近似值所产生的误差，就是余项的绝对值 $|R_n|$．

例如，$\frac{1}{3} = 0.\dot{3}$，等式的右端是一个以 3 为循环节的无限循环小数，写成级数就是

$$0.\dot{3} = 0.333\cdots = \frac{3}{10} + \frac{3}{10^2} + \frac{3}{10^3} + \cdots = \sum_{n=1}^{\infty} \frac{3}{10^n}$$

又如，等比级数（几何级数）$\sum_{n=0}^{\infty} aq^n = a + aq + aq^2 + \cdots + aq^n + \cdots$（$a \neq 0$）的敛散性.

若 $|q| \neq 1$，则部分和为 $s_n = a + aq + aq^2 + \cdots + aq^{n-1} = \frac{a(1-q^n)}{1-q}$.

（1）当 $|q| < 1$ 时，$\lim\limits_{n \to \infty} s_n = \frac{a}{1-q}$；

（2）当 $|q| > 1$ 时，$\lim\limits_{n \to \infty} s_n = \infty$；

（3）当 $q = 1$ 时，$s_n = na$，$\lim\limits_{n \to \infty} s_n = \infty$；

（4）当 $q = -1$ 时，$\sum_{n=0}^{\infty} a - a + a - a + \cdots$.

其部分和 $s_n = \begin{cases} 0, & n \text{为偶数时} \\ a, & n \text{为奇数时} \end{cases}$，此时，$\lim\limits_{n \to \infty} s_n$ 不存在.

对于等比数列 $\sum_{n=0}^{\infty} aq^n$（$a \neq 0$）的收敛与发散有如下结论：

（1）当 $|q| < 1$ 时，等比级数 $\sum_{n=0}^{\infty} aq^n$ 收敛于 $\frac{a}{1-a}$.

（2）当 $|q| \geq 1$ 时，等比级数 $\sum_{n=0}^{\infty} aq^n$ 发散.

7.1.3　正项级数敛散判别法

本节要求掌握正项级数的概念、级数收敛的基本定理与级数敛散性的判定方法. 将正项级数的敛散性的问题转化成一般性的级数的敛散性的问题.

定义 7.1.3　若级数 $\sum_{n=1}^{\infty} u_n$ 的各项 $u_n \geq 0$，则称级数 $\sum_{n=1}^{\infty} u_n$ 为正项级数.

根据正项级数的定义可知,各项 $u_n \geqslant 0$,所以正项级数的部分和数列 $\{S_n\}$ 是单调递增的.由部分和数列 $\{S_n\}$ 在 $n \to +\infty$ 时有极限时,级数 $\sum\limits_{n=1}^{\infty} u_n$ 收敛,则部分和数列 $\{S_n\}$ 有上界;若部分和数列 $\{S_n\}$ 没有上界,则级数 $\sum\limits_{n=1}^{\infty} u_n$ 发散.因此,可得正项级数收敛的基本定理.

定理 7.1.1（基本定理） 正项级数 $\sum\limits_{n=1}^{\infty} u_n$ 收敛 $\Leftrightarrow$ 部分和数列 $\{S_n\}$ 有上界,且此时 $S_n \leqslant S$,其中 $S = \sum\limits_{n=1}^{\infty} u_n$.

证明:因为 $u_n \geqslant 0$,所以 $S_n = S_1 + u_n \geqslant S_{n-1}$,可见 $\{S_n\}$ 单调递增.

故 $\sum\limits_{n=1}^{\infty} u_n$ 收敛 $\Leftrightarrow$ $\{S_n\}$ 收敛 $\Leftrightarrow$ $\{S_n\}$ 有界,此时有 $S_n \leqslant S_{n-1}$.

结论:单调有界数列必收敛.

定理 7.1.2 （比较判别法） 设 $\sum\limits_{n=1}^{\infty} u_n$ 和 $\sum\limits_{n=1}^{\infty} v_n$ 均为正项级数,且 $u_n \leqslant v_n$,$n = 1, 2, \cdots$,则

（1） $\sum\limits_{n=1}^{\infty} v_n$ 收敛 $\Rightarrow$ $\sum\limits_{n=1}^{\infty} u_n$ 收敛;

（2） $\sum\limits_{n=1}^{\infty} u_n$ 发散 $\Rightarrow$ $\sum\limits_{n=1}^{\infty} v_n$ 发散.

证明:由条件知,$0 \leqslant S_n = \sum\limits_{k=1}^{\infty} u_n \leqslant \sum\limits_{k=1}^{\infty} v_n = T_n$ 那么

（1） $\sum\limits_{n=1}^{\infty} v_n$ 收敛 $\Rightarrow$ $\{T_n\}$ 有界 $\Rightarrow$ $\{S_n\}$ 有界 $\Rightarrow$ $\sum\limits_{n=1}^{\infty} u_n$ 收敛;

（2） $\sum\limits_{n=1}^{\infty} u_n$ 发散 $\Rightarrow$ $\{S_n\}$ 无界 $\Rightarrow$ $\{T_n\}$ 无界 $\Rightarrow$ $\sum\limits_{n=1}^{\infty} v_n$ 发散.

另证,若 $\sum\limits_{n=1}^{\infty} v_n$ 收敛,由（1）证明知 $\sum\limits_{n=1}^{\infty} u_n$,必收敛,此与题设 $\sum\limits_{n=1}^{\infty} u_n$ 发散矛盾,所以假设不成立,即 $\sum\limits_{n=1}^{\infty} v_n$ 发散.

两个推论：

（1）若级数 $\sum\limits_{n=1}^{\infty} v_n$ 收敛且存在 $N>0$，当 $n>N$ 时，恒有 $un \leqslant cv_n$（$c>0$ 为常数），且级数 $\sum\limits_{n=1}^{\infty} u_n$ 收敛；

（2）若级数 $\sum\limits_{n=1}^{\infty} v_n$ 发散且存在 $N>0$，当 $n>N$ 时，恒有 $un \leqslant cv_n$（$c>0$ 为常数），且级数 $\sum\limits_{n=1}^{\infty} u_n$ 发散．

例7.1.3 讨论 $p-$ 级数 $1+\dfrac{1}{2^p}+\dfrac{1}{3^p}+\dfrac{1}{4^p}+\cdots+\dfrac{1}{n^p}+\cdots$ 的敛散性（$p>0$）．

解：（1）若 $p \leqslant 1$，由 $\dfrac{1}{n^p} \geqslant \dfrac{1}{n} \Rightarrow P-$ 级数发散．

（2）若 $p>1$，由 $0 \leqslant n-1 \leqslant x \leqslant n \Rightarrow \dfrac{1}{n^p} \leqslant \dfrac{1}{x^p}$．所以

$$\frac{1}{x^p} = \int_{n-1}^{n} \frac{\mathrm{d}x}{n^p} \leqslant \int_{n-1}^{n} \frac{\mathrm{d}x}{x^p} (n=2,3,4,\cdots)$$

那么

$$S_n = 1 + \frac{1}{2^p} + \frac{1}{3^p} + \frac{1}{4^p} + \cdots + \frac{1}{n^p} \leqslant 1 + \int_1^2 \frac{\mathrm{d}x}{x^p} + \int_2^3 \frac{\mathrm{d}x}{x^p} + \cdots + \int_{n-1}^{n} \frac{\mathrm{d}x}{x^p}$$

$$= 1 + \int_{n-1}^{n} \frac{\mathrm{d}x}{x^p} \leqslant 1 + \int_1^{+\infty} \frac{\mathrm{d}x}{x^p} = 1 + \left[\frac{1}{1-p} \frac{1}{x^{p-1}} \right]_1^{+\infty}$$

$$= 1 + \frac{1}{p-1} = \frac{p}{p-1}$$

可见 $\{S_n\}$ 有界 $\Rightarrow p-$ 级数收敛．

$p-$ 级数 $\sum\limits_{n=1}^{\infty} \dfrac{1}{n^p}$ 收敛 $\Leftrightarrow p>1$

（此结论当定理使用）

由 $p-$ 级数得结论：

设 $\sum\limits_{n=1}^{\infty} u_n$ 为正项级数，那么

（1）若 $p>1$，且 $un \leqslant \dfrac{1}{n^p}$，$n=1,2,\cdots$，则 $\sum\limits_{n=1}^{\infty} u_n$ 收敛；

（2）若 $u_n \geqslant \dfrac{1}{n}$, $n=1,2,\cdots$, 则 $\displaystyle\sum_{n=1}^{\infty} u_n$ 发散.

例 7.1.4 证明级数 $\displaystyle\sum_{n=1}^{\infty} \dfrac{1}{\sqrt{n(n+1)}}$ 是发散的.

证明：因为 $\dfrac{1}{\sqrt{n(n+1)}} > \dfrac{1}{\sqrt{(n+1)(n+1)}} = \dfrac{1}{n+1}$, 而级数 $\displaystyle\sum_{n=1}^{\infty} \dfrac{1}{n+1} = \sum_{n=2}^{\infty} \dfrac{1}{n}$

发散,所以级数 $\displaystyle\sum_{n=1}^{\infty} \dfrac{1}{\sqrt{n(n+1)}}$ 发散.

例 7.1.5 （1）讨论级数 $\displaystyle\sum_{n=1}^{\infty} \dfrac{1}{\sqrt{n(n^2+1)}}$ 的敛散性.

解：因为 $u_n = \dfrac{1}{\sqrt{n(n^2+1)}} < \dfrac{1}{\sqrt{n^3}} = \dfrac{1}{n^{\frac{3}{2}}} = v_n$, 而级数 $\displaystyle\sum_{n=1}^{\infty} v_n = \sum_{n=1}^{\infty} \dfrac{1}{n^{\frac{3}{2}}}$ 为收

敛的 $p-$ 级数,所以级数 $\displaystyle\sum_{n=1}^{\infty} \dfrac{1}{\sqrt{n(n^2+1)}}$ 收敛.

（2）讨论级数 $\displaystyle\sum_{n=1}^{\infty} \left(\dfrac{n}{2n+1}\right)^n$ 的敛散性.

解：因为 $u_n = \left(\dfrac{n}{2n+1}\right)^n < \left(\dfrac{n}{2n}\right)^n = \left(\dfrac{1}{2}\right)^n = v_n$, 而级数 $\displaystyle\sum_{n=1}^{\infty} v_n = \sum_{n=1}^{\infty} \left(\dfrac{1}{2}\right)^n$ 是

收敛的几何级数,所以级数 $\displaystyle\sum_{n=1}^{\infty} \left(\dfrac{n}{2n+1}\right)^n$ 收敛.

（3）判断级数 $\displaystyle\sum_{n=1}^{\infty} \left(\sqrt[2]{n^3+1} - \sqrt[2]{n^3-1}\right)$ 的敛散性.

解：令 $u_n = \sqrt[2]{n^3+1} - \sqrt[2]{n^3-1} \geqslant 0 \Rightarrow \displaystyle\sum_{n=1}^{\infty} u$ 为正项级数.

又 $u_n = \sqrt{n^3+1} - \sqrt{n^3-1} = \dfrac{2}{\sqrt{n^3+1} + \sqrt{n^3-1}} \leqslant \dfrac{2}{\sqrt{n^3+1}} \leqslant \dfrac{2}{n^{\frac{3}{2}}} = v_n$

级数 $\displaystyle\sum_{n=1}^{\infty} \dfrac{1}{n^{\frac{3}{2}}}$ 为收敛的 $p-$ 级数,所以 $\displaystyle\sum_{n=1}^{\infty} v_n$ 收敛.

由比较判别法知,级数 $\displaystyle\sum_{n=1}^{\infty} \left(\sqrt[2]{n^3+1} - \sqrt[2]{n^3-1}\right)$ 收敛.

（4）判别级数 $\sum\limits_{n=1}^{\infty}\dfrac{n^2+1}{\left(n^2+2\right)\left(n^2+3\right)}$ 的敛散性.

解：$u_n=\dfrac{n^2+1}{\left(n^2+2\right)\left(n^2+3\right)}<\dfrac{n^2+1}{\left(n^2+1\right)n^2}=\dfrac{1}{n^2}=v_n$

由 $\sum\limits_{n=1}^{\infty}v_n=\sum\limits_{n=1}^{\infty}\dfrac{1}{n^2}$ 收敛 $\Rightarrow\sum\limits_{n=1}^{\infty}\dfrac{n^2+1}{\left(n^2+2\right)\left(n^2+3\right)}$ 收敛.

结论：当通项较容易通过不等式的放缩而找到已知敛散性的级数的通项时，可以选择比较判别法.利用比较判别法需要对调和级数、几何级数、p 级数的敛散性非常熟悉.

定理 7.1.3（比较判别法的极限形式） 设 $\sum\limits_{n=1}^{\infty}u_n$ 与 $\sum\limits_{n=1}^{\infty}v_n$ 均为正项级数,且 $\lim\limits_{n\to\infty}\dfrac{u_n}{v_n}=l$，则

（1）当 $0<l<+\infty$ 时,级数 $\sum\limits_{n=1}^{\infty}u_n$ 与 $\sum\limits_{n=1}^{\infty}v_n$ 有相同的敛散性；

（2）当 $l=0$,且级数 $\sum\limits_{n=1}^{\infty}v_n$ 收敛时,级数 $\sum\limits_{n=1}^{\infty}u_n$ 也收敛；

（3）当 $l=+\infty$,且级数 $\sum\limits_{n=1}^{\infty}v_n$ 发散时,级数 $\sum\limits_{n=1}^{\infty}u_n$,也发散.

证明：（1）当 $0<l<+\infty$ 时,由 $\lim\limits_{n\to\infty}\dfrac{u_n}{v_n}=l$ 得 $\forall\varepsilon>0$，$\exists N>0$. 当 $n>N$ 时,

$\left|\dfrac{u_n}{v_n}-l\right|<\varepsilon$，$\varepsilon=\dfrac{l}{2}$，$l<\dfrac{u_n}{v_n}<\dfrac{3l}{2}$ 取 $\varepsilon=\dfrac{l}{2}$,则 $\dfrac{l}{2}<\dfrac{u_n}{v_n}<\dfrac{3l}{2}$ 即 $\dfrac{l}{2}v_n<u_n<\dfrac{3l}{2}v_n$.

由正项级数的比较判别法得,若 $\sum\limits_{n=1}^{\infty}v_n$ 收敛,且 $u_n<\dfrac{3l}{2}v_n$,则 $\sum\limits_{n=1}^{\infty}u_n$ 收敛；若 $\sum\limits_{n=1}^{\infty}u_n$ 收敛,且 $\dfrac{1}{2}v_n<u_n$ 则 $\sum\limits_{n=1}^{\infty}v_n$ 收敛,故原结论成立.

（2）当 $l=0$ 时,$\dfrac{u_n}{v_n}<\varepsilon$，即 $u_n<\varepsilon v_n$ 由比较判别法得结论成立.

（3）当 $l=+\infty$ 时,由无穷大的概念知 $\exists M>0$,当 $\dfrac{u_n}{v_n}>M\Rightarrow u_n>Mv_n$,

$\sum\limits_{n=1}^{\infty}v_n$ 发散.由正项级数的比较判别法得 $\sum\limits_{n=1}^{\infty}u_n$ 发散,故结论成立.

推论：设 $\sum\limits_{n=1}^{\infty}u_n$ 为正项级数，且 $\lim\limits_{n\to\infty}n^p u_n = l$.

（1）当 $p>1,0 \leq l<+\infty$ 时，级数 $\sum\limits_{n=1}^{\infty}u_n$ 收敛；

（2）当 $p \leq 1,0<l \leq +\infty$ 时，级数 $\sum\limits_{n=1}^{\infty}u_n$ 发散.

证明：法设 $\sum\limits_{n=1}^{\infty}v_n$ 为正项级数，其中 $v_n = \dfrac{1}{n^p}$ ，利用比较判别法证明.

注：利用比较的极限形式时常需用无穷小的等价代换.

当 $x \to 0$ 时，常见的等价无穷小为

$$x\sim\sin x\sim\tan x\sim\arcsin x\sim\arctan x\sim\ln(x+1)\sim e^x-1,1-\cos x\sim\frac{1}{2}x^2$$

例 7.1.6 （1）判别级数 $\sum\limits_{n=1}^{\infty}\sin\dfrac{1}{n}$ 的敛散性.

解：因为 $\lim\limits_{n\to\infty}n\sin\dfrac{1}{n} = \lim\limits_{n\to\infty}\dfrac{\sin\dfrac{1}{n}}{\dfrac{1}{n}} = 1$ ，所以级数 $\sum\limits_{n=1}^{\infty}\sin\dfrac{1}{n}$ 发散（$p=1$）.

（2）判别级数 $\sum\limits_{n=1}^{\infty}\ln\left(1+\dfrac{1}{n}\right)$ 的敛散性.

解：利用无穷小代换，当 $n \to \infty$ ，$\ln\left(1+\dfrac{1}{n}\right) \sim \dfrac{1}{n}$ ，令 $v_n = \dfrac{1}{n}$ 且 $\sum\limits_{n=1}^{\infty}\dfrac{1}{n}$ 发散，所以级数 $\sum\limits_{n=1}^{\infty}\ln\left(1+\dfrac{1}{n}\right)$ 发散.

结论：当 $n \to \infty$ 时，级数的通项能与常用的等价无穷小代换，此时考虑用比较判别法的极限形式进行判定，但必须给出通项比值的极限（与无穷大比较）以及已知级数的敛散性.

定理 7.1.4（比值判别法，达朗贝尔判别法 D' Alembert） 设 $\sum\limits_{n=1}^{\infty}u_n$ 为正项级数，若 $\lim\limits_{n\to\infty}\dfrac{u_{n+1}}{u_n} = \rho$ 则

（1）当 $\rho<1$ 时，级数 $\sum\limits_{n=1}^{\infty}u_n$ 收敛；

（2）当 $\rho>1$ 或 $\rho=+\infty$ 时，级数 $\sum\limits_{n=1}^{\infty}u_n$ 发散；

（3）当 $\rho=1$ 时，级数 $\sum\limits_{n=1}^{\infty}u_n$ 可能收敛也可能发散.

例如，级数 $\sum\limits_{n=1}^{\infty}\dfrac{1}{n}$ 发散，则级数 $\sum\limits_{n=1}^{\infty}\dfrac{1}{n^2}$ 收敛，这两个级数均有 $\rho=1$.

例 7.1.7 （1）讨论级数 $\sum\limits_{n=1}^{\infty}\dfrac{(n+1)!}{n^{n+1}}$ 的敛散性.

解：由

$$\lim_{n\to\infty}\frac{u_{n+1}}{u_n}=\lim_{n\to\infty}\frac{(n+2)!}{(n+1)^{n+2}}\cdot\frac{n^{n+1}}{(n+1)!}=\lim_{n\to\infty}\left(\frac{n}{n+1}\right)^n\cdot\frac{n+2}{n+1}$$

$$=\lim_{n\to\infty}\frac{1}{\left(1+\dfrac{1}{n}\right)^n}\cdot\left(\frac{n}{n+1}\right)=\frac{1}{e}<1$$

所以，原级数收敛.

（2）讨论级数 $\sum\limits_{n=1}^{\infty}\dfrac{n^n}{n!}$ 的敛散性.

解：令 $u_n=\dfrac{n^n}{n!}$，$\rho=\lim\limits_{n\to\infty}\dfrac{u_{n+1}}{u_n}=\lim\limits_{n\to\infty}\left(1+\dfrac{1}{n}\right)^n=e>1$，故 $\sum\limits_{n=1}^{\infty}\dfrac{n^n}{n!}$ 发散.

结论：对于不便用比较与比较的极限形式完成敛散性判别的级数，应考虑用比值判别法，它的特点是用相邻两项的后一项与前相邻一项的比值极限来判定级数的敛散性，但注意极限与 1 相比较的大小，同时要注意，比值判别法对 p^- 级数无效.

7.2 幂级数收敛范围的求法

幂级数是研究函数和近似计算的有力工具.本节将研究幂级数的性

质以及幂级数的求和方法.

7.2.1 函数项级数

前面我们讨论了以"数"为项的级数,即数项级数.现在来讨论每一项都是"函数"的级数,这就是函数项级数.

设 $u_1(x)$, $u_2(x)$,…, $u_n(x)$,… 都是定义在区间 I 上的函数,则称之为(定义在)I 上的函数列,简记作 $\{u_n(x)\}$;由该函数列构成的表达式

$$\sum_{n=1}^{\infty} u_n(x) = u_1(x) + u_2(x) + \cdots + u_n(x) + \cdots \qquad (7\text{-}2\text{-}1)$$

称为定义在 I 上的函数项级数或级数.

在式(7-2-1)中任取 $x_0 \in I$,在 $x = x_0$ 处的级数(7-2-1)就成为常数项级数

$$\sum_{n=1}^{\infty} u_n(x_0) = u_1(x_0) + u_2(x_0) + \cdots + u_n(x_0) + \cdots \qquad (7\text{-}2\text{-}2)$$

若数项级数(7-2-2)收敛,则称函数项级数(7-2-1)在点 x_0 收敛,称点 x_0 为函数项级数(7-2-1)的收敛点;若数项级数(7-2-2)发散,则称函数项级数(7-2-1)在点 x_0 发散,称点 x_0 为函数项级数(7-2-1)的发散点.函数项级数(7-2-1)全体收敛点的集合即为它的收敛域;函数项级数(7-2-1)全体发散点的集合即为它的发散域.

在收敛域 J 上,级数在每个点 $x \in J$ 上都有一个确定的和 $S = S(x)$,$S(x)$ 为函数项级数的和函数,记为

$$S(x) = u_1(x) + u_2(x) + \cdots + u_n(x) + \cdots$$

把函数项级数(7-2-1)的前 n 项之和记作 $S_n(x)$,称为该函数项级数的部分和;并把 $R_n(x) = S(x) - S_n(x)$ 称为该函数项级数的余项。于是,在收敛域 J 上,和函数就是部分和序列函数列 $\{S_n(x)\}$ 的极限,即

$$\lim_{n \to \infty} S_n(x) = S(x), \text{且} \lim_{n \to \infty} R_n(x) = 0$$

而且,函数项级数在集 J 上(每一点)收敛的充要条件是部分和序列 $\{S_n(x)\}$ 在 J 上(每一点)收敛.

由上述分析不难发现,函数项级数在区间上的收敛性问题,研究的是函数项级数在该区间上任何一点的收敛性问题;函数项级数在某一点处的收敛问题,研究的是常数项级数的收敛问题.因此,也可以采用常数项级数的收敛性判别法来判定函数项级数的收敛性.

例 7.2.1 求级数 $\sum_{n=1}^{\infty} \dfrac{(n+x)^n}{n^{n+x}}$ 的收敛域.

解:因为

$$u_n = \frac{(n+x)^n}{n^{n+x}} = \frac{\left(1+\dfrac{x}{n}\right)^n}{n^x}$$

当 $x=0$ 时, $u_n = 1 \ (n=1,2,\cdots)$,所以此级数发散.

当 $x \neq 0$ 时,此级数去掉前面有限项后为正项级数,而

$$\lim_{n\to\infty} \frac{u_n}{\dfrac{1}{n^x}} = \lim_{n\to\infty}\left(1+\frac{x}{n}\right)^n = \lim_{n\to\infty}\left[\left(1+\frac{x}{n}\right)^{n/x}\right]^x = e^x$$

因为 $p-$ 级数 $\sum_{n=1}^{\infty}\dfrac{1}{n^x}$ 在 $x>1$ 时收敛, $x \leq 1$ 时发散,故由比较判别法的极限形式可得,此级数在 $x>1$ 时收敛,即收敛域为 $(1,+\infty)$.

7.2.2 幂级数及其收敛性

定义 7.2.1 形如

$$\sum_{n=0}^{\infty} a_n(x-x_0)^n = a_0 + a_1(x-x_0) + a_2(x-x_0)^2 + \cdots + a_n(x-x_0)^n + \cdots \quad (7\text{-}2\text{-}3)$$

的函数项级数称为 $(x-x_0)$ 幂级数,其中, $a_0,a_1,a_2,\cdots$ 称作幂级数的系数.

当 $x_0=0$ 时,式(7-2-3)也可以记作

$$\sum_{n=0}^{\infty} a_n x^n = a_0 + a_1 x + a_2 x^2 + \cdots + a_n x^n + \cdots \quad (7\text{-}2\text{-}4)$$

称为 x 的幂级数.

对式（7-2-3）进行变量代换 $t = x - x_0$ 可得式（7-2-4）. 因此，下面仅研究形如式（7-2-4）的幂级数.

定义 7.2.2　对于给定的值 $x_0 \in \mathbf{R}$，式（7-2-4）变成常数项级数

$$\sum_{n=0}^{\infty} a_0 x_0^n = a_0 + a_1 x_0 + a_2 x_0^2 + \cdots + a_n x_0^n + \cdots \qquad （7-2-5）$$

如果式（7-2-5）收敛，称 x_0 为幂级数（7-2-4）的收敛点. 如果级数（7-2-5）发散，称 x_0 为式（7-2-4）的发散点. 若幂级数的收敛点集是区间，称之为收敛域，其发散点的全体称为发散域.

对于收敛域内的不同点 x，式（7-2-4）的和也可能不同，所以式（7-2-4）的和是关于 x 的一个数，记为 $S(x)$，称为幂级数 [式（7-2-4）] 的和函数.

任意一个幂级数 [式（7-2-4）] 在点 x_0 处总是收敛的，除此之外，有下列收敛定理.

定理 7.2.1（阿贝尔定理）　若幂级数 $\sum\limits_{n=0}^{\infty} a_n x^n$ 在 $x = x_0 (x_0 \neq 0)$ 处收敛，则当 $|x| < |x_0|$ 时，该级数在点 x 处绝对收敛；反之，若级数 $\sum\limits_{n=0}^{\infty} a_n x^n$ 在 $x = x_0$ 时发散，则当 $|x| > |x_0|$ 时，该级数点 x 处发散.

证明：设 $x_0 \neq 0$ 是幂级数（7-2-4）收敛点，即 $\sum\limits_{n=0}^{\infty} a_n x_0^n$ 收敛，由级数收敛的必要条件，可知 $\lim\limits_{n \to \infty} a_n x_0^n = 0$，于是有常数 M，使

$$\left| a_n x_0^n \right| \leqslant M \, (n = 0, 1, 2, \cdots)$$

则级数（7-2-4）的一般项的绝对值为

$$\left| a_n x^n \right| = \left| a_n x_0^n \cdot \frac{x^n}{x_0^n} \right| = \left| a_n x_0^n \right| \cdot \left| \frac{x^n}{x_0^n} \right| \leqslant M \left| \frac{x}{x_0} \right|^n$$

当 $\left| \dfrac{x}{x_0} \right| < 1$ 时，等比级数 $\sum\limits_{n=0}^{\infty} M \left| \dfrac{x}{x_0} \right|^n$ 收敛，所以级数 $\sum\limits_{n=0}^{\infty} \left| a_n x^n \right|$ 收敛，也就是级数 $\sum\limits_{n=0}^{\infty} a_n x^n$ 绝对收敛.

定理的第二部分利用反证法证明．设 $x=x_0$ 时发散，有一点 x_1 存在，且 $|x_1|>|x_0|$，并使级数 $\sum_{n=0}^{\infty}a_nx_1^n$ 收敛，那么由定理的第一部分可得，当 $x=x_0$ 时级数应收敛，这与假设矛盾．定理得证．

由阿贝尔定理可知，如果幂级数在 $x=x_0$ 处收敛，则对 $\left(-|x_0|,|x_0|\right)$ 上的任何 x，幂级数都收敛；如果幂级数在 $x=x_0$ 处发散，则对 $\left[-|x_0|,|x_0|\right]$ 以外的任何 x，幂级数都发散．

7.2.3 幂级数的收敛半径与收敛区间

如果 $\lim_{n\to\infty}\left|\dfrac{a_{n+1}x^{n+1}}{a_nx^n}\right|=\lim_{n\to\infty}\left|\dfrac{a_{n+1}}{a_n}\right||x|=\rho|x|$ 存在，根据正项级数的比值判别法可得，当 $\rho|x|<1$ 时，$\sum_{n=0}^{\infty}a_nx^n$ 绝对收敛，当 $\rho\neq0$ 时，$\sum_{n=0}^{\infty}a_nx^n$ 在区间 $(-\dfrac{1}{\rho},\dfrac{1}{\rho})$ 内收敛．于是该幂级数的收敛半径 $R=\dfrac{1}{\rho}$，则

$$\lim_{n\to\infty}\left|\frac{a_n}{a_{n+1}}\right|=R$$

设幂级数 $\sum_{n=0}^{\infty}a_nx^n$ 的系数满足 $\lim_{n\to\infty}\left|\dfrac{a_n}{a_{n+1}}\right|=R$，则

（1）$0<R<+\infty$，则当 $|x|<R$ 时，幂级数收敛，当 $|x|>R$ 时，幂级数发散；

（2）$R=0$，则幂级数仅在 $x=0$ 点处收敛；

（3）$R=+\infty$，则幂级数的收敛区间为 $(-\infty,+\infty)$．

当 $R=0$ 时，幂级数的收敛域仅有一点 $x=0$，当 $R\neq0$ 时，区间 $(-R,R)$ 为幂级数的收敛区间，但对于 $x=\pm R$，定理没有指明是否收敛，这时要将 $x=\pm R$ 代入幂级数得到常数项级数，再讨论其收敛情况，R 为幂级数的收敛半径．

例 7.2.2 求幂级数 $x-\dfrac{x^2}{2}+\dfrac{x^2}{3}+\cdots+(-1)^{n-1}\dfrac{x^n}{n}+\cdots$ 的收敛半径与收

敛区间.

解：这是一个关于 x 的幂级数，则

$$R = \lim_{n \to \infty} \left| \frac{a_n}{a_{n+1}} \right| = \lim_{n \to \infty} \frac{\frac{1}{n+1}}{\frac{1}{n}} = 1$$

在端点 $x = 1$ 时，级数成为收敛的交错级数

$$1 - \frac{1}{2} + \frac{1}{3} - \cdots + (-1)^{n-1} \frac{1}{n} + \cdots$$

在端点 $x = -1$ 时，级数成为发散的级数

$$-1 - \frac{1}{2} - \frac{1}{3} - \cdots - \frac{1}{n} - \cdots$$

所以，幂级数的收敛半径 $R = 1$，收敛区间是 $(-1, 1]$.

例 7.2.3 求幂级数 $\sum_{n=1}^{\infty} \frac{(x-1)^n}{3^n \cdot n}$ 的收敛区间.

解：令 $t = x - 1$，原级数成为 $\sum_{n=1}^{\infty} \frac{t^n}{3^n \cdot n}$，因为

$$R = \lim_{n \to \infty} \left| \frac{a_n}{a_{n+1}} \right| = \lim_{n \to \infty} \frac{3^{n+1} \cdot (n+1)}{3^n \cdot n} = 3$$

所以关于变量 t 的收敛半径为 $R = 3$，收敛区间为 $|t| < 3$，即 $-2 < x < 4$.

当 $x = -2$ 时，级数成为 $\sum_{n=1}^{\infty} \frac{(-1)^n}{n}$，这时级数收敛；当 $x = 4$ 时，级数成为

$\sum_{n=1}^{\infty} \frac{1}{n}$，这时级数发散. 因此原幂级数的收敛区间为 $(-2, 4]$.

例 7.2.4 求幂级数 $\sum_{n=1}^{\infty} (nx)^{n-1}$ 的收敛区间.

解：其收敛半径为

$$R = \lim_{n \to \infty} \left| \frac{a_n}{a_{n+1}} \right| = \lim_{n \to \infty} \left| \frac{n^{n-1}}{(n+1)^n} \right| = \lim_{n \to \infty} \left(\frac{n}{n+1} \right)^n \frac{1}{n}$$

$$= \lim_{n \to \infty} \frac{1}{\left(1 + \frac{1}{n} \right)^n} \cdot \frac{1}{n} = \frac{1}{e} \times 0 = 0$$

因而幂级数仅在 $x=0$ 处收敛.

例 7.2.5 求幂级数 $\displaystyle\sum_{n=1}^{\infty}\frac{2^n x^{2n-1}}{n+1}$ 的收敛区间.

解: 因为

$$\lim_{n\to\infty}\left|\frac{\dfrac{2^{n+1}x^{2(n+1)-1}}{n+2}}{\dfrac{2^n x^{2n-1}}{n+1}}\right|=2|x|^2$$

则当 $2|x|^2<1$ 即 $|x|<\dfrac{1}{\sqrt{2}}$ 时, 幂级数 $\displaystyle\sum_{n=1}^{\infty}\frac{2^n x^{2n-1}}{n+1}$ 收敛, 其收敛半径 $R=\dfrac{1}{\sqrt{2}}$.

又因为级数 $\displaystyle\sum_{n=1}^{\infty}\frac{2^n\left(\dfrac{1}{\sqrt{2}}\right)^{2n-1}}{n+1}=\sum_{n=1}^{\infty}\frac{\sqrt{2}}{n+1}$ 发散, 则级数

$$\sum_{n=1}^{\infty}\frac{2^n\left(-\dfrac{1}{\sqrt{2}}\right)^{2n-1}}{n+1}=\sum_{n=1}^{\infty}\frac{-\sqrt{2}}{n+1}$$

也发散, 则级数的收敛区间为 $\left(-\dfrac{1}{\sqrt{2}},\dfrac{1}{\sqrt{2}}\right)$.

7.2.4 幂级数的运算性质

幂级数在其收敛区间 $(-R,R)$ 是绝对收敛的, 可以相加、相减、相乘、相除、逐项积分、逐项求导, 常有如下幂级数的运算法则. 本书介绍幂级数的代数运算性质和分析运算性质, 不作证明.

定理 7.2.2（幂级数的运算性质） 设两个幂级数 $\displaystyle\sum_{n=0}^{\infty}a_n x^n$, $\displaystyle\sum_{n=0}^{\infty}b_n x^n$ 的收敛半径分别为 R_1 和 R_2, 这两个幂级数可进行下列代数运算.

（1）加、减法：

$$\sum_{n=0}^{\infty}a_n x^n\pm\sum_{n=0}^{\infty}b_n x^n=\sum_{n=0}^{\infty}(a_n\pm b_n)x^n=\sum_{n=0}^{\infty}c_n x^n$$

$$R=\min\{R_1,R_2\}, \quad x\in(-R,R)$$

（2）乘法：

$$\left(\sum_{n=0}^{\infty}a_nx^n\right)\cdot\left(\sum_{n=0}^{\infty}b_nx^n\right)=\sum_{n=0}^{\infty}\left(\sum_{k=0}^{\infty}a_kb_{n-k}\right)x^n=\sum_{n=0}^{\infty}c_nx^n$$

式中，$c_n=a_0b_n+a_1b_{n-1}+\cdots+a_nb_0$，$R=\min\{R_1,R_2\}$.

（3）除法：

$$\frac{\sum\limits_{n=0}^{\infty}a_nx^n}{\sum\limits_{n=0}^{\infty}b_nx^n}=\sum_{n=0}^{\infty}c_nx^n,\left(b_0\neq0\right)$$

式中，$a_n=\sum\limits_{k=0}^{n}c_kb_{n-k}$，由此可得 $c_k\left(k=0,1,2,\cdots\right)$，新级数的收敛半径远小于原来级数的收敛半径.

定理 7.2.3 设幂级数 $\sum\limits_{n=0}^{\infty}a_nx^n$ 的收敛区间 $(-R,R)$ 内核函数为 $S(x)$，则

（1）和函数 $S(x)$ 在区间 $(-R,R)$ 上连续；

（2）在对任意 $x\in(-R,R)$，$S(x)$ 可以从 0 到 x 逐项积分，即

$$\int_0^x S(x)\mathrm{d}x=\int_0^x\left[\sum_{n=0}^{\infty}a_nx^n\right]\mathrm{d}x=\sum_{n=0}^{\infty}\int_0^x a_nx^n\mathrm{d}x=\sum_{n=0}^{\infty}\frac{a_n}{n+1}x^{n+1}$$

（3）和函数 $S(x)$ 在区间 $(-R,R)$ 上可导，而且可逐项求导，即

$$S'(x)=\left(\sum_{n=0}^{\infty}a_nx^n\right)'=\sum_{n=0}^{\infty}\left(a_nx^n\right)'=\sum_{n=1}^{\infty}na_nx^{n-1}$$

经逐项求导后，幂级数 $\sum\limits_{n=0}^{\infty}a_nx^n$ 的和函数 $S(x)$ 在其收敛区间 $(-R,R)$ 内具有任意阶导数.

即便幂级数逐项积分或求导后，其收敛半径不改变，但是在收敛区间断点处的收敛性则有可能与之前不同.

例 7.2.6 求幂级数 $\sum\limits_{n=1}^{\infty}nx^{n-1}$ 的收敛区间及和函数，并求数项级数 $\sum\limits_{n=1}^{\infty}\frac{n}{2^n}$ 的和.

解：因为 $R = \lim\limits_{n \to \infty} \left| \dfrac{a_n}{a_{n+1}} \right| = \lim\limits_{n \to \infty} \left| \dfrac{n}{n+1} \right| = 1$ ，

把 $x = \pm 1$ 代入幂级数后都不收敛，所以原级数的收敛区间为 $(-1,1)$ ．

设和函数为 $S(x)$ ，因为 $\int_0^x nt^{n-1}\mathrm{d}t = x^n$ ，所以

$$\int_0^x S(t)\mathrm{d}t = \int_0^x \left(\sum_{n=1}^{\infty} nt^{n-1} \right)\mathrm{d}t = \sum_{n=1}^{\infty} \int_0^x nt^{n-1}\mathrm{d}t = \sum_{n=1}^{\infty} x^n = \frac{x}{1-x}$$

两边求导得 $S(x) = \left(\dfrac{x}{1-x} \right)' = \dfrac{1}{(1-x)^2}$ ，$x \in (-1,1)$ ，即

$$\frac{1}{(1-x)^2} = \sum_{n=1}^{\infty} nx^{n-1}, \quad x \in (-1,1)$$

将 $x = \pm \dfrac{1}{2}$ 代入得

$$\sum_{n=1}^{\infty} \frac{n}{2^n} = \frac{1}{2} \sum_{n=1}^{\infty} n \left(\frac{1}{2} \right)^{n-1} = \frac{1}{2} \frac{1}{\left(1 - \dfrac{1}{2} \right)^2} = 2$$

例 7.2.7 求幂级数 $\sum\limits_{n=1}^{\infty} (-1)^{n-1} \dfrac{x^n}{n}$ 的和函数 $S(x)$ ，并求级数 $\sum\limits_{n=1}^{\infty} \dfrac{(-1)^{n-1}}{n}$ 的和。

解：因为

$$\lim_{n \to \infty} \left| \frac{a_{n+1}}{a_n} \right| = \lim_{n \to \infty} \left| \frac{(-1)^n}{n+1} \div \frac{(-1)^{n-1}}{n} \right| = \lim_{n \to \infty} \frac{n}{n+1} = 1$$

故收敛半径 $R = 1$．当 $x = 1$ 时，级数 $\sum\limits_{n=1}^{\infty} \dfrac{(-1)^{n-1}}{n}$ 收敛，当 $x = -1$ 时，级数 $-\sum\limits_{n=1}^{\infty} \dfrac{1}{n}$ 变成发散．于是，该幂级数的收敛区间为 $(-1,1]$．对 $\forall x \in (-1,1)$，利用逐项求导性质得：

$$S'(x) = \sum_{n=1}^{\infty} (-1)^{n-1} \left(\frac{x^n}{n} \right)'$$

$$= \sum_{n=1}^{\infty} (-1)^{n-1} x^{n-1}$$

$$= \sum_{n=1}^{\infty} (-x)^{n-1} = \frac{1}{1+x}$$

故有

$$S(x) - S(0) = \int_0^x S'(t)\mathrm{d}t = \int_0^x \frac{1}{1+t}\mathrm{d}t = \ln(1+x)$$ 由原幂级数知 $S(0) = 0$，

所以 $S(x) = \ln(1+x)$，即 $\sum_{n=1}^{\infty} (-1)^{n-1} \dfrac{x^n}{n} = \ln(1+x) (-1 < x \leqslant 1)$.

由于当 $x=1$ 时级数收敛，这样，所求数项级数的和为

$$\sum_{n=1}^{\infty} \frac{(-1)^{n-1}}{n} = \ln 2$$

7.3 级数求和方法

级数通常分函数项级数和数项级数，它们的求和方法很多，人们较常见到的无穷级数求和问题多为幂级数和数项级数求和，因此这儿给出的方法多是对上述两类级数有效．这些方法大体上有下面几种．

（1）利用无穷级数和的定义；

（2）利用已知（常见）函数的展开式；

（3）利用通项变形；

（4）逐项微分法；

（5）逐项积分法；

（6）逐项微分、积分；

（7）通过函数展开（包括展成幂级数和 Fourier 级数）法；

（8）利用定积分的性质；

（9）化为微分方程解；

（10）利用无穷级数的乘积；

（11）利用 Euler 公式 $e^{i\theta}=\cos\theta+i\sin\theta$．

当然，对于幂级数来讲除了方法（2）和方法（8）其余均适用；而对于数项级数则又可视为幂级数。当变元取某些特定值（通常是取 1）时的特例情形；然而就其直接使用来说，它多用方法（1）、（2）、（3）、（7）、（8）等，

下面我们分别举例谈谈这些方法．

7.3.1 利用无穷级数和的定义

已知：$\sum\limits_{n=1}^{\infty} a_n$ 常定义为 $\lim\limits_{n\to\infty}\sum\limits_{k=1}^{n} a_k$，这样若求得 $S_n=\sum\limits_{k=1}^{n} a_k$ 之后，再取极限 $\lim\limits_{n\to\infty} S_n$ 就可以了．当然在求 S_n 时有时往往结合着数学归纳法．

例 7.3.1 试求 $\sum\limits_{n=2}^{\infty}\dfrac{1}{n^2-1}$ ．

解：先将级数通项变形，且注意级数前后项相消，有

$$S_{n-1}=\sum_{k=2}^{n}\frac{1}{k^2-1}=\sum_{k=2}^{n}\frac{1}{2}\left(\frac{1}{k-1}-\frac{1}{k+1}\right)=\frac{1}{2}\left(1+\frac{1}{2}-\frac{1}{n}-\frac{1}{n+1}\right)$$

故 $S=\lim\limits_{n\to\infty} S_{n-1}=\dfrac{3}{4}$．

有时为了求出 S_n 的表达式，常须对级数进行某些变形．

7.3.2 利用已知（常见）函数的展开式

有些函数的展开式需要人们熟记，它们不仅在函数展开上有用，在级数求和时亦常用到．

例 7.3.2 求级数 $\sum\limits_{n=0}^{\infty}\dfrac{2n+1}{n!}$ 的和．

解：由 $\dfrac{2n+1}{n!}=2\dfrac{n}{n!}+\dfrac{1}{n!}=\dfrac{2}{(n-1)!}+\dfrac{1}{n!}$，得

$$\sum_{n=0}^{\infty}\frac{2n+1}{n!}=2\sum_{n=1}^{\infty}\frac{1}{(n-1)!}+\sum_{n=1}^{\infty}\frac{1}{n!}=2\mathrm{e}+\mathrm{e}=3\mathrm{e}$$

7.3.3　利用通项变形

利用通项变形求级数和是一种重要技巧. 它常用的有：拆项；同加、减某个代数式；同乘、除某个代数式；某数或式加部分和再减去部分和，目的为了便于求和或化简求和式子（比如前后项相消）. 先来看利用拆项求和的例子.

例 7.3.3　求 $\displaystyle\sum_{n=1}^{\infty}\frac{1}{n(n+1)}$ 的和.

解：由 $\dfrac{1}{n(n+1)}=\dfrac{1}{n}-\dfrac{1}{n+1}$，这样可有

$$\sum_{n=1}^{\infty}\frac{1}{n(n+1)}=\sum_{n=1}^{\infty}\left(\frac{1}{n}-\frac{1}{n+1}\right)=\lim_{N\to\infty}\left(\sum_{n=1}^{N}\frac{1}{n}-\sum_{n=1}^{N}\frac{1}{n+1}\right)$$
$$=\lim_{N\to\infty}\left(2+\frac{1}{N+1}\right)=1$$

注：显然利用本题的方法和结论可将问题作如下推广.

（1）计算 $\displaystyle\sum_{n=1}^{\infty}\frac{1}{n(n+m)}$. 这里 m 为自然数.

（2）计算 $\displaystyle\sum_{n=1}^{\infty}\frac{1}{n(n+1)(n+2)}$.

提示：这只需注意到 $\dfrac{1}{n(n+1)(n+2)}=\dfrac{1}{2}\left[\dfrac{1}{n(n+1)}-\dfrac{1}{(n+1)(n+2)}\right]$ 即可.

（3）计算 $\displaystyle\sum_{n=1}^{\infty}\frac{1}{(2n-1)2n(2n+1)}$. 当然，它们还可以进一步推广.

7.3.4 逐项微分法

由于幂函数在微分时可产生一个常系数,这便为我们处理某些幂级数求和问题提供了方法. 当然从实质上讲,这是求和运算与求导(微分)运算交换次序问题,因而应当心幂级数的收敛区间(对于后面逐项积分法亦如此). 我们来看几个例子.

例 7.3.4 求级数 $\sum\limits_{n=1}^{\infty} (n+1)x^n$ 的和函数,这儿 $|x| < 1$.

解:注意到当 $|x| < 1$ 时

$$\sum_{n=0}^{\infty} (n+1)x^n = \sum_{n=0}^{\infty} (x^{n+1})' = \left(\sum_{n=0}^{\infty} x^{n+1}\right)' = \left(\frac{x}{1-x}\right)' = \frac{1}{(1-x)^2}$$

7.3.5 逐项积分法

同逐项微分法一样,逐项积分法也是级数求和的一种重要方法,这里当然也是运用函数积分时产生的常系数,而使逐项积分后的新级数便于求和.

例 7.3.5 求级数 $\sum\limits_{n=1}^{\infty} n(x-1)^{n-1}$ 的和函数,其中 $0 < x < 2$.

解:
$$\sum_{n=1}^{\infty} n(x-1)^{n-1} = \left[\int_0^x \sum_{n=1}^{\infty} n(x-1)^{n-1} \mathrm{d}x\right]' = \left[\sum_{n=1}^{\infty} \int_0^x n(x-1)^{n-1} \mathrm{d}x\right]'$$

$$= \left[\sum_{n=1}^{\infty} (x-1)^n\right]' = \left[\frac{x-1}{1-(x-1)}\right]' = \frac{1}{(2-x)^2}$$

7.3.6 逐项微分、积分

有时在同一个级数求和式中既需要逐项微分,又需要逐项积分,这往往是将一个级数求和问题化为两个级数求和问题时才会遇到.

例 7.3.6 求级数 $1+\sum_{n=1}^{\infty}\dfrac{x^{2n}}{2n}$ 的和函数,其中 $|x|<1$.

解: 令 $S(x)=\sum_{n=1}^{\infty}\dfrac{x^{2n}}{2n}$,则考虑 $\left[1+S(x)\right]'=\sum_{n=1}^{\infty}x^{2n-1}=x\sum_{n=0}^{\infty}x^{2n}=\dfrac{x}{1-x^2}$. 而

$f(0)=0$,则 $f(x)=\int_0^x\dfrac{x}{1-x^2}\mathrm{d}x=-\dfrac{1}{2}\ln\left(1-x^2\right)$. 故 $1+\sum_{n=1}^{\infty}\dfrac{x^{2n}}{2n}=1-\dfrac{1}{2}\ln\left(1-x^2\right)\left(|x|<1\right)$.

7.3.7 通过函数展开法

数项级数的求和问题,除了直接方法(如利用定义、通项变形)时,多是通过函数幂级数或 Fourier 级数展开后赋值而得到 .

例 7.3.7 求级数 $\sum_{n=1}^{\infty}\dfrac{2n-1}{2^n}$ 的和 .

解: 作 $S(x)=\sum_{n=0}^{\infty}(2n+1)x^{2n},|x|<1$.

而 $\int_0^x S(x)\mathrm{d}x=\int_0^x\sum_{n=0}^{\infty}(2n-1)x^{2n}\mathrm{d}x=\sum_{n=0}^{\infty}x^{2n+1}=\dfrac{x}{1-x^2}$, 故 $S(x)=\left(\dfrac{x}{1-x^2}\right)'=$

$\dfrac{1+x^2}{\left(1-x^2\right)^2}$. 取 $x=\dfrac{1}{\sqrt{2}}$,则有

$$\sum_{n=0}^{\infty}\dfrac{2n-1}{2^n}=\dfrac{1}{2}\sum_{n=0}^{\infty}(2n+1)\left(\dfrac{1}{\sqrt{2}}\right)^{2n}=\dfrac{1}{2}S\left(\dfrac{1}{\sqrt{2}}\right)=\dfrac{1}{2}\cdot\dfrac{1+\dfrac{1}{2}}{\left(1-\dfrac{1}{2}\right)^2}=3$$

对于一些常见数项级数利用函数展开求和问题及结论可见表 7-1.

表 7-1

被展函数	展开内容	级数求和
$\ln x$	$x-1$	$\displaystyle\sum_{n=1}^{\infty}\frac{(-1)^{n+1}}{n}=\ln 2$
$\sin^{-1}x$	x	$\displaystyle 1+\sum_{n=0}^{\infty}\frac{1}{2n+1}\cdot\frac{(2n-1)!!}{(2n)!!}=\frac{\pi}{2}$
$\cos^{-1}x$	x	同上
$\tan^{-1}x$	x	$\displaystyle\sum_{n=0}^{\infty}\frac{1}{(4n+1)(4n+3)}=\frac{\pi}{8}$
$\dfrac{1}{\sqrt{1+x}}$	x	$\displaystyle 1+\sum_{n=0}^{\infty}(-1)^n\frac{(2n-1)!!}{(2n)!!}=\frac{1}{\sqrt{2}}$
$\dfrac{1}{1-x}$	x 且逐项积分	$\displaystyle\sum_{n=1}^{\infty}\frac{1}{n\cdot 3^n}=\ln\frac{3}{2}$
$\dfrac{1}{1+x}$	x 且逐项微分两次	$\displaystyle\sum_{n=1}^{\infty}(-1)^n\frac{n(n+1)}{2^n}=-\frac{8}{27}$
$\dfrac{1}{1-x^2}$	x 且逐项微分两次	$\displaystyle\sum_{n=1}^{\infty}\frac{1}{2n(2n-1)}=\ln 2$
$\dfrac{1}{1+x^2}$	x 且逐项微分	$\displaystyle\sum_{n=1}^{\infty}\frac{(-1)^{n+1}}{2n-1}=\frac{\pi}{4}$
$\dfrac{1}{1-x^2}$	x 且逐项微分	$\displaystyle\sum_{n=1}^{\infty}\frac{2n-1}{2^n}=3$
$\dfrac{1}{(1-x)^2}$	x 且逐项积分	$\displaystyle\sum_{n=1}^{\infty}(-1)^{n-1}\frac{n^2}{2^{n-1}}=\frac{4}{27}$
$\dfrac{1}{1+x^3}$	x 且逐项积分	$\displaystyle\sum_{n=0}^{\infty}\frac{(-1)^n}{3n+1}=\frac{1}{2}\ln 2+\frac{\pi}{3\sqrt{3}}$

续表

被展函数	展开内容	级数求和
$\dfrac{e^x - 1}{x}$	x 且逐项微分	$\displaystyle\sum_{n=1}^{\infty} \frac{n}{(n+1)!} = 1$
x^2 或 $\lvert x \rvert$	正弦函数	$\displaystyle\sum_{n=1}^{\infty} \frac{1}{n^2} = \frac{\pi^2}{6}$
同上	余弦函数	$\displaystyle\sum_{n=1}^{\infty} \frac{(-1)^{n+1}}{n^2} = \frac{\pi^2}{12}$
同上	Fourier 级数	$\displaystyle\sum_{n=1}^{\infty} \frac{1}{(2n-1)^2} = \frac{\pi^2}{8}$
x^2	Fourier 级数	$\displaystyle\sum_{n=1}^{\infty} \frac{(-1)^{n+1}}{(2n-1)^3} = \frac{\pi^2}{32}$
x^2	余弦函数	$\displaystyle\sum_{n=1}^{\infty} \frac{1}{n^4} = \frac{\pi^4}{90}$, $\displaystyle\sum_{n=1}^{\infty} \frac{1}{(2n)^4} = \frac{1}{2^4} \cdot \frac{\pi^4}{90}$, $\displaystyle\sum_{n=1}^{\infty} \frac{1}{(2n-1)^4} = \frac{\pi^4}{96}$, $\displaystyle\sum_{n=1}^{\infty} \frac{(-1)^{n+1}}{n^4} = \frac{7x^4}{720}$
$\operatorname{sgn} x = \begin{cases} -1, & x < 0 \\ 0, & x = 0 \\ 1, & x > 0 \end{cases}$	Fourier 级数	$\displaystyle\sum_{n=1}^{\infty} \frac{1}{(2n-1)^2} = \frac{\pi^2}{8}$, $\displaystyle\sum_{n=1}^{\infty} \frac{(-1)^{n-1}}{2n-1} = \frac{\pi}{4}$
e^x	Fourier 级数	$\dfrac{1}{2} + \displaystyle\sum_{n=1}^{\infty} \frac{1}{1+n^2} = \frac{\pi}{2} \operatorname{cth} \pi$

7.3.8 利用定积分的性质

积分概念实际上可视为无穷级数求和概念的拓广,但相对来说,定积分较无穷级数好处理,因而有些级数求和问题可化为定积分问题去考虑,但它多与定积递推公式有关.

例 7.3.8 求级数 $\sum\limits_{n=1}^{\infty}\dfrac{(-1)^{n-1}}{n}$ 的和.

解：令 $I_n=\int_0^1\dfrac{x^n}{1+x}\mathrm{d}x$ ，考虑到 $I_n+I_{n-1}=\int_0^1\dfrac{x^n+x^{n-1}}{1+x}\mathrm{d}x=\int_0^1 x^{n-1}\mathrm{d}x=\dfrac{1}{n}$.

当 $0\leqslant x\leqslant 1$ 时，由于 $x^n\leqslant x^{n-1}$ ，故 $I_n\leqslant I_{n-1}$ ，于是 $2I_n\leqslant I_n+I_{n-1}=\dfrac{1}{n}$ ，

即 $I_n\leqslant\dfrac{1}{2n}$.

又 $2I_n\geqslant I_{n+1}+I_n=\dfrac{1}{n+1}$ ，即 $I_n\geqslant\dfrac{1}{2n+2}$.

综合上两式有 $\dfrac{1}{2n+2}\leqslant I_n\leqslant\dfrac{1}{2n}$ $(n\geqslant 1)$，故 $\lim\limits_{n\to\infty}I_n=0.$ 再递推可有

$$I_n=(-1)^{n-1}\sum\limits_{n=1}^{\infty}\dfrac{(-1)^{n-1}}{n}-(-1)^{n-1}I_0 \qquad (7\text{-}3\text{-}1)$$

又 $I_0=\int_0^1\dfrac{\mathrm{d}x}{1+x}=\ln(1+x)\Big|_0^1=\ln 2.$

将式（7-3-1）两边取极限 $(n\to\infty)$ ，且注意 $I_n\to 0(n\to\infty$时），

则 $\sum\limits_{n=1}^{\infty}\dfrac{(-1)^{n-1}}{n}=\lim\limits_{n\to\infty}\Big[I_0+(-1)^{n-1}I_n\Big]=I_0=\ln 2.$

7.3.9 化为微分方程解

有些级数的和函数经过微分后，再与原来级数作某种运算后，可得到一个简单的代数式，这就是说它们可以组成一个简单的微分方程，于是，级数求和问题即可化为微分方程求解问题.

例 7.3.9 求级数 $\sum\limits_{n=0}^{\infty}\dfrac{x^{2n+1}}{(2n+1)!!}$ 的和函数.

解：设 $S(x)=\sum\limits_{n=0}^{\infty}\dfrac{x^{2n+1}}{(2n+1)!!}$ ，考虑到

$$S'(x) = 1 + \sum_{n=0}^{\infty} \frac{x^{2n}}{(2n-1)!!} = 1 + x \sum_{n=0}^{\infty} \frac{x^{2n-1}}{(2n-1)!!} = 1 + xS(x)$$

即 $S'(x) - xS(x) = 1$，且 $S(0) = 0$．故 $S(x) = \mathrm{e}^{\int_0^x x\mathrm{d}x} \int_0^x \mathrm{e}^{-\int_0^x x\mathrm{d}x} \mathrm{d}x = \mathrm{e}^{\frac{x^2}{2}} \int_0^x \mathrm{e}^{-\frac{x^2}{2}} \mathrm{d}x$．

7.3.10　利用无穷级数的乘积

有些级数可以视为两个无穷级数的乘积，这时便可将所求级数和问题化为先求两个级数积（当然它们应该好求），再计算它们的乘积．

若级数 $\sum a_n$ 与 $\sum b_n$ 均收敛，又 $\sum c_n$ 也收敛，其中

$c_n = a_n b_n + a_1 b_{n-1} + \cdots + a_n b_0$，则 $\sum c_n = \sum a_n \cdot \sum b_n$

若 $\sum a_n, \sum b_n$ 都收敛，且至少其中之一绝对收敛，则 $\sum c_n$ 收敛于 $\sum a_n \cdot \sum b_n$．

例 7.3.10　求级数 $\sum_{n=0}^{\infty} \left[\sin \frac{2(n+1)\pi}{3} \right] x^n$ 的和函数 $S(x)$，这里 $|x| < 1$．

解：$S(x) = \dfrac{\sqrt{3}}{2} \left\{ \dfrac{2}{\sqrt{3}} \sum_{n=0}^{\infty} \left[\sin \dfrac{2(n+1)\pi}{3} \right] x^n \right\}$

$$= \frac{\sqrt{3}}{2} \left(1 - x + x^3 - x^4 + x^6 - x^7 + x^9 - x^{10} + x^{12} - x^{13} + \cdots \right)$$

$$= \frac{\sqrt{3}}{2} \left[(1 - x) + (x^3 - x^4) + (x^6 - x^7) + (x^9 - x^{10}) + (x^{12} - x^{13}) + \cdots \right]$$

$$= \frac{\sqrt{3}}{2} (1 - x)(1 + x^3 + x^6 + x^9 + x^{12} + \cdots)$$

$$= \frac{\sqrt{3}}{2} \cdot \frac{1 - x}{1 - x^3} = \frac{\sqrt{3}}{2(1 + x + x^2)}$$

7.3.11　利用 Euler 公式

Euler 公式 $\mathrm{e}^{i\theta} = \cos\theta + i\sin\theta$，常可使用某些含有三角函数的级数求和问题，转化为幂级数问题，这在有些时候是方便的．

例 7.3.11　求级数

（1）$\sum_{n=0}^{\infty} \dfrac{2^{\frac{n}{2}}}{n!} \left(\cos \dfrac{n\pi}{4} \right) x^n$；

（2）$\sum\limits_{n=1}^{\infty}\dfrac{2^{\frac{n}{2}}}{n!}\left(\sin\dfrac{n\pi}{4}\right)x^{n}$ 的和函数（这里 $|x|<+\infty$ ）.

解： 考虑等式 $e^{x}(\cos x+i\sin x)=e^{x}\cdot e^{ix}=e^{(1+i)x}$，又

$$e^{(1+i)x}=\sum_{n=0}^{\infty}\dfrac{1}{n!}\left[(1+i)x\right]^{n}=\sum_{n=0}^{\infty}\dfrac{x^{n}}{n!}(1+i)^{n}=\sum_{n=0}^{\infty}\dfrac{1}{n!}\left[\sqrt{2}\left(\cos\dfrac{\pi}{4}+i\sin\dfrac{\pi}{4}\right)\right]^{n}$$

$$=\sum_{n=0}^{\infty}\dfrac{x^{n}}{n!}2^{\frac{n}{2}}\left(\cos\dfrac{n\pi}{4}+i\sin\dfrac{\pi}{4}\right)$$

比较两边虚实部可有：

（1）$\sum\limits_{n=0}^{\infty}\dfrac{2^{\frac{n}{2}}}{n!}\left(\cos\dfrac{n\pi}{4}\right)x^{n}=e^{n}\cos x$；

（2）$\sum\limits_{n=1}^{\infty}\dfrac{2^{\frac{n}{2}}}{n!}\left(\sin\dfrac{n\pi}{4}\right)x^{n}=e^{n}\sin x.$

注：由 Euler 公式可有 $e^{i\pi}+1=0$，此式将数学中最重要的几个常数 $e,\pi,i,1,0$ 统一的一个式子中，不得不说是奇迹.

7.3.12 利用母函数

利用母函数求一些级数和有时也很巧，特别是对于一些通项有递推关系的级数更是如此.

例 7.3.12 求 $S_{n}=\sum\limits_{k=0}^{\infty}(-4)^{k}C_{n+k}^{2k}$，这里 C_{m}^{n} 是组合符号.

解： 由设易发现 $S_{0}=1,S_{1}=-3$，且 $S_{n}=-2S_{n-1}-S_{n-2}$（$n\geqslant 2$）.

考察函数 $F(x)=\sum\limits_{k=0}^{\infty}S_{k}x^{k}$，于是有

$$2xF(x)=2\sum_{k=0}^{\infty}S_{k}x^{k+1}$$

且

$$x^{2}F(x)=\sum_{k=0}^{\infty}S_{k}x^{k+2}$$

三式两边相加，且注意到 $S_{n}+2S_{n-1}+S_{n-2}=0$ 有

$$\left(1+2x+x^2\right)F\left(x\right)=S_0+\left(S_1+2S_0\right)x$$

即

$$F\left(x\right)=\frac{1-x}{\left(1+x\right)^2}$$

再注意到 $\dfrac{1}{1+x}=\sum_{n=0}^{\infty}\left(-1\right)^n x^n$，两边求导有 $\dfrac{-1}{\left(1+x\right)^2}=\sum_{n=0}^{\infty}\left(-1\right)^n nx^{n-1}$，从而

$$F\left(x\right)=\left(x-1\right)\sum_{n=0}^{\infty}\left(-1\right)^n nx^{n-1}=\sum_{n=0}^{\infty}\left(-1\right)^n nx^n-\sum_{n=1}^{\infty}\left(-1\right)^n nx^{n-1}$$

$$=\sum_{n=0}^{\infty}\left(-1\right)^n nx+\sum_{n=0}^{\infty}\left(-1\right)^{n+1}\left(n+1\right)x^n=\sum_{n=0}^{\infty}\left(-1\right)^n\left(2n+1\right)x^n$$

7.4 函数的幂级数展开方法

本节讨论幂级数的应用，包括如何把函数展开为幂级数，并简单介绍幂级数在数值计算中的应用，任何一个幂级数在其收敛域内都可以表示成一个和函数的形式．但在实际中为了研究和计算的方便，常常将一个函数表示成幂级数的形式，这是与求和函数相反的问题，有下面结论．

7.4.1 直接展开法

定理 7.4.1　如果函数 $f(x)$ 在 $x=0$ 的某邻域内有直到 $n+1$ 阶的导数，则对此邻域内任意点 x，有 n 阶麦克劳林公式

$$f\left(x\right)=f\left(0\right)+f'\left(0\right)x+\frac{f''\left(0\right)}{2!}x^2+\cdots+\frac{f^{(n)}\left(0\right)}{n!}x^n+R_n\left(x\right)$$

其中，$R_n\left(x\right)$ 称为余项，$R\left(x\right)=o\left(|x|\right)$，$R_n\left(x\right)=\dfrac{f^{(n+1)}\left(\xi\right)}{\left(n+1\right)!}x^{n+1}\ \left(0\le\xi\le x\right)$

设 $p(x) = f(0) + f'(0)x + \dfrac{f''(0)}{2!}x^2 + \cdots + \dfrac{f^{(n)}(0)}{n!}x^n$ 则

$$f(x) = p(x) + R_n(x)$$

于是，$f(x) \approx p(x)$，误差为 $|f(x) - p(x)| = |R_n(x)|$．

如果当 n 增大时，而 $|R_n(x)|$ 减小，那么，随着 $p(x)$ 项数的增加，$p(x)$ 与 $f(x)$ 接近的程度就越高．如果 $n \to \infty$，则 $p(x)$ 变成一个幂级数，为此，将

$$f(0) + f'(0)x + \dfrac{f''(0)}{2!}x^2 + \cdots + \dfrac{f^{(n)}(0)}{n!}x^n + \cdots$$ 称为麦克劳林级数．麦克劳林级数有如下结论．

定理 7.4.2 如果函数 $f(x)$ 在 $x=0$ 的某邻域内具有任意阶的导数，则函数 $f(x)$ 的麦克劳林级数收敛于函数 $f(x)$ 的充分必要条件是 $\lim\limits_{n \to \infty} R_n(x) = 0$．

如果函数 $f(x)$ 在 $x=0$ 处的麦克劳林级数收敛于函数 $f(x)$，则可称函数 $f(x)$ 在 $x=0$ 处能展开成麦克劳林级数．

可以证明，如果函数 $f(x)$ 在 $x=0$ 处能展开成 x 的幂级数，则此级数一定是麦克劳林级数，即函数 $f(x)$ 展开成幂级数的形式是唯一的．

另外，如果函数 $f(x)$ 在 $x=0$ 处的某一阶导数不存在，则函数 $f(x)$ 在 $x=0$ 处就不能展开成麦克劳林级数．如 $f(x)=x$，它在 $x=0$ 处的二阶导数不存在，因此，它不能展开成麦克劳林级数．

例 7.4.1 将函数 $f(x) = e^x$ 展开成幂级数．

解：因为 $f(x) = e^x$（$n=1, 2, \cdots$），于是，得到级数

$$1 + x + \dfrac{x^2}{2!} + \cdots + \dfrac{x^n}{n!} + \cdots$$

且其收敛半径 $R = +\infty$．

对于任意的 x 与 ξ（ξ 在 0 与 x 之间），余项 $R_n(x)$ 的绝对值

$$\lim_{n \to \infty} |R_n(x)| = \lim_{n \to \infty} \dfrac{e^\xi}{(n+1)!} x^{n+1} < e^{|x|} \dfrac{|x^{n+1}|}{(n+1)!} \quad (\xi \text{ 在 0 与 } x \text{ 之间})$$

由于 $e^{|x|}$ 有限，且 $\dfrac{|x^{n+1}|}{(n+1)!}$ 为收敛级数 $\displaystyle\sum_{n=0}^{\infty} \dfrac{|x^{n+1}|}{(n+1)!}$ 的一般项，故有

$$\lim_{n\to\infty}\frac{\left|x^{n+1}\right|}{(n+1)!}=0$$

于是

$$\lim_{n\to\infty}\left|R_n(x)\right|=0$$

从而有

$$e^x=1+x+\frac{x^2}{2!}+\cdots+\frac{x^n}{n!}+\cdots,x\in(-\infty,+\infty)$$

例 7.4.2 将函数 $f(x)=(1+x)^m$ 展开成幂级数.

解:

$$f'(x)=m(1+x)^{m-1}$$

$$f''(x)=m(m-1)(1+x)^{m-2}$$

$$\cdots$$

$$f^{(n)}(x)=m(m-1)(m-2)\cdots(m-n+1)(1+x)^{m-n}$$

所以有

$$f(0)=1$$

$$f'(0)=m$$

$$f''(0)=m(m-1)$$

$$\cdots$$

$$f^{(n)}(0)=m(m-1)(m-2)\cdots(m-n+1)$$

于是,得到麦克劳林级数

$$1+mx+\frac{1}{2!}m(m-1)x^2+\cdots+\frac{1}{n!}m(m-1)\cdots(m-n+1)x^n+\cdots$$

而 $\lim_{n\to\infty}\left|\frac{a_{n+1}}{a_n}\right|=\lim_{n\to\infty}\left|\frac{m-n}{n+1}\right|=1$,所以 $R=1$,此级数对任意常数 m 在 $(-1,1)$ 内收敛. 设

$$F(x)=1+mx+\frac{1}{2!}m(m-1)x^2+\cdots+\frac{1}{n!}m(m-1)\cdots(m-n+1)x^n+\cdots,\quad x\in(-1,1)$$

下面证明 $F(x)=(1+x)^m$.

将 $F(x)$ 逐项求导,得

$$F'(x) = m\left[1 + \frac{m-1}{1!}x + + \frac{(m-1)\cdots(m-n+1)}{(n-1)!}x^{n-1} + \cdots\right]$$

并在两边同乘以因式 $1+x$,并合并同类项,有

$$(1+x)F'(x) = m\left[1 + mx + \frac{1}{2!}m(m-1)x^2 + \cdots + \frac{1}{n!}m(m-1)\cdots(m-n+1)x^n + \cdots\right]$$

$$= mF(x), \quad x \in (-1,1)$$

即

$$(1+x)F'(x) = mF(x), \quad x \in (-1,1)$$

解此微分方程,得 $F(x) = C(1+x)^m$. 因为 $F(0)=1$,得 $C=1$,故 $F(x) = (1+x)^m$,于是

$$(1+x)^m = 1 + mx + \frac{1}{2!}m(m-1)x^2 + \cdots + \frac{1}{n!}m(m-1)\cdots(m-n+1)x^n + \cdots, \quad x \in (-1,1)$$

在区间的端点处展开式是否收敛于函数 $(1+x)^m$,要视 m 的取值而定.

上述公式称为二项展开式,若 m 为正整数时,即为熟知的二项式定理.

当 $m = \frac{1}{2}$ 时,

$$\sqrt{1+x} = 1 + \frac{1}{2}x - \frac{1}{2\times4}x^2 + \frac{1\times3}{2\times4\times6}x^3 - \frac{1\times3\times5}{2\times4\times6\times8}x^4 + \cdots$$

$$= 1 + \sum_{n=1}^{\infty}(-1)^{n+1}\frac{(2n)!}{2^{2n}(n!)^2(2n-1)}x^n, x \in [-1,1)$$

当 $m = -\frac{1}{2}$ 时,

$$\sqrt{1+x} = 1 - \frac{1}{2}x + \frac{1\times3}{2\times4}x^2 - \frac{1\times3\times5}{2\times4\times6}x^3 + \frac{1\times3\times5\times7}{2\times4\times6\times8}x^4 - \cdots$$

$$= \sum_{n=0}^{\infty}(-1)^n\frac{(2n)!}{2^{2n}(n!)^2}x^n, x \in (-1,1]$$

7.4.2 间接求法

函数的幂级数展开式只有少数比较简单的函数能用直接法得到.通

常则是从已经知道的函数的幂级数展开式入手,采用变量代换、四则运算、逐次求导、逐次求积分等方法.

直接展开法的优点是有固定的步骤,其缺点是计算量可能比较大,此外还需要分析余项是否趋于 0,因此比较烦琐.另一种方法是根据需要展开的函数与一些已知麦克劳林级数的函数之间的关系,间接地得到需展开函数的麦克劳林级数,这种方法称为间接展开法.

常用的展开式有:

$$\frac{1}{1-x} = 1 + x + x^2 + \cdots + x^n + \cdots, \ x \in (-1,1)$$

$$e^x = 1 + \frac{x}{1!} + \frac{x^2}{2!} + \cdots + \frac{x^n}{n!} + \cdots, \ x \in (-\infty, +\infty)$$

$$\sin x = x - \frac{x^3}{3!} + \frac{x^5}{5!} - \frac{x^7}{7!} + \cdots + \frac{(-1)^n}{(2n+1)!} x^{2n+1} + \cdots, \ x \in (-1,1)$$

例 7.4.3　将函数 $f(x) = \dfrac{1}{3-x}$ 在 $x=0$ 处展开为泰勒级数.

解:因为

$$\frac{1}{3-x} = \frac{1}{3} \cdot \frac{1}{1-\frac{x}{3}}$$

而

$$\frac{1}{1-x} = 1 + x + x^2 + \cdots + x^n + \cdots, x \in (-1,1)$$

所以

$$\frac{1}{1-\frac{x}{3}} = 1 + \frac{x}{3} + \frac{x^2}{9} + \cdots + \frac{x^n}{3^n} + \cdots$$

故

$$\frac{1}{3-x} = \frac{1}{3} \sum_{n=0}^{\infty} \frac{x^n}{3^n} = \sum_{n=0}^{\infty} \frac{x^n}{3^{n+1}}, \ x \in (-3,3)$$

例 7.4.4　将函数 $f(x) = x^2 e^{x^2}$ 展开为麦克劳林级数.

解:由于 $e^x = \sum\limits_{n=0}^{\infty} \dfrac{x^n}{n!}, x \in (-\infty, +\infty)$,

所以

$$e^{x^2} = \sum_{n=0}^{\infty} \frac{\left(x^2\right)^n}{n!} = \sum_{n=0}^{\infty} \frac{x^{2n}}{n!}$$

故

$$e^2 e^{x^2} = x^2 \sum_{n=0}^{\infty} \frac{x^{2n}}{n!} = \sum_{n=0}^{\infty} \frac{x^{2(n+1)}}{n!}, \quad x \in (-\infty, +\infty)$$

例 7.4.5 将 $f(x) = \ln(1+x)$ 展开为麦克劳林级数.

解：因为

$$\left[\ln(1+x)\right]' = \frac{1}{1+x}$$

所以

$$\ln(1+x) = \int_0^x \frac{1}{1+t} dt$$

而

$$\frac{1}{1+t} = \sum_{n=0}^{\infty} (-1)^n t^n, \quad t \in (-1,1)$$

故

$$\ln(1+x) = \int_0^x \sum_{n=0}^{\infty} (-1)^n t^n dt$$

$$= \sum_{n=0}^{\infty} \int_0^x (-1)^n t^n dt$$

$$= \sum_{n=0}^{\infty} (-1)^n \frac{x^{n+1}}{n+1}, \quad x \in (-1,1).$$

例 7.4.6 将 $f(x) = \cos x$ 展开为麦克劳林级数.

解：由于 $(\sin x)' = \cos x$，而

$$\sin x = x - \frac{x^3}{3!} + \frac{x^5}{5!} - \frac{x^7}{7!} + \cdots + \frac{(-1)^n}{(2n+1)!} x^{2n+1} + \cdots$$

所以

$$\cos x = \left(x - \frac{x^3}{3!} + \frac{x^5}{5!} - \frac{x^7}{7!} + \cdots + \frac{(-1)^n}{(2n)!} x^{2n} + \cdots \right)$$

$$= 1 - \frac{x^2}{2!} + \frac{x^4}{4!} - \frac{x^6}{6!} + \cdots + \frac{(-1)^n}{(2n)!} x^{2n} + \cdots, \ x \in (-\infty, +\infty)$$

例 7.4.7　将函数 $f(x) = \frac{1}{x}$ 展开成在 $x = 1$ 处的泰勒级数．

解：$f(x) = \frac{1}{x} = \frac{1}{1 + (x - 1)}$，而

$$\frac{1}{1 + x} = 1 - x + x^2 - x^3 + \cdots + (-1)^n x^n + \cdots, \ x \in (-1, 1)$$

所以

$$\frac{1}{1 + (x - 1)} = 1 - (x - 1) + (x - 1)^2 - (x - 1)^3 + \cdots + (-1)^n (x - 1)^n + \cdots$$

故

$$\frac{1}{x} = \sum_{n=0}^{\infty} (-1)^n (x - 1)^n, \ x \in (0, 2)$$

例 7.4.8　将函数 $f(x) = \sin x$ 在 $x = \frac{\pi}{4}$ 处展开成泰勒级数．

解：因为

$$\sin x = \sin \left[\frac{\pi}{4} + \left(x - \frac{\pi}{4} \right) \right]$$

$$= \sin \frac{\pi}{4} \cos \frac{\pi}{4} \left(x - \frac{\pi}{4} \right) + \cos \frac{\pi}{4} \sin \left(x - \frac{\pi}{4} \right)$$

$$= \frac{\sqrt{2}}{2} \cos \left(x - \frac{\pi}{4} \right) + \frac{\sqrt{2}}{2} \sin \left(x - \frac{\pi}{4} \right)$$

$$= \frac{\sqrt{2}}{2} \left[\cos \left(x - \frac{\pi}{4} \right) + \sin \left(x - \frac{\pi}{4} \right) \right]$$

而

$$\cos\left(x-\frac{\pi}{4}\right)=1-\frac{1}{2!}\left(x-\frac{\pi}{4}\right)^2+\frac{1}{4!}\left(x-\frac{\pi}{4}\right)^4+\cdots+\frac{(-1)^n}{(2n)!}\left(x-\frac{\pi}{4}\right)^{2n}+\cdots$$

$$\sin\left(x-\frac{\pi}{4}\right)=\left(x-\frac{\pi}{4}\right)-\frac{1}{3!}\left(x-\frac{\pi}{4}\right)^3+\frac{1}{5!}\left(x-\frac{\pi}{4}\right)^5+\cdots+\frac{(-1)^n}{(2n+1)!}\left(x-\frac{\pi}{4}\right)^{2n+1}+\cdots$$

所以

$$\sin x=\frac{\sqrt{2}}{2}\left(\sum_{n=0}^{\infty}\frac{(-1)^n}{(2n)!}\left(x-\frac{\pi}{4}\right)^{2n}+\sum_{n=0}^{\infty}\frac{(-1)^n}{(2n+1)!}\left(x-\frac{\pi}{4}\right)^{2n+1}\right)$$

$$=\frac{\sqrt{2}}{2}\sum_{n=0}^{\infty}(-1)^n\left(x-\frac{\pi}{4}\right)^n\left(\frac{1}{2n!}+\frac{1}{(2n+1)!}\right),\ x\in(-\infty,+\infty)$$

例 7.4.9 将函数 $f(x)=\dfrac{1}{x^2+4x+3}$ 展开成 $x-1$ 的幂级数.

解: 由于

$$f(x)=\frac{1}{x^2+4x+3}=\frac{1}{(x+1)(x+3)}=\frac{1}{2}\left[\frac{1}{1+x}-\frac{1}{3+x}\right]$$

$$=\frac{1}{4}\frac{1}{1+\frac{x-1}{2}}-\frac{1}{8}\frac{1}{1+\frac{x-1}{4}}$$

而

$$\frac{1}{1+\frac{x-1}{2}}=\sum_{n=0}^{\infty}\frac{(-1)^n}{2^n}(x-1)^n\,(-1<x<3)$$

$$\frac{1}{1+\frac{x-1}{4}}=\sum_{n=0}^{\infty}\frac{(-1)^n}{4^n}(x-1)^n\,(-3<x<5)$$

那么

$$f(x)=\frac{1}{x^2+4x+3}=\sum_{n=0}^{\infty}(-1)^n\left(\frac{1}{2^{n+2}}-\frac{1}{2^{2n+3}}\right)(x-1)^n\,(-1<x<3)$$

例 7.4.10　将 $\ln(1+x)$ 展开成幂级数.

解：

$$\ln\left(1+x\right)=\int_0^x\frac{\mathrm{d}x}{1+x}=\int_0^x\left(\sum_{n=0}^{\infty}\left(-1\right)^n x^n\right)\mathrm{d}x=\sum_{n=0}^{\infty}\left(\int_0^x\left(-1\right)^n x^n\mathrm{d}x\right)$$

$$=\sum_{n=0}^{\infty}\left(-1\right)^n\frac{x^{n+1}}{n+1},x\in\left(-1,1\right)$$

但当 $x=1$ 时，级数 $\sum_{n=0}^{\infty}\left(-1\right)^n\frac{1}{n+1}$ 收敛，故

$$\ln\left(1+x\right)=\sum_{n=0}^{\infty}\left(-1\right)^n\frac{x^{n+1}}{n+1},\quad x\in\left(-1,1\right]$$

例 7.4.11　求 $\ln\dfrac{1+x}{1-x}$ 的幂级数展开式.

解： 因为

$$\left(\ln\frac{1+x}{1-x}\right)'=\frac{1}{1+x}+\frac{1}{1-x}=2\cdot\frac{1}{1-x^2}=2\sum_{n=0}^{\infty}x^{2n},x\in\left(-1,1\right)$$

所以

$$\ln\frac{1+x}{1-x}=\int_0^x\left(2\sum_{n=0}^{\infty}x^{2n}\right)\mathrm{d}x=2\sum_{n=0}^{\infty}\left(\int_0^x\left(x^{2n}\right)\mathrm{d}x\right)=\sum_{n=0}^{\infty}\frac{2}{2n+1}x^{2n+1},x\in\left(-1,1\right)$$

为今后使用方便，现将常用的 5 个初等函数的幂级数展开式汇集如下：

（1）$\mathrm{e}^x=\sum_{n=0}^{\infty}\dfrac{x^n}{n!}$,　$x\in\left(-\infty,+\infty\right)$；

（2）$\sin x=\sum_{n=0}^{\infty}\left(-1\right)^n\dfrac{x^{2n+1}}{\left(2n+1\right)!}$,　$x\in\left(-\infty,+\infty\right)$；

（3）$\cos x=\sum_{n=0}^{\infty}\left(-1\right)^n\dfrac{x^{2n+1}}{\left(2n\right)!}$,　$x\in\left(-\infty,+\infty\right)$；

（4）$\ln\left(1+x\right)=\sum_{n=0}^{\infty}\left(-1\right)^n\dfrac{x^{n+1}}{n+1}$,　$x\in\left(-1,1\right]$；

（5）$\left(1+x\right)^m=1+\sum_{n=0}^{\infty}\dfrac{m\left(m-1\right)\cdots\left(m-n+1\right)}{n!}$,　$x\in\left(-1,1\right)$.

7.4.3 泰勒级数可展定理

对于一个给定的函数 $f(x)$，如果能找到一个幂级数使得它在某区间内收敛，且其和为 $f(x)$，则函数 $f(x)$ 在该区间内能展开成幂级数.

函数 $f(x)$ 的 n 阶泰勒中值公式：设函数 $f(x)$ 在含点 x_0 的某个开区间 (a,b) 内具有直至 $n+1$ 阶的导数，则对任一 $x \in (a,b)$，有

$$f(x) = P_n(x) + R_n(x)$$

其中

$$P_n(x) = \sum_{k=0}^{n} \frac{f^{(k)}(x_0)}{k!}(x-x_0)^k$$

称为 k 次泰勒多项式，$R_n(x) = \frac{f^{(n+1)}(\xi)}{(n+1)!}(x-x_0)^{n+1}$（$\xi$ 介于 x 与 x_0 之间）称为拉格朗日余项.

如果函数 $f(x)$ 在点 x_0 的某一邻域内有任意阶导数，让 $P_n(x) = \sum_{k=0}^{n} \frac{f^{(k)}(x_0)}{k!}(x-x_0)^k$ 中的 n 无限地增大，那么这个多项式就成了一个 $(x-x_0)$ 的幂级数.

如果 $f(x)$ 在包含 x_0 的区间 (a,b) 上具有任意阶导数，则可以得到如下一个幂级数

$$\sum_{n=0}^{\infty} \frac{f^{(n)}(x_0)}{n!}(x-x_0)^n \tag{7-4-1}$$

其为 $f(x)$ 在 x_0 处的泰勒级数.

称幂级数

$$\sum_{n=0}^{\infty} \frac{f^{(n)}(0)}{n!}x^n \tag{7-4-2}$$

为 $f(x)$ 的麦克劳林级数.

$f(x)$ 的泰勒级数在 (a,b) 内是否收敛？若收敛，则在其收敛域内收敛于哪个函数？可利用下面的定理进行回答.

定理 7.4.1 设函数 $f(x)$ 在点 x_0 的某一邻域 $U(x_0)$ 内具有任意阶的导数,则 $f(x)$ 在 $U(x_0)$ 内能展开成泰勒级数的充分必要条件是上述泰勒公式中的余项 $R_n(x)$. 当 $n \to \infty$ 时,在 $U(x_0)$ 内极限为 0,即 $\lim\limits_{n \to \infty} R_n(x) = 0$,$x \in U(x_0)$.

7.5 函数的傅里叶级数展开方法

将函数 $f(x)$ 展开为傅里叶级数具体分为三步:

(1)延拓为周期函数(这部分可省略);

(2)计算傅里叶系数 a_n,b_0;

(3)证明收敛情况写出和函数,由于傅里叶系数计算较为复杂,常用题型为展开为余弦级数或正弦级数.

例 7.5.1 将 $f(x) = 2 + |x|$($-1 \leqslant x \leqslant 1$)展开成以 2 为周期的傅里叶级数,并求级数 $\sum\limits_{n=1}^{\infty} \dfrac{1}{n^2}$ 的和.

解:将 $f(x)$ 延拓成以 2 为周期的偶函数 $F(x)$,则

$$b_n = 0, n = 0, 1, \cdots$$

$$a_0 = 2\int_0^1 (2 + x)\,\mathrm{d}x = 5$$

$$a_n = 2\int_0^1 (2 + x)\cos(n\pi x)\,\mathrm{d}x = \frac{2(\cos n\pi - 1)}{n^2 \pi^2} = \frac{2\left[(-1)^n - 1\right]}{n^2 \pi^2}, n = 1, 2, \cdots$$

因为 $F(x)$ 在 $(-\infty, +\infty)$ 内连续,所以由收敛定理,并限制 $x \in [-1, 1]$,得

$$2 + |x| = \frac{5}{2} - \frac{4}{\pi^2} \sum_{k=0}^{\infty} \frac{\cos(2k+1)\pi x}{(2k+1)^2}, x \in [-1, 1]$$

令 $x=0$，由上式可得

$$\sum_{k=0}^{\infty}\frac{1}{(2k+1)^2}=\frac{\pi^2}{8}$$

又

$$\sum_{n=1}^{\infty}\frac{1}{n^2}=\sum_{k=0}^{\infty}\frac{1}{(2k+1)^2}+\sum_{k=1}^{\infty}\frac{1}{(2k)^2}=\sum_{k=0}^{\infty}\frac{1}{(2k+1)^2}+\frac{1}{4}\sum_{n=1}^{\infty}\frac{1}{n^2}$$

故

$$\sum_{n=1}^{\infty}\frac{1}{n^2}=\frac{4}{3}\sum_{k=0}^{\infty}\frac{1}{(2k+1)^2}=\frac{4}{3}\cdot\frac{\pi^2}{8}=\frac{\pi^2}{6}$$

第 8 章

微分方程

　　微积分中所研究的函数,是反映客观现实世界运动过程中量与量之间的一种变化关系.但在大量的实际问题中,往往不能直接找出这种变化关系,但比较容易建立这些变量与它们的导数(或微分)之间的关系.这种联系着自变量、未知函数及它的导数(或微分)的关系式就是所谓的微分方程.

8.1　一阶微分方程的解法

一阶微分方程的一般形式为 $F(x,y,y')=0$，导数可解除的一阶微分方程的一般形式为 $y'=f(x,y)$ 或 $P(x,y)\mathrm{d}x+Q(x,y)\mathrm{d}y=0$.

微分方程的研究的一个重要问题就是求解微分方程，但可以用初等积分法求解的微分方程只是一些特定的形式．本节重点介绍几种常见的一阶微分方程的解法．

8.1.1　可分离变量的微分方程

定义 8.1.1　如果一个一阶微分方程能写成

$$g(y)\mathrm{d}y=f(x)\mathrm{d}x \text{ [或 } y=\varphi(x)\psi(y)] \tag{8-1-1}$$

的形式，即能把微分方程写成一端只含 y 的函数和 $\mathrm{d}y$，另一端只含 x 的函数和 $\mathrm{d}x$，那么原方程就称为可分离变量的微分方程．

可分离变量的微分方程的解法：

（1）分离变量，将方程写成 $g(y)\mathrm{d}y=f(x)\mathrm{d}x$ 的形式；

（2）两端积分 $\int g(y)\mathrm{d}y=\int f(x)\mathrm{d}x$，设积分后得 $G(y)=F(x)+C$；

（3）求出由 $G(x)=F(x)+C$ 所确定的隐函数 $y=F(x)$ 或 $x=(y)$.

$G(y)=F(x)+C$，$y=F(x)$ 或 $x=\Psi(y)$ 都是方程的通解，其中 $G(y)=F(x)+C$ 称为隐式（通）解．

例 8.1.1　求微分方程 $\dfrac{\mathrm{d}y}{\mathrm{d}x}=2xy$ 的通解．

分析：解微分方程的第一步是判断方程的类型，然后根据类型选择解法，这是一个可分离变量的方程，故选择上述先分离变量，后积分的解法．

解：此方程为可分离变量方程，分离变量后得

$$\frac{1}{y}dy = 2xdx \quad (y \neq 0)$$

两边积分，得

$$\int \frac{1}{y}dy = \int 2xdx \tag{8-1-2}$$

即

$$\ln|y| = x^2 + C_1 \tag{8-1-3}$$

从而

$$y = \pm e^{x^2+C_1} = \pm e^{C_1}e^{x^2}$$

因为 $\pm e^{C_1}$ 仍是任意常数，把它记作 C，又 $y \approx 0$ 也是方程（8-1-1）的解，所以方程（8-1-1）的通解可表示成

$$y = Ce^{x^2} \tag{8-1-4}$$

为方便，今后我们由式（8-1-2）两边积分得 $\ln y = x^2 + \ln C$，

并由此直接得方程（8-1-1）的通解为式（8-1-4）.

例 8.1.2 铀的衰变速度与当时未衰变的原子的含量 M 成正比. 已知 $t=0$ 时铀的含量为 M_0，求在衰变过程中铀含量 $M(t)$ 随时间 t 变化的规律.

解：铀的衰变速度就是 $M(t)$ 对时间 t 的导数 $\frac{dM}{dt}$. 由于铀的衰变速度与其含量成正比，故得微分方程

$$\frac{dM}{dt} = -\lambda M$$

其中，λ（$\lambda > 0$）是常数，叫作衰变系数，负号表示当 t 增加时 M 单调减少，即 $\frac{dM}{dt} < 0$.

由题意，初始条件为 $M\big|_{t_0=0} = M_0$.

将方程分离变量，得

$$\frac{\mathrm{d}M}{M} = -\lambda \mathrm{d}t$$

两边积分, 得

$$\int \frac{\mathrm{d}M}{M} = \int (-\lambda) \mathrm{d}t$$

即 $\ln M(t) = -\lambda t + \ln C$, 也即 $M(t) = Ce^{-\lambda t}$. 由初始条件, 得 $M_0 = Ce^0 = C$, 所以铀含量 $M(t)$ 随时间 t 变化的规律为 $M = M_0 e^{-\lambda t}$.

例 8.1.3 求微分方程 $\dfrac{\mathrm{d}y}{\mathrm{d}x} = 1 + x + y^2 + xy^2$ 的通解.

解: 方程可化为

$$\frac{\mathrm{d}y}{\mathrm{d}x} = (1+x)(1+y^2)$$

分离变量, 得

$$\frac{1}{1+y^2} \mathrm{d}y = (1+x)\mathrm{d}x$$

两边积分, 得

$$\int \frac{1}{1+y^2} \mathrm{d}y = \int (1+x)\mathrm{d}x \ , \text{即} \arctan y = \frac{1}{2}x^2 + x + C$$

于是, 原方程的通解为

$$y = \tan\left(\frac{1}{2}x^2 + x + C\right)$$

8.1.2 齐次微分方程

定义 8.1.2 设 $f(x)$ 连续, 一阶微分方程

$$\frac{\mathrm{d}y}{\mathrm{d}x} = f(\frac{y}{x}) \tag{8-1-5}$$

称为齐次微分方程.

齐次微分方程的特点是: 微分方程的右端为齐次函数 (齐次函数是指: 若 $F(tx, ty) = t^n F(x, y)$, 这里 t 为任意实数, 则称 $F(x, y)$ 为齐次函数). 例如, $\dfrac{\mathrm{d}y}{\mathrm{d}x} = \dfrac{y^2}{xy - x^2}$ 为齐次微分方程.

在齐次微分方程 $\dfrac{\mathrm{d}y}{\mathrm{d}x} = f(\dfrac{y}{x})$ 中, 引进新的未知函数 $u = \dfrac{y}{x}$, 即 $y = ux$, 两边同时求导, 得

$$\frac{\mathrm{d}y}{\mathrm{d}x} = x\frac{\mathrm{d}u}{\mathrm{d}x} + u$$

将其代入齐次微分方程, 得可分离变量的微分方程

$$x\frac{\mathrm{d}u}{\mathrm{d}x} = f(u) - u$$

即

$$\frac{\mathrm{d}u}{f(u) - u} = \frac{\mathrm{d}x}{x}$$

两边积分后得通解为

$$\int \frac{\mathrm{d}u}{f(u) - u} = \ln x - \ln C \quad \text{或} \quad x = Ce^{\int \frac{\mathrm{d}u}{f(u)-u}}$$

其中, C 为任意常数. 求出积分 $\displaystyle\int \frac{\mathrm{d}u}{f(u) - u}$ 后, 将 u 还原为 $\dfrac{y}{x}$ 代入上式就得到齐次微分方程的通解.

例 8.1.4 求微分方程 $\dfrac{\mathrm{d}y}{\mathrm{d}x} = \dfrac{y^2}{xy - x^2}$ 的通解.

解: 原方程可写为

$$\frac{\mathrm{d}y}{\mathrm{d}x} = \frac{\left(\dfrac{y}{x}\right)^2}{\dfrac{y}{x} - 1}$$

它是齐次微分方程. 令 $u = \dfrac{x}{y}$, 代入上式得

$$x\frac{\mathrm{d}u}{\mathrm{d}x} + u = \frac{u^2}{u - 1}$$

即 $\dfrac{\mathrm{d}u}{\mathrm{d}x} = \dfrac{u}{x(u - 1)}$, 分离变量后得

$$\frac{u - 1}{u}\mathrm{d}u = \frac{\mathrm{d}x}{x}$$

两边积分后得

$$\int \frac{u-1}{u} du = \int \frac{dx}{x}$$

解得

$$u - \ln u = \ln x + C_1 \text{ 或 } u = \ln(xu) + C_1$$

即

$$xu = e^{u-C_1} = Ce^u$$

其中 $C = e^{-C_1}$. 将 $u = \dfrac{y}{x}$, 即 $y = xu$ 代入上式, 得原微分方程的通解为

$$y = Ce^{\frac{y}{x}}.$$

例 8.1.5 解微分方程 $x\dfrac{dy}{dx} = \dfrac{3y(2x^2 + y^2)}{3x^2 + 2y^2}$.

解: 原方程可写为

$$\frac{dy}{dx} = 3\frac{y}{x} \cdot \frac{2 + \left(\dfrac{y}{x}\right)^2}{3 + 2\left(\dfrac{y}{x}\right)^2}$$

因此为齐次方程. 设 $u = \dfrac{y}{x}$, 从而

$$x\frac{du}{dx} + u = \frac{3u(2 + u^2)}{3 + 2u^2}$$

即有

$$x\frac{du}{dx} = \frac{u(3 + u^2)}{3 + 2u^2}$$

当 $u \neq 0$ 时, 分离变量得

$$\left(\frac{1}{u} + \frac{u}{3 + u^2}\right) du = \frac{dx}{x}$$

求积分可得通解

$$\ln|u| + \frac{1}{2}\ln(3 + u^2) = \ln|x| + \ln|C|$$

即

$$u\sqrt{3+u^2} = Cx$$

其中 C 为任意非零常数. 在上式中若允许 $C=0$,则包含特解 $u=0$. 因此方程的全部解可表示为

$$u\sqrt{3+u^2} = Cx$$

即有

$$y\sqrt{3x^2+y^2} = Cx^3$$

其中 C 为任意常数.

例 8.1.6 田野上有四头猎犬分别在距训犬人距离为 a 的东南西北处开始追逐,每头猎犬均以同样速度追向其左上侧的猎犬,试求初始位置在东南的猎犬的运动路线.

解:以训犬人位置为原点,正东、正北方向分别为 x 轴、y 轴方向,如图 8-1 所示.则东面猎犬初始位置在 $(a,0)$,设其运动曲线为 $y=y(x)$,则在曲线上的点 $P(x,y)$ 满足一下关系

$$\frac{\mathrm{d}y}{\mathrm{d}x} = -\tan\alpha = -\frac{QN}{NP}$$

由于猎犬运动路线具有对称性,则有

$$QN = x - y, \quad NP = x + y$$

从而导出方程

$$\frac{\mathrm{d}y}{\mathrm{d}x} = \frac{y-x}{x+y}$$

即

$$\frac{\mathrm{d}y}{\mathrm{d}x} = \frac{\dfrac{y}{x}-1}{\dfrac{y}{x}+1}$$

令 $u=\dfrac{y}{x}$,代入上式得分离变量方程

$$x\frac{\mathrm{d}u}{\mathrm{d}x} + u = \frac{u-1}{u+1}$$

从而

$$-\frac{(u+1)\mathrm{d}u}{u^2+1}=\frac{\mathrm{d}x}{x}$$

两边积分后得

$$-\arctan u-\frac{1}{2}\ln(1+u^2)=\ln(Cx)$$

即

$$-\arctan\frac{y}{x}=\frac{1}{2}\ln(C_1(y^2+x^2))$$

由 $y(a)=0$ 可知，$C_1=a^{-2}$，于是所求路线为

$$-\arctan\frac{y}{x}=\frac{1}{2}\ln\left(\frac{y^2+x^2}{a^2}\right)$$

若写为极坐标形式，则为 $r=a\mathrm{e}^{-\theta}$.

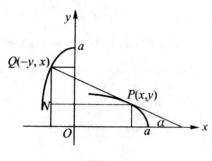

图 8-1

8.1.3 一阶线性微分方程

定义 8.1.3 形如 $\dfrac{\mathrm{d}y}{\mathrm{d}x}+P(x)y=Q(x)$ 的微分方程，称为一阶线性微分方程. 线性是指方程关于未知函数 y 及其导数 $\dfrac{\mathrm{d}y}{\mathrm{d}x}$ 都是一次的. 称 $Q(x)$ 为非齐次项或右端项，如果 $Q(x)\equiv 0$，则称方程为一阶线性齐次微分方程；否则，即 $Q(x)Q(I)\neq 0$，则称方程为一阶线性非齐次微分方程.

对于一阶线性非齐次微分方程

$$\frac{\mathrm{d}y}{\mathrm{d}x} + P(x)y = Q(x) \qquad (8\text{-}1\text{-}6)$$

称方程

$$\frac{\mathrm{d}y}{\mathrm{d}x} + P(x)y = 0 \qquad (8\text{-}1\text{-}7)$$

为方程(8-1-6)所对应的齐次微分方程.

下列方程是什么类型的方程？

（1）$(x-2)\dfrac{\mathrm{d}y}{\mathrm{d}x} = y$，因为 $\dfrac{\mathrm{d}y}{\mathrm{d}x} - \dfrac{1}{x-2}y = 0$，所以原方程是一阶线性齐次线性方程.

（2）$3x^2 + 5x - y' = 0$，因为 $y' = 3x^2 + 5x$，所以原方程是一阶线性非齐次线性方程.

（3）$y' + y\cos x = \mathrm{e}^{-\sin x}$ 是一阶线性非齐次线性方程.

（4）$\dfrac{\mathrm{d}y}{\mathrm{d}x} = 10^{x+y}$ 不是一阶线性方程.

（5）$(y+1)^2\dfrac{\mathrm{d}y}{\mathrm{d}x} + x^3 = 0$，因为 $\dfrac{\mathrm{d}y}{\mathrm{d}x} + \dfrac{x^3}{(y+1)^2} = 0$ 或 $\dfrac{\mathrm{d}x}{\mathrm{d}y} + \dfrac{(y+1)^2}{x^3} = 0$，所以原方程不是一阶线性方程.

8.1.3.1　一阶线性齐次微分方程的解法

方程 $\dfrac{\mathrm{d}y}{\mathrm{d}x} + P(x)y = 0$ 是变量可分离方程，分离变量后得

$$\frac{\mathrm{d}y}{y} = -P(x)\mathrm{d}x$$

两边积分，得

$$\ln y = -\int P(x)\mathrm{d}x + \ln C$$

即

$$y = C\mathrm{e}^{-\int P(x)\mathrm{d}x} \qquad (8\text{-}1\text{-}8)$$

这就是齐次微分方程(8-1-7)的通解(积分中不再加任意常数).

例 8.1.7　求方程 $(x-2)\dfrac{\mathrm{d}y}{\mathrm{d}x} = y$ 的通解.

解：这是一阶线性齐次微分方程，分离变量，得

$$\frac{\mathrm{d}y}{y} = \frac{\mathrm{d}x}{x-2}$$

两边积分，得

$$\ln y = \ln(x-2) + \ln C$$

故方程的通解为 $y = C(x-2)$．

8.1.3.2 一阶线性非齐次微分方程的解法（常数变易法）

将齐次方程（8-1-7）的通解式（8-1-8）中的任意常数 C 换成未知函数 $u(x)$，再把

$$y = u(x)\mathrm{e}^{-\int P(x)\mathrm{d}x}$$

设想成非齐次方程（8-1-6）的通解，代入方程（8-1-6）中，得

$$u'(x)\mathrm{e}^{-\int P(x)\mathrm{d}x} - u(x)\mathrm{e}^{-\int P(x)\mathrm{d}x}P(x) + P(x)u(x)\mathrm{e}^{-\int P(x)\mathrm{d}x} = Q(x)$$

化简得

$$u'(x) = Q(x)\mathrm{e}^{-\int P(x)\mathrm{d}x}$$

即

$$u(x) = \int Q(x)\mathrm{e}^{-\int P(x)\mathrm{d}x} + C$$

于是非齐次方程（8-1-6）的通解为

$$y = \mathrm{e}^{-\int P(x)\mathrm{d}x}\left[\int Q(x)\mathrm{e}^{-\int P(x)\mathrm{d}x}\mathrm{d}x + C\right] \qquad (8\text{-}1\text{-}9)$$

或

$$y = C\mathrm{e}^{-\int P(x)\mathrm{d}x} + \mathrm{e}^{-\int P(x)\mathrm{d}x}\int Q(x)\mathrm{e}^{\int P(x)\mathrm{d}x}\mathrm{d}x$$

故一阶线性非齐次微分方程（8-1-6）的通解等于它对应的齐次微分方程的通解与它的一个特解之和．

例 8.1.8 求方程 $\dfrac{\mathrm{d}y}{\mathrm{d}x} - \dfrac{2y}{x+1} = (x+1)^{\frac{5}{2}}$ 的通解．

分析：我们可以直接用公式（8-1-9）求出方程的通解．也可以应用常数变易法求方程的通解．这里，我们采用后者．

解：先求原方程对应的齐次微分方程 $\dfrac{\mathrm{d}y}{\mathrm{d}x} - \dfrac{2y}{x+1} = 0$ 的通解．

分离变量，得

$$\frac{\mathrm{d}y}{y} = \frac{2\mathrm{d}x}{x+1}$$

两边积分，得

$$\ln y = 2\ln(x+1) + \ln C$$

故齐次线性方程的通解为 $y = C(x+1)^2$．

下面用常数变易法求原方程的通解．把 C 换成 $u(x)$，即令 $y=u(x)(x+1)^2$，代入原方程，得

$$u'(x) \cdot (x+1)^2 + 2u(x) \cdot (x+1) - \frac{2}{x+1}u(x) \cdot (x+1)^2 = (x+1)^{\frac{5}{2}}$$

$$u'(x) = (x+1)^{\frac{1}{2}}$$

两边积分，得 $u(x) = \dfrac{2}{3}(x+1)^{\frac{3}{2}} + C$．

再把上式代入，$y = u(x)(x+1)^2$ 中，即得所求方程的通解为

$$y = (x+1)^2 \left[\frac{2}{3}(x+1)^{\frac{3}{2}} + C \right]$$

例 8.1.9 求一曲线方程，这曲线通过原点，并且它在点 (x, y) 处的切线斜率等于 $2x+y$．

解：设所求曲线方程为 $y=y(x)$，则

$$\begin{cases} \dfrac{\mathrm{d}y}{\mathrm{d}x} = 2x + y & (8\text{-}1\text{-}10) \\[2mm] y\big|_{x=0} = 0 & (8\text{-}1\text{-}11) \end{cases}$$

这是一阶微分方程的初值问题．

方程（8-1-10）可化为 $\dfrac{\mathrm{d}y}{\mathrm{d}x} - y = 2x$，故它是一阶线性非齐次方程，其中 $P(x)=-1$，$Q(x)=2x$．根据公式（8-1-9），得方程（8-1-10）的通解为

$$y = e^{-\int(-1)dx}\left[\int 2xe^{\int(-1)dx}dx + C\right]$$

$$= e^x\left(\int 2xe^{-x}dx + C\right) - e^x\left(-2xe^{-x} - 2e^{-x} + C\right)$$

$$= Ce^x - 2x - 2$$

又因为 $y|_{x=0} = 0$，所以 $-2+C=0$，即 $C=2$，于是所求曲线方程为

$$y = 2\left(e^x - x - 1\right)$$

例 8.1.10 解方程 $\dfrac{dy}{dx} = \dfrac{1}{x+y}$.

分析：这个微分方程作为以 x 为自变量，以 y 为未知函数的方程，既不属于可分离变量方程和齐次方程，也不属于一阶线性微分方程．我们希望将它转化成上述可解类型的方程．

解：由原方程得 $\dfrac{dx}{dy} = x + y$，即

$$\frac{dx}{dy} - x = y$$

上式可以看成以 y 为自变量，以 r 为未知函数的一阶线性微分方程．这时

$$P(y) = -1 ,\ Q(y) = y$$

相应的通解公式（8-1-9）应该为

$$x = e^{-\int P(y)dy}\left[\int Q(y)e^{\int P(y)dy}dy + C\right]$$

所以，原方程的通解为

$$x = e^{-\int(-1)dy}\left[\int ye^{\int(-1)dy}dy + C\right] = e^y\left(\int ye^{-y}dy + C\right)$$

$$= e^y\left(-ye^{-y} - e^{-y} + C\right) = Ce^y - y - 1$$

例 8.1.11 求解方程 $y' + \dfrac{1}{x}y - \dfrac{\sin x}{x} = 0$

解：令 $p(x) = \dfrac{1}{x}$，$q(x) = \dfrac{\sin x}{x}$，积分后得

$$\int p(x)dx = \int\frac{dx}{x} = \ln x$$

从而方程的解为

$$y = e^{-\ln x}\left(\int \frac{\sin x}{x} e^{\ln x} dx + C\right) = x^{-1}\left(\int \sin x\, dx + C\right) = \frac{1}{x}(-\cos x + C)$$

在求解这类方程时,可以用公式,用时宜先求出函数 $\int p(x)dx$,当然也可以用常数变易法.

例 8.1.12 解微分方程 $y dx + (x - y^3) dy = 0$ $(y > 0)$.

解:将上式改写为如下线性微分方程形式

$$\frac{dx}{dy} + \frac{x - y^3}{y} = 0$$

即

$$\frac{dx}{dy} + \frac{1}{y} x = y^2$$

式中,将 x 看作 y 的函数.令 $p(y) = \frac{1}{y}, q(y) = y^2$,将其代入一阶线性微分方程通解公式,得

$$x = e^{-\int p(y)dy}\left[\int q(y) e^{\int p(y)dy} dy + C_1\right] = \frac{1}{y}\left(\frac{1}{4} y^4 + C_1\right) = \frac{1}{4} y^3 + \frac{C_1}{y}$$

或 $4xy = y^4 + C$(C 为任意常数,$C = 4C_1$).这就是所给方程的通解.

在这小节的最后我们介绍 Bernoulli 方程,这类方程可化为一阶线性方程.

Bernoulli 方程的形式为

$$y' + p(x)y = q(x)y^{\alpha}, (\alpha \neq 0, 1)$$

令 $z = y^{1-\alpha}$,则 $z' = (1-\alpha)y^{-\alpha}y'$,将 $y' = \frac{1}{1-\alpha} y^{\alpha} z'$ 代入方程得到

$$\frac{1}{1-\alpha} y^{\alpha} z' + p(x)y = q(x)y^{\alpha}$$

这是一阶线性方程

$$z' + (1-\alpha)p(x)z = (1-\alpha)q(x)$$

求出 z 后再转换到 y，就得到原方程的解．

例 8.1.13 求解方程 $y'-2xy-2x^3y^2=0$．

解：令 $z=y^{-1}(y\neq 0)$，则方程可转化为

$$z'+2xz=-2x^3$$

由于 $\int 2x\mathrm{d}x=x^2$，因此

$$z=\mathrm{e}^{-x^2}\left(-\int 2x^3\mathrm{e}^{x^2}\mathrm{d}x+C\right)=\mathrm{e}^{-x^2}(C-x^2\mathrm{e}^{x^2}+\mathrm{e}^{x^2})$$

从而原方程的解为

$$y=\frac{1}{C\mathrm{e}^{-x^2}-x^2+1}$$

另外注意，$y=0$ 也是原方程的解．

例 8.1.14 求微分方程 $\dfrac{\mathrm{d}y}{\mathrm{d}x}-\dfrac{2y}{x+1}=(x+1)^{\frac{5}{2}}$ 的通解．

解：原方程为一个非齐次线性方程，先求其对应的齐次方程的通解

$$\frac{\mathrm{d}y}{\mathrm{d}x}-\frac{2y}{x+1}=0$$

即有

$$\frac{\mathrm{d}y}{y}=\frac{2\mathrm{d}x}{x+1}$$

两边积分，可得

$$\ln y=2\ln(x+1)+\ln C$$

因此

$$y=C(x+1)^2$$

利用常数变易法，把 C 换成 $C(x)$，则有

$$y=C(x)(x+1)^2$$

$$\frac{\mathrm{d}y}{\mathrm{d}x}=C'(x)(x+1)^2+2C(x)(x+1)$$

代入所给非齐次方程，可得

$$C'(x)=(x+1)^{\frac{1}{2}}$$

两边积分,可得

$$C(x) = \frac{2}{3}(x+1)^{\frac{3}{2}} + \tilde{C}$$

把上式代入,从而得所求的通解为

$$y = (x+1)^2\left[\frac{2}{3}(x+1)^{\frac{3}{2}} + \tilde{C}\right]$$

其中 $\tilde{C}$ 为任意常数.

8.2 可降阶的二阶微分方程的解法

8.2.1 $y^{(n)} = f(x)$ 型的方程

微分方程 $y^{(n)} = f(x)$ 的右端仅含有自变量 x,若以 $y^{(n-1)}$ 为未知函数,为一阶微分方程,两边积分,可得

$$y^{(n-1)} = \int f(x)\mathrm{d}x + C_1$$

同理可得

$$y^{(n-2)} = \int\left[\int f(x)\mathrm{d}x\right]\mathrm{d}x + C_1x + C_2$$

以此类推,连续积分 n 次,从而可得含有 n 个任意常数的通解.

例 8.2.1 求微分方程 $y^{(4)} = \sin x$ 的通解.

解:连续积分四次则有

$$y''' = \int \sin x\mathrm{d}x = -\cos x + C_1$$

$$y'' = \int(-\cos x + C_1)\mathrm{d}x = -\sin x + C_1x + C_2$$

$$y' = \int(-\sin x + C_1x + C_2)\mathrm{d}x = \cos x + \frac{C_1}{2}x^2 + C_2x + C_3$$

$$y = \int(\cos x + \frac{C_1}{2}x^2 + C_2x + C_3)\mathrm{d}x = \sin x + \frac{C_1}{6}x^3 + \frac{C_2}{2}x^2 + C_3x + C_4$$

8.2.2 $y'' = f(x, y')$ 型的方程

微分方程

$$y'' = f(x, y') \qquad (8-2-1)$$

的右端不显含 y.

设 $y' = P(x)$，则 $y'' = \dfrac{\mathrm{d}P}{\mathrm{d}x}$，代入方程（8-2-1）中可得

$$\frac{\mathrm{d}P}{\mathrm{d}x} = f(x, P)$$

为一阶方程，设其通解为

$$P = \varphi(x, C_1)$$

因为 $P(x) = \dfrac{\mathrm{d}y}{\mathrm{d}x}$，从而有

$$\frac{\mathrm{d}y}{\mathrm{d}x} = \varphi(x, C_1)$$

两边积分，得

$$y = \int \varphi(x, C_1)\, \mathrm{d}x + C_2.$$

例 8.2.2 求微分方程 $\left(1 + x^2\right) y'' = 2xy'$ 满足初始条件 $y\big|_{x=0} = 1, y'\big|_{x=0} = 2$ 的特解.

解：所给微分方程是 $y'' = f(x, y')$ 型方程. 设 $y' = p$，代入方程并分离变量后，得

$$\frac{\mathrm{d}p}{p} = \frac{2x}{1 + x^2}\mathrm{d}x$$

两端积分，得

$$\ln|p| = \ln\left(1 + x^2\right) + \ln C$$

即

$$y' = p = C_1\left(1 + x^2\right)\left(C_1 = \pm \mathrm{e}^c\right)$$

由条件 $y'\big|_{x=0} = 2$ 得 $C_1 = 2$. 故

$$y' = 2\left(1 + x^2\right)$$

两端积分,得

$$y = \frac{2}{3}x^3 + 2x + C_2$$

又由条件 $y\big|_{x=0} = 1$ 得 $C_2=1$. 于是所求特解为

$$y = \frac{2}{3}x^3 + 2x + 1$$

8.2.3 $y'' = f(y, y')$ 型的微分方程

微分方程

$$y'' = f(y, y') \qquad\qquad (8-2-2)$$

的右端不显含 x ,设 $y' = P(y)$,则

$$y'' = \frac{\mathrm{d}p}{\mathrm{d}x} = \frac{\mathrm{d}p}{\mathrm{d}y}\frac{\mathrm{d}y}{\mathrm{d}x} = P\frac{\mathrm{d}p}{\mathrm{d}y}$$

代入方程(8-2-2),可得

$$P\frac{\mathrm{d}P}{\mathrm{d}y} = f(y, P)$$

这是以 y 为自变量, P 为未知函数的一阶微分方程,设它的通解为

$$P = \varphi(y, C_1)$$

那么

$$\frac{\mathrm{d}y}{\mathrm{d}x} = \varphi(y, C_1)$$

分离变量并积分,可得

$$\int \frac{\mathrm{d}y}{\varphi(y, C_1)} = x + C_2$$

例 8.2.3 求微分方程 $yy'' = 2y'^2$ 的通解.

解: 取 y 为自变量令 $y' = p(y)$,则

$$y'' = p\frac{\mathrm{d}p}{\mathrm{d}y}$$

代入原方程,可得

$$yp\frac{\mathrm{d}p}{\mathrm{d}y} = 2p^2$$

分离变量后再积分,得

$$\ln p = \ln y^2 + \ln C_1$$

即

$$p = C_1 y^2$$

代入 $\dfrac{\mathrm{d}y}{\mathrm{d}x} = p$,可得

$$\frac{\mathrm{d}y}{\mathrm{d}x} = C_1 y^2, \frac{\mathrm{d}y}{y^2} = C_1 \mathrm{d}x$$

积分可得

$$-\frac{1}{y} = C_1 x + C_2$$

即

$$C_1 xy + C_2 y + 1 = 0$$

则为原方程的通解.

8.3 高阶线性方程的解法

8.3.1 二阶线性齐次微分方程

二阶线性齐次微分方程的形式为

$$y'' + P(x)y' + Q(x)y = 0 \qquad (8-3-1)$$

其解具有如下性质.

定理 8.3.1 若 $y_1(x)$ 和 $y_2(x)$ 为方程(8-3-1)的两个解,则

$$y = C_1 y_1(x) + C_2 y_2(x)$$

也为方程（8-3-1）的解，其中 C_1, C_2 为任意常数.

定理 8.3.2   若 $y_1(x)$ 和 $y_2(x)$ 为方程（8-3-1）的两个线性无关的特解，则

$$y = C_1 y_1(x) + C_2 y_2(x)$$

则为方程（8-3-1）的通解，其中 C_1，C_2 为任意常数.

定理 8.3.2 不难推广到 n 阶齐次线性方程.

推论 8.3.1   若 $y_1(x)$，$y_2(x)$，$\cdots$，$y_n(x)$ 为 n 阶齐次线性方程

$$y^{(n)} + a_1(x)y^{(n-1)} + \cdots + a_{n-1}(x)y' + a_n(x)y = 0$$

的 n 个线性无关的解，则此方程的通解为

$$y = C_1 y_1(x) + C_2 y_2(x) + \cdots + C_n y_n(x)$$

其中，C_1，C_2，$\cdots$，C_n 为任意常数.

8.3.2   二阶线性非齐次微分方程

二阶线性非齐次微分方程的形式为

$$y'' + P(x)y' + Q(x)y = f(x) \qquad （8-3-2）$$

其中，$P(x), Q(x)$ 为连续函数，若方程（8-3-1）与方程（8-3-2）的左端相同，则称方程（8-3-1）是与方程（8-3-2）对应的齐次方程.

定理 8.3.3   设 $y^*(x)$ 为二阶线性非齐次方程（8-3-2）的一个特解，$Y(x)$ 为与方程（8-3-2）相对应的齐次方程（8-3-1）的通解，则

$$y = Y(x) + y^*(x)$$

为二阶非齐次线性微分方程（8-3-2）的通解.

定理 8.3.4（非齐次线性微分方程解的叠加原理）   设 $y_1^*(x), y_2^*(x)$ 分别是方程

$$y'' + P(x)y' + Q(x)y = f_1(x) \qquad （8-3-3）$$

$$y'' + P(x)y' + Q(x)y = f_2(x) \qquad （8-3-4）$$

的特解,则 $y_1^*(x) + y_2^*(x)$ 是方程 $y'' + P(x)y' + Q(x)y = f_1(x) + f_2(x)$ 的特解.

8.4 微分方程组的解法

下面给出关于一阶微分方程组的基本概念.

定义 8.4.1 我们称

$$\begin{cases} \dfrac{dy_1}{dx} = f_1(x, y_1, y_2, \cdots, y_n) \\ \dfrac{dy_2}{dx} = f_2(x, y_1, y_2, \cdots, y_n) \\ \cdots \\ \dfrac{dy_n}{dx} = f_n(x, y_1, y_2, \cdots, y_n) \end{cases} \quad (8\text{-}4\text{-}1)$$

为含有 n 个未知函数 $y_1, y_2, \cdots, y_n$ 的一阶微分方程组. 很多时候,一阶微分方程组(8-4-1)也常写成

$$\frac{dy_i}{dx} = f_i(x, y_1, y_2, \cdots, y_n), (i = 1, 2, \cdots, n) \quad (8\text{-}4\text{-}2)$$

的形式.

与一阶微分方程及高阶微分方程一样,能用初等积分法求得其通解的微分方程组只是少数. 这里介绍常用的求解微分方程组(8-4-1)的两种方法.

8.4.1 化为高阶方程法(消去法)

化为高阶方程法的基本思想与用代入消去法把代数方程组化成一个高次方程来求解的思想是类似的. 在微分方程组(8-4-1)中通过求导,只保留一个未知函数,而消去其余的未知函数,得到一个 n 阶微分方程,求解这个方程,得出一个未知函数,然后再根据消去的过程,求出其余的

未知函数.

例 8.4.1 求解微分方程组

$$\begin{cases} \dfrac{dy_1}{dx} = 3y_1 - 2y_2 \\ \dfrac{dy_2}{dx} = 2y_1 - y_2 \end{cases} \tag{8-4-3}$$

解: 保留 y_2, 消去 y_1. 由方程组 (8-4-3) 的第二式解出 y_1, 得

$$y_1 = \frac{1}{2}\left(\frac{dy_2}{dx} + y_2\right) \tag{8-4-4}$$

对式 (8-4-4) 两边关于 x 求导, 得

$$\frac{dy_1}{dx} = \frac{1}{2}\left(\frac{d^2y_2}{dx^2} + \frac{dy_2}{dx}\right) \tag{8-4-5}$$

再把式 (8-4-4)、式 (8-4-5) 代入式 (8-4-3) 中的第一式, 得

$$\frac{1}{2}\left(\frac{d^2y_2}{dx^2} + \frac{dy_2}{dx}\right) = \frac{3}{2}\left(\frac{dy_2}{dx} + y_2\right) - 2y_2$$

整理后, 得

$$\frac{d^2y_2}{dx^2} - 2\frac{dy_2}{dx} + y_2 = 0$$

这是二阶常系数线性齐次微分方程, 易求出它的通解为

$$y_2 = (c_1 + c_2 x)e^x \tag{8-4-6}$$

把式 (8-4-6) 代入式 (8-4-4), 便得

$$y_1 = \frac{1}{2}(2c_1 + c_2 + 2c_2 x)e^x$$

因此, 原微分方程组 (8-4-3) 的通解为

$$\begin{cases} y_1 = \dfrac{1}{2}(2c_1 + c_2 + 2c_2 x)e^x \\ y_2 = (c_1 + c_2 x)e^x \end{cases} \tag{8-4-7}$$

其中, c_1, c_2 是任意常数.

如果保留 y_1, 消去 y_2, 同样可以求得微分方程组 (8-4-3) 的通解, 其中的任意常数可能在形式上与式 (8-4-7) 中的不同, 但实质上可以把它们化成一样.

需要注意的是,上面我们是把式(8-4-6)代入式(8-4-4)经过求导,而没有经过求积分就求得了 y_1. 如果把式(8-4-6)代入式(8-4-3)中的第一式,便得

$$\frac{\mathrm{d}y_1}{\mathrm{d}x} = 2y_1 - 2(c_1 + c_2 x)\mathrm{e}^x$$

这是一阶线性非齐次微分方程. 可求得它的通解为

$$y_1 = \frac{1}{2}(2c_1 + c_2 + 2c_2 x)\mathrm{e}^x + c_3\,\mathrm{e}^x$$

从而得

$$\begin{cases} y_1 = \dfrac{1}{2}(2c_1 + c_2 + 2c_2 x)\mathrm{e}^x + c_3\,\mathrm{e}^x \\ \\ y_2 = (c_1 + c_2 x)\mathrm{e}^x \end{cases} \tag{8-4-8}$$

式(8-4-8)中出现了三个任意常数 c_1, c_2, c_3 这与上面求得的式(8-4-7)不一致. 实际上,把式(8-4-8)直接代入原微分方程组(8-4-3)便知,当且仅当 $c_3 = 0$ 时,即式(8-4-8)变为式(8-4-7)时,它才是方程组(8-4-3)的解. 故式(8-4-8)不是所求微分方程组的通解,其中 c_3 是一个多余的任意常数,由它引进了增解. 因此,为了避免出现增解,在求得一个未知函数后,不要再用求积分的方法来求其他的未知函数.

从上面的例子可以看出,化为高阶方程法对某些小型的微分方程组(未知函数个数较少的微分方程组)的求解是比较简便的. 在这里还需要指出的是,前面我们已经知道每一个 n 阶微分方程 $y^{(n)} = f\left(x, y, y', y'', \cdots, y^{(n-1)}\right)$,总可以化为含有 n 个未知函数的一阶微分方程组;反之,一般说来,却不成立. 例如,微分方程组

$$\begin{cases} \dfrac{\mathrm{d}y_1}{\mathrm{d}x} = a(x)y_2 \\ \\ \dfrac{\mathrm{d}y_2}{\mathrm{d}x} = b(x)y_1 \end{cases}$$

其中,$a(x)$ 和 $b(x)$ 是连续函数但不可微,就不能用消去法把它化成只含一个未知函数的二阶微分方程. 这说明一阶微分方程组比高阶微分方程更具有一般性.

例 **8.4.2**　求解方程组

$$\begin{cases} \dfrac{\mathrm{d}x}{\mathrm{d}t} = y \\[2mm] \dfrac{\mathrm{d}y}{\mathrm{d}t} = \dfrac{y^2}{x} \end{cases}$$

解：将第一个方程求导得 $\dfrac{\mathrm{d}^2 x}{\mathrm{d}t^2} = \dfrac{\mathrm{d}y}{\mathrm{d}t}$，代入第二个方程得

$$\frac{\mathrm{d}^2 x}{\mathrm{d}t^2} - \frac{1}{x}\left(\frac{\mathrm{d}x}{\mathrm{d}t}\right)^2 = 0$$

此方程是不显含自变量 t 的可降阶的方程，设

$$\frac{\mathrm{d}x}{\mathrm{d}t} = p, \frac{\mathrm{d}^2 x}{\mathrm{d}t^2} = \frac{\mathrm{d}p}{\mathrm{d}t} = \frac{\mathrm{d}p}{\mathrm{d}x}\frac{\mathrm{d}x}{\mathrm{d}t} = p\frac{\mathrm{d}p}{\mathrm{d}x}$$

代入方程 $\dfrac{\mathrm{d}^2 x}{\mathrm{d}t^2} - \dfrac{1}{x}\left(\dfrac{\mathrm{d}x}{\mathrm{d}t}\right)^2 = 0$ 得 $p\dfrac{\mathrm{d}p}{\mathrm{d}x} - \dfrac{1}{x}p^2 = 0$，即有

$$p\left(\frac{\mathrm{d}p}{\mathrm{d}x} - \frac{p}{x}\right) = 0$$

由 $\dfrac{\mathrm{d}p}{\mathrm{d}x} - \dfrac{p}{x} = 0$，分离变量并积分得 $p = c_1 x$，从而有 $\dfrac{\mathrm{d}x}{\mathrm{d}t} = c_1 x$，再积分得

$$\ln x = c_1 t + c$$

或

$$x = c_2 \, \mathrm{e}^{c_1 t}$$

再由第一个方程得

$$y = c_1 c_2 \, \mathrm{e}^{c_1 t}$$

由 $p\left(\dfrac{\mathrm{d}p}{\mathrm{d}x} - \dfrac{p}{x}\right) = 0$ 还可得 $p = 0$，从而有 $x = c$，由第一方程得 $y = 0$，该组解包含在上面所得的通解中，故原方程组的通解为

$$\begin{cases} x = c_2 \, \mathrm{e}^{c_1 t} \\ y = c_1 c_2 \, \mathrm{e}^{c_1 t} \end{cases}$$

8.4.2　可积组合法（首次积分法）

可积组合法就是把微分方程组（8-4-1）中的一些方程或所有方程进行适当的组合，得出某个易于积分的方程．如恰当导数方程

$$\frac{\mathrm{d}\varphi\left(x,y_1,y_2,\cdots,y_n\right)}{\mathrm{d}x}=0$$

再经过变量替换，就可化为只含有一个未知函数的可积方程，即可积组合．积分后，就得到一个联系自变量 x 和未知函数 $y_1\left(x\right),y_2\left(x\right),\cdots,y_n\left(x\right)$ 的关系式

$$\varphi\left(x,y_1,y_2,\cdots,y_n\right)=c \qquad\qquad (8\text{-}4\text{-}9)$$

我们称关系式（8-4-9）（有时也指函数 φ）为微分方程组（8-4-1）的一个首次积分，由此可使求解微分方程组（8-4-1）的问题得到解决或简化．

利用可积组合可直接求得首次积分，也可以利用已求得的首次积分，解出未知函数代入微分方程组以减少微分方程组中未知函数和方程的个数，以便继续求积．为了从理论上弄清首次积分在求解微分方程组中的作用，这里引进首次积分的严格定义，并叙述有关的结论．

定义 8.4.2　设函数 $\varphi\left(x,y_1,y_2,\cdots,y_n\right)$ 在区域 D 内有一阶连续偏导数，它不是常数．若把 $y_i=\varphi_i\left(x\right)\left(i=1,2,\cdots,n\right)$ 代入 φ，使得 $\varphi\left(x,\varphi_1\left(x\right),\varphi_2\left(x\right),\cdots,\varphi_n\left(x\right)\right)$ 恒等于一个常数（此常数与所取的解有关），则称 $\varphi\left(x,y_1,y_2,\cdots,y_n\right)=c$ 为微分方程组（8-4-1）的一个首次积分，有时也称函数 $\varphi\left(x,y_1,y_2,\cdots,y_n\right)$ 是微分方程组（8-4-1）的首次积分．

显然，前述首次积分的概念同这里的定义是一致的．

定理 8.4.1　若函数 $\varphi\left(x,y_1,y_2,\cdots,y_n\right)$ 不是常数，在区域 D 内有连续的一阶偏导数，则 $\varphi\left(x,y_1,y_2,\cdots,y_n\right)=c$ 是微分方程组（8-4-1）的首次积分的充要条件是：在区域 D 内有恒等式

$$\frac{\partial\varphi}{\partial x}+\frac{\partial\varphi}{\partial y_1}f_1+\cdots+\frac{\partial\varphi}{\partial y_n}f_n\equiv 0$$

成立.

这个定理给出了检验一个函数 φ 是否为微分方程组（8-4-1）的首次

积分的方法. 关系式 $\dfrac{\partial \varphi}{\partial x} + \dfrac{\partial \varphi}{\partial y_1} f_1 + \cdots + \dfrac{\partial \varphi}{\partial y_n} f_n = 0$ 是以 φ 为未知函数的一

阶线性偏微分方程, 它与常微分方程组（8-4-1）有密切的关系.

定理 8.4.2　若已知微分方程组（8-4-1）的一个首次积分, 则可以使

微分方程组（8-4-1）的求解问题转化为含 $n-1$ 个方程的微分方程组的求

解问题.

定理 8.4.3　若已知

$$\varphi_i\left(x, y_1, y_2, \cdots, y_n\right) = c_i, \left(i = 1, 2, \cdots, n\right) \qquad （8-4-10）$$

是微分方程组（8-4-1）的 n 个彼此独立的首次积分, 即

$$\frac{D\left(\varphi_1, \varphi_2, \cdots, \varphi_n\right)}{D\left(y_1, y_2, \cdots, y_n\right)} \neq 0$$

则由式（8-4-10）所确定的隐函数组

$$y_i = \psi_i\left(x, c_1, c_2, \cdots, c_n\right), \left(i = 1, 2, \cdots, n\right)$$

是微分方程组（8-4-1）的通解, 亦即关系式（8-4-10）是微分方程组（8-4-

1）的通积分, 其中 $c_1, c_2, \cdots, c_n$ 是 n 个任意常数.

定理 8.4.3 说明, 为了求解微分方程组（8-4-1）, 只需求出它的 n 个

彼此独立的首次积分就行了. 为了便于用可积组合法求解微分方程组（8-4-

1）, 常将微分方程组（8-4-1）改写成对称形状

$$\frac{\mathrm{d}y_1}{f_1} = \frac{\mathrm{d}y_2}{f_2} = \cdots = \frac{\mathrm{d}y_n}{f_n} = \frac{\mathrm{d}x}{f_0}$$

或

$$\frac{\mathrm{d}y_1}{g_1} = \frac{\mathrm{d}y_2}{g_2} = \cdots = \frac{\mathrm{d}y_n}{g_n} = \frac{\mathrm{d}x}{g_0}$$

其中，

$$g_i\left(x,y_1,y_2,\cdots,y_n\right)=f_i\left(x,y_1,y_2,\cdots,y_n\right)g_0\left(x,y_1,y_2,\cdots,y_n\right),(i=1,2,\cdots,n)$$

在这种形式中，变量 $x,y_1,y_2,\cdots,y_n$ 处于相同的地位．故便于应用比例的性质，从而利于得到可积组合．

例 8.4.3 利用首次积分求方程组

$$\begin{cases}\dfrac{\mathrm{d}x}{\mathrm{d}t}=\dfrac{y}{(y-x)^2}\\[3mm]\dfrac{\mathrm{d}y}{\mathrm{d}t}=\dfrac{x}{(y-x)^2}\end{cases}$$

的通解．

解：由第一个方程和第二个方程相除得 $\dfrac{\mathrm{d}x}{\mathrm{d}y}=\dfrac{y}{x}$．因此，得到原方程组的一个首次积分

$$\psi_1=x^2-y^2=c_1$$

再利用第一个方程减去第二个方程得

$$\frac{\mathrm{d}(x-y)}{\mathrm{d}t}=\frac{-(x-y)}{(x-y)^2}$$

把此方程中 $x-y$ 看成未知函数，并积分得

$$\psi_2=t+\frac{1}{2}(x-y)^2=c_2$$

因为

$$\frac{D(\psi_1,\psi_2)}{D(x,y)}=\begin{vmatrix}\dfrac{\partial\psi_1}{\partial x}&\dfrac{\partial\psi_1}{\partial y}\\[3mm]\dfrac{\partial\psi_2}{\partial x}&\dfrac{\partial\psi_2}{\partial y}\end{vmatrix}=-2(x-y)^2\neq0$$

故首次积分 $\psi_1=c_1,\psi_2=c_2$ 是相互独立的，所以原方程组的通解为

$$\begin{cases}x^2-y^2=c_1\\[2mm]\dfrac{1}{2}(x-y)^2+t=c_2\end{cases}$$

8.5 微分方程(组)解的某些性质及应用

上面我们对微分方程(组)的解法作了某些分析,下面我们讨论一下微分方程解的性质,这儿仅举一些例子说明.

例 8.5.1 若函数 $\sin^2 x$,$\cos^2 x$ 是方程 $y'' + P(x)y' + Q(x)y = 0$ 的解,试证(1)$\sin^2 x$,$\cos^2 x$ 构成基本解组;(2)1,$\cos 2x$ 也构成基本解组.

证明:(1)由设 $\sin^2 x$,$\cos^2 x$ 是方程的解,又 $\dfrac{\sin^2 x}{\cos^2 x} = \tan^2 x \neq$ 常数,即 $\sin^2 x$,$\cos^2 x$ 线性无关,故 $\sin^2 x$,$\cos^2 x$ 构成所给方程的基本解组.

(2)由 $\sin^2 x + \cos^2 x = 1$ 和 $\cos^2 x - \sin^2 x = \cos 2x$ 知它们也是方程的解(因为 $\sin^2 x$,$\cos^2 x$ 是方程的解),又 $\dfrac{1}{\cos 2x} \neq$ 常数,即 1,$\cos 2x$ 线性无关,故 1,$\cos 2x$ 亦为方程的基本解组.

下面的例子是讨论解的有界性问题:

例 8.5.2 若 $f(t)$ 在 $(0, +\infty)$ 上连续且有界,则方程 $x'' + 8x' + 7x = f(x)$ 的每一个解均在 $(0, +\infty)$ 上有界.

证明: 容易求得题设常系数线性微分方程的通解

$$x = c_1 e^{-t} + c_2 e^{-7t} + \frac{1}{6} e^{-t} \int_0^t e^u f(u)\,\mathrm{d}u - \frac{1}{6} e^{-7t} \int_0^t e^{7u} f(u)\,\mathrm{d}u$$

因 $f(t)$ 在 $[0, +\infty]$ 上有界,即存在 $M > 0$,使 $|f(t)| \leq M, t \in [0, +\infty]$.

又在 $0 \leq t < +\infty$ 时,$0 < e^{-t} \leq 1, 0 \leq e^{-7t} \leq 1$,则当 $t \in [0, +\infty]$ 时

$$|x| \leq |c_1| + |c_2| + \left| \frac{M}{6} e^{-t} \int_0^t e^u \mathrm{d}u \right| + \left| \frac{M}{6} e^{-7t} \int_0^t e^{7u} \mathrm{d}u \right|$$

$$= |c_1| + |c_2| + \left| \frac{M}{6} (1 - e^{-t}) \right| + \left| \frac{M}{42} (1 - e^{-7t}) \right|$$

$$\leq |c_1| + |c_2| + \frac{M}{6} + \frac{M}{42}$$

$$= |c_1| + |c_2| + \frac{4M}{21}$$

此即说, $x = x(t)$ 在 $0 \leqslant t < +\infty$ 上有界.

例 8.5.3 设 $f(x)$ 在 $[0,+\infty)$ 上连续, 且 $\lim\limits_{x \to +\infty} f(x) = 1$, 试证 $y' + y = f(x)$ 的一切解, 当 $x \to +\infty$ 时都趋于 1.

解: 不难求得题设方程的通解为(由相应齐次方程通解 $y = ce^{-x}$, 再由常数变易法)

$$y = \left[\int_0^x f(x)e^x dx + c \right] e^{-x}$$

可以证明 $\lim\limits_{x \to +\infty} \int_0^x f(x)e^x dx = \infty$ (用 $\varepsilon - N$ 方法).

故由 L'Hospita 法则知

$$\lim_{x \to +\infty} y = \lim_{x \to +\infty} \left[\frac{1}{e^x} \int_0^x f(x)e^x dx + c \right] = \lim_{x \to +\infty} \frac{f(x)e^x}{e^x} = \lim_{x \to +\infty} f(x) = 1$$

本例结论可推广为:

若 $f(x)$ 在 $[0,+\infty)$ 上连续, 且 $\lim\limits_{x \to +\infty} f(x) = k$, 则 $y' + y = f(x)$ 的解, 当 $x \to +\infty$ 时趋于 k.

例 8.5.4 设 y 是微分方程 $y'' + k^2 y = 0 (k > 0)$ 的任一解, 则 $y'^2 + k^2 y^2$ 常数.

证明: 由设可解得题设微分方程的通解为 $y = c_1 \cos kx + c_2 \sin kx$. 而

$$\begin{aligned} y'^2 + k^2 y^2 &= (c_1 \cos kx + c_2 \sin kx)'^2 + k^2 (c_1 \cos kx + c_2 \sin kx)^2 \\ &= k^2 c_1^2 (\sin^2 kx + \cos^2 kx) + k^2 c_2^2 (\cos^2 kx + \sin^2 kx) \\ &= k^2 (c_1^2 + c_2^2) \end{aligned}$$

即 $y'^2 + k^2 y^2$ 为常数.

例 8.5.5 设 $f(x)$ 是二次可微函数, $g(x)$ 是任意函数, 且它们适合 $f''(x) + f'(x)g(x) - f(x) = 0$. 又若 $f(a) = f(b) = 0 (a < b)$, 试证 $f(x) \equiv 0$ $(a \leqslant x \leqslant b)$.

证明: 由 $g(x)$ 任意性可取 $g(x) = 1$, 则 $f''(x) + f'(x) - f(x) = 0$, $a < x < b$, 该微分方程的解为 $f(x) = c_1 \exp\left|\dfrac{-1+\sqrt{5}}{2}\right| + c_2 \exp\left|\dfrac{-1-\sqrt{5}}{2}\right|$.

由 $f(a)=f(b)=0$ ，可得 $c_1=0$ ， $c_2=0$. 故 $f(x)\equiv 0$ ， $a\leqslant x\leqslant b$.

本题还可证如下：

若 $f_1(x)$ ， $f_2(x)$ 是题设方程的解，则 $f(x)=c_1f_1(x)+c_2f_2(x)$ 是所给方程的解 . 但在区间 $[a,b]$ 时上由 Liouville 定理，对于解 $f_1(x)$ 和 $f_2(x)$ 的朗斯基（ Wronsky ）行列式：

$$\begin{vmatrix} f_1(x) & f_2(x) \\ f_1'(x) & f_2'(x) \end{vmatrix}=\begin{vmatrix} f_1(a) & f_2(a) \\ f_1'(a) & f_2'(a) \end{vmatrix}e^{-\int_a^x g(t)dt}=0$$

这是因题设 $f_1(a)=f_2(a)=0$ ，故知 $f_1(x)=kf_2(x)$.

在题设条件下所给方程的任意两解均线性相关，又 $f_0(x)\equiv 0$ 是方程的一个解，故

$$f_1(x)=f_2(x)=f_0(x)=0$$

代入 $f(x)=c_1f_1(x)+c_2f_2(x)$ ，注意到 $f(b)=0$ ，故 $f(x)\equiv 0,a\leqslant x\leqslant b$.

例 8.5.6 若在函数 $F(u)$ 的某个连续区间内存在两点 u_1 和 u_2 满足 $F(u_1)F(u_2)<0$ ，求证 $F(ce^x-y)=0$ （ c 为任意常数）所确定的函数 y 为方程 $F(y'-y)=0$ 的通解 .

证明： 不妨设 $u_1<u_2$ ，则 $F(u)$ 为闭区间 $[u_1,u_2]$ 上的连续函数，由 $F(u_1)F(u_2)<0$ ，故有 $\xi\in(u_1,u_2)$ 使 $F(\xi)=0$. 若取 $y'-y=\xi$ 则有

$$F(y'-y)\equiv 0$$

而 $y'-y=\xi$ 的通解为 $y=ce^x-\xi$ ，又 $y'=ce^x$ 代入 $F(y'-y)\equiv 0$ ，有 $F(ce^x-y)\equiv 0$ ·

故由 $F(ce^x-y)=0$ 确定的函数 y 恒满足 $F(ce^x-y)\equiv 0$ ，且此函数含有一个任意常数，故为一阶微分方程的通解 .

注：由此可为我们提供一个解一类微分方程的方法，如：

问题：设 $F(u)=u^3-1$ ，试求 $F(y'-y)=0$ 的通解 .

解：由 $F(u)=u^3-1$ 在 $(-\infty,+\infty)$ 连续，又有 $u_1=0,u_2=2$ ，

使 $F(0)=-1,F(2)=7$.

故 $F(ce^x-y)=0$ 即 $(ce^x-y)^3-1=0$ 所确定的函数 y ，便为方程

$F\left(y'-y\right)=0$ 即 $\left(y'-y\right)^3-1=0$ 的通解.

由 $\left(ce^x-y\right)^3-1=3$ 求得 $y=ce^x-1$.

最后我们看看关于解的不等式性质问题.

例 8.5.7 若函数 $y(x)$ 满足方程 $(x+1)y''=y'$, $y(0)=3$, $y'(0)=-2$, 则对所有 $x\geq 0$ 均为不等式 $\int_0^x y(t)\sin^{2n-2}t\,dt\leq\dfrac{4n+1}{n\left(4n^2-1\right)}$ 成立, 这里 n 为大于 1 的正整数.

证明: 由题设及初始条件可求得方程的解 $y(x)=-x^2-2x+3$. 故

$$I(x)=\int_0^x y(t)\sin^{2n-2}t\,dt=\int_0^x\left(-t^2-2t+3\right)\sin^{2n-2}t\,dt$$

令

$$I'(x)=\left(-x^2-2x+3\right)\sin^{2n-2}x=0$$

因题设 $x\geq 0$, 故当 $n>1$ 时 $x=1$ 或 $k\pi\left(k=0,1,2,\cdots\right)$;

当 $0<x<1$ 时, $I'(x)>0$, $I(x)$ 单增;

当 $x>1$ ($x\neq k\pi$) 时, $I'(x)<0$, $I(x)$ 单减;

故 $I(x)$ 在 $x=1$ 处取最大值 $I(1)$, 从而

$$I(x)\leq I(1)=\int_0^1\left(-t^2-2t+3\right)\sin^{2n-2}t\,dt\leq\int_0^1(t+3)(1-t)t^{2n-2}\,dt$$
$$=\frac{4n+1}{n\left(4n^2-1\right)}(x\geq 0)$$

例 8.5.8 设当 $x>-1$ 时可微函数 $f(x)$ 满足

$$f'(x)+f(x)-\frac{1}{x+1}\int_0^x f(x)\,dx=0,\ 且\ f(0)=1.\ 则当\ x\geq 0\ 时\ e-x\leq$$
$f(x)\leq 1$.

证明: 由 $f(x)$ 的可微性及题设条件有 $(x+1)f''(x)+(x+2)f'(x)=0$.

令 $u=f'(x)$, 上式变为 $\dfrac{u'}{u}=-\dfrac{x+2}{x+1}$, 解之有 $\ln|u|=-x-\ln|x+1|+c$,

由 $f'(0)=-1$ 即 $u|_{x=0}=-1$ 得 $c=0$, 故 $f'(x)=-\dfrac{e^x}{x+1}$.

当 $x\geq 0$ 时, $f'(x)<0$, 故 $f(x)\leq f(0)=1$;

当 $x>0$ 时, $f'(x) \geqslant -e^{-x}$, 故 $\int_0^x f'(x)\mathrm{d}x \geqslant \int_0^x -e^{-x}\mathrm{d}x\,(x>0)$, 即 $f(x)-f(0)\geqslant -e-x^{-1}$, 亦即 $f(x)\geqslant e^{-x}$.

综上 $x \geqslant 0$ 时, $e^{-x}x \leqslant f(x) \leqslant 1$.

交通十字路口的黄灯状态应持续的时间包括驾驶员的反应时间, 通过交叉路口的时间以及通过刹车距离所需要的时间. 如果法定速度为 v_0, 交叉路口的宽度为 I, 车身长度为 L. 考虑到车通过路口实际上指的是车的尾部必须通过路口, 因此, 通过路口的时间为 $\dfrac{I+L}{v_0}$. 现在计算刹车距离. 设汽车质量为 W, 地面摩擦系数为 μ, 显然地面对汽车的摩擦力为 μW, 其方向与运动方向相反. 汽车在停车过程中, 行驶的距离 x 与时间 t 的关系可由下面的微分方程

$$\frac{W}{g} \cdot \frac{\mathrm{d}^2 x}{\mathrm{d}t^2} = -\mu W$$

即

$$\frac{\mathrm{d}^2 x}{\mathrm{d}t^2} = -\mu g \qquad (8\text{-}5\text{-}1)$$

求得, 其中 g 是重力加速度.

给出方程式 (8-5-1) 的初始条件

$$x\big|_{t=0} = 0, \frac{\mathrm{d}x}{\mathrm{d}t}\bigg|_{t=0} = v_0 \qquad (8\text{-}5\text{-}2)$$

首先, 对方程式 (8-5-1) 两边积分, 利用初始条件式 (8-5-2) 得到

$$\frac{\mathrm{d}x}{\mathrm{d}t} = -\mu g t + v_0 \qquad (8\text{-}5\text{-}3)$$

再对方程式 (8-5-3) 两边积分, 利用初始条件式 (8-5-2) 得到

$$x = -\frac{1}{2}\mu g t^2 + v_0 t$$

这就是刹车距离 x 与时间 t 的关系.

在式 (8-5-3) 中, 令 $\dfrac{\mathrm{d}x}{\mathrm{d}t} = 0$, 可得刹车所用的时间 $t_0 = \dfrac{v_0}{\mu g}$, 从而得到

$$x(t_0) = \frac{v_0^2}{2\mu g} \qquad (8\text{-}5\text{-}4)$$

因此,黄灯应持续的时间为

$$T = \frac{x(t_0)+I+L}{v_0} + T_0 = \frac{v_0}{2\mu g} + \frac{I+L}{v_0} + T_0$$

其中 T_0 是驾驶员的反应时间.

假设 $T=1$ s,$L=4.5$ m,$I=9$ m,选取具有代表性的 $\mu=0.2$,当 $v_0=40$,65,80 km/h 时,黄灯持续时间见表 8-1.

表 8-1

$v_0/$（km·h^{-1}）	T/s	经验值 /s
45	5.27	3
65	6.35	4
80	7.28	5

可以看到,经验值的结果一律比预测的黄灯持续时间短一些.

参考文献

[1] 蔡果兰,贾旭杰.常微分方程基础教程 [M].北京:中央民族大学出版社,2004.

[2] 陈津,陈成钢.高等数学解题指导 [M].天津:天津大学出版社,2009.

[3] 刘吉佑,赵新超,陈秀卿,等.高等数学解题法 [M].北京:北京邮电大学出版社,2016.

[4] 都长清.常微分方程 [M].北京:首都师范大学出版社,2001.

[5] 都长清,焦宝聪,焦炳照.常微分方程 [M].北京:北京师范学院出版社,1993.

[6] 龚冬保,陆全,褚维盘,等.高等数学解题真功夫 [M].西安:西北工业大学出版社,2015.

[7] 贺才兴.高等数学解题方法与技巧 [M].上海:上海交通大学出版社,2011.

[8] 胡传孝.高等数学的问题、方法与结构 [M].武汉:武汉大学出版社,1997.

[9] 焦宝聪,王在洪,时红廷.常微分方程 [M].北京:清华大学出版社,2008.

[10] 李健,袁昊.高等数学解题指南 [M].成都:西南交通大学出版社,2014.

[11] 李军英,刘碧玉,韩旭里.高等数学:上 [M].3 版.北京:科学出版社,2013.

[12] 李向荣,王辉,金天坤.高等数学基础理论与实验分析 [M].北京:中国水利水电出版社,2015.

[13] 隆美青,孙春玲.高等数学 [M].北京:中国环境出版集团,2019.

[14] 马菊侠.微积分:题型归类 方法点拨 考研辅导 [M].北京:国防工业出版社,2005.

[15] 马菊侠.高等数学、题型归类、方法点拨、考研辅导 [M].3 版.北京:国防工业出版社,2013.

[16] 毛纲源.高等数学解题方法技巧归纳:上 [M].武汉:华中科技大学出版社,2015.

[17] 齐小军,田荣,张慧萍.高等数学基础理论解析及其应用研究 [M].北京:中国水利水电出版社,2016.

[18] 孙淑珍.高等数学解题与分析 [M].北京:北京交通大学出版社,2010.

[19] 唐宗贤,徐玉民.高等数学:上 [M].2 版.北京:国防工业出版社,2007.

[20] 同济大学数学系.高等数学:下 [M].4 版.北京:高等教育出版社,2015.

[21] 王景克.高等数学解题方法与技巧 [M].3 版.北京:中国林业出版社,2001.

[22] 吴赣昌.医用高等数学:医学类 [M].2 版.北京:中国人民大学出版社,2012.

[23] 吴炯圻,林培榕.数学思想方法 [M].2 版.厦门:厦门大学出版社,2009.

[24] 吴谦,王丽丽,刘敏.高等数学理论及应用探究 [M].长春:吉林科学技术出版社,2019.

[25] 吴云天,马菊侠.高等数学题型全攻略 [M].北京:化学工业出版社,2010.

[26] 吴振奎,梁邦助,唐文广.高等数学解题全攻略:上 [M].哈尔滨:哈尔滨工业大学出版社,2013.

[27] 向莹,赵秋,周霞.高等数学解题指导 [M].上海:上海交通大学出版社,2017.

[28] 徐玉民,宋向东.高等数学:下 [M].3 版.北京:国防工业出版社,2009.

[29] 许尔伟,毛耀忠,安乐,等.数学分析理论及应用 [M].北京:中国水利水电出版社,2014.

[30] 许闻天,崔玉泉,蒋晓芸.高等数学解题指导 [M].济南:山东大学出版社,2001.

[31] 杨继泰.高等数学解题指导 [M].北京:中国医药科技出版社,1998.

[32] 张天德,刘长文.高等数学同步精讲 [M].济南：山东科学技术出版社,2012.

[33] 张学奇,姚立,贺家宁.微积分 [M].北京：中国人民大学出版社,2015.

[34] 赵迁贵,张兴永.高等数学思维与解题方法 [M].徐州：中国矿业大学出版社,2010.

[35] 朱砾,王文强.高等数学解题指南 [M].湘潭：湘潭大学出版社,2012.